高等职业院校精品教材系列

电力电子器件及应用技术

刘艺柱 等 编著

电子工业出版社
Publishing House of Electronics Industry
北京·BEIJING

内 容 简 介

本书在"基于创新思维的工作过程系统化"教学改革成果基础上，结合作者多年的工程应用经验进行编写。全书注重所述知识的工程应用，使读者在掌握电力电子技术的同时能够快速掌握工程项目开发的思路、方法、经验，并培养运用理论解决项目中出现问题的能力。全书设有 6 个项目，主要内容为常用电力电子器件的工作原理与使用特性，以及由这些器件组成的经典电路和典型应用案例。全书着重突出电力电子器件的应用技能培养，为教学方便同时引入基于 MATLAB 的图形化仿真技术，通过电路仿真实例使学生能够更好地掌握常用电力电子器件的工作原理与应用方法，理论与实际紧密结合，提高学生的创新精神与实践能力。

本书内容丰富、结构合理、图文并茂、可操作性强，为应用型本科、高职院校"电力电子技术"课程的教材，也可作为开放大学、成人教育、自学考试的教材，以及自学者与工程技术人员的学习参考书。

本书提供免费的电子教学课件和工作页习题参考答案等资源，详见前言。

图书在版编目（CIP）数据

电力电子器件及应用技术 / 刘艺柱等编著. —北京：电子工业出版社，2018.10（2024.6重印）

高等职业院校精品教材系列

ISBN 978-7-121-35201-0

Ⅰ. ①电…　Ⅱ. ①刘…　Ⅲ. ①电力电子器件－高等学校－教材　Ⅳ. ①TN303

中国版本图书馆 CIP 数据核字（2018）第 235132 号

策划编辑：陈健德（E-mail：chenjd@phei.com.cn）

责任编辑：陈健德　　文字编辑：裴　杰

印　　刷：北京盛通数码印刷有限公司

装　　订：北京盛通数码印刷有限公司

出版发行：电子工业出版社

　　　　　北京市海淀区万寿路 173 信箱　邮编　100036

开　　本：787×1 092　1/16　印张：15.25　字数：390.4 千字

版　　次：2018 年 10 月第 1 版

印　　次：2024 年 6 月第 6 次印刷

定　　价：44.00 元

凡所购买电子工业出版社图书有缺损问题，请向购买书店调换。若书店售缺，请与本社发行部联系，联系及邮购电话：（010）88254888，88258888。

质量投诉请发邮件至 zlts@phei.com.cn，盗版侵权举报请发邮件至 dbqq@phei.com.cn。

本书咨询联系方式：chenjd@phei.com.cn。

前　言

为了便于教学，本书配有免费的电子教学课件和相关工作页及实验报告等教学资源，凡选用本书作教材的教师均可登录机械工业出版社教育服务网 (http://www.cmpedu.com.cn) 免费下载，咨询电话：010-88379375。

电力电子技术是以电力为对象的电子技术。它是一门利用各种电力电子器件，对电能进行电压、电流、频率和波形等方面的控制和变换的学科。它包括电力电子器件、电力和控制三部分，是涵盖电力、电子和控制三大电气工程技术的交叉学科。"电力电子技术"课程为电力类、自动化类和控制类等专业一门重要的专业必修课，掌握好本课程内容对上岗就业非常重要。本书在作者多年的工程应用经验基础上进行编写，以培养工程应用型人才为主要目标，注重应用能力的培养。

本书的内容叙述坚持繁简得当、深入浅出的原则。在"基于创新思维的工作过程系统化"教学改革成果基础上，以典型工作任务为原型，按照工作过程循序渐进地进行课程开发和知识条理化，着重加强工程实践能力、工程设计能力的培养。全书设有 6 个项目，涉及的电力电子器件有电力二极管、普通晶闸管、双向晶闸管、电力晶体管、电力 MOSFET 和 IGBT，包含电力电子技术 AC-DC、DC-DC、AC-AC 和 DC-AC 四个方面的电能变换电路。

各个项目的内容相对独立，可进行适当的选择和组合。每个项目以电力电子器件为基础，以各种电力变换电路为重点，结合应用案例和电路仿真，重点分析各种电路的结构特点和工作原理，然后介绍器件的选型与检测、电路的安装与调试，以及器件的应用知识等。本书建议采用理实一体化教学方式，学时为 56～64，各校可根据具体情况进行适当调整。仿真实验可在课后或校内专业实训中完成。

"电力电子技术"课程内容中有大量的波形需要分析、计算。作者结合企业工程项目实践，运用 MATLAB 电路仿真软件，对书中所讨论的大部分变换电路进行了仿真实验，并在此基础上进行了电路的实际安装与调试，获得了相应的实验波形，通过对理论波形和实验波形的分析，大大地增加读者的感性认识。书中的 MATLAB 图形化仿真技术对学生更好地掌握电力电子技术和提高应用能力具有重要作用，可以弥补部分学校教学实验设备短缺的不足，对提高教学效果起到了事半功倍的作用。

本书为应用型本科、高职院校"电力电子技术"课程的教材，也可作为开放大学、成人教育、自学考试的教材，以及自学者与工程技术人员的学习参考书。

本书由天津中德应用技术大学教师刘艺柱、邢国麟，天津石油职业技术学院教师王锁庭编著。编写分工如下：邢国麟编写项目 1 和 2；刘艺柱编写项目 3～5、王锁庭编写项目 6。在编写过程中参考了很多同类教材，在此谨向这些书刊资料的作者表示衷心的感谢！

本书在编写过程中得到天津中德应用技术大学、莱宝教学仪器科技（北京）有限公司等单位的大力支持和帮助；还得到闫智勇博士、邵青高级工程师、陆岩工程师的倾心指导和审阅，王晨同学参与图片文字的整理工作，在此一并表示谢意。

由于作者水平有限，书中难免存在错漏和不足，特别是电路仿真模型，可能不是最优方案，期待读者提出宝贵意见，不妥之处敬请广大读者批评指正。

为了方便教师教学，本书配有免费的电子教学课件和工作页习题参考答案等资源，请有需要的教师登录华信教育资源网（http://www.hxedu.com.cn）免费注册后再进行下载，有问题时请在网站留言或与电子工业出版社联系（E-mail：hxedu@phei.com.cn）。

编著者

目 录

工作页1

1. 能源的形式有哪些类型？能源面临的问题有哪些？（用思维导图进行绘制）

2. 列举近三年来"熄灯一小时"活动的主题。

3. 对于身边的各种能源使用情况，有什么节能建议，请列举3～5项。

4. 观察市区和校园的路灯，目前是什么状况？你有什么节能措施？

5. 电能的单位是_____，公式为_____。从功（能）的角度对你前面总结的节能建议进行归类、分析（用思维导图进行绘制）。归类后，你还有其他的节能措施吗？

6. 功率的单位是_____。在电工学中，计算功率的公式为_____。从功率的角度对你前面总结的节能建议进行归类、分析（用思维导图进行绘制）。归类后，你还有其他的节能措施吗？

7. 生活用电的电压是_____V，这个电压是指_____值，最大值是_____V。电源周期是_____s，其波形是_____波。常用的降压措施是_____。在下图中绘出降压前后的波形图。

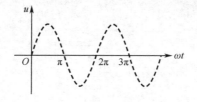

8．电力二极管是以_____为基础的，实际上是由一个面积较大的_____和两端的电极及引线封装组成的。PN 结的 P 型端引出的电极称为_____，N 型端引出的电极称为_____。电力二极管的电气图形符号为_____，其基本特性是_____，主要参数有哪些？简述电力二极管的主要分类、各自特点和应用领域（请用思维导图绘制）。

9．结合下图叙述瞬时值、最大值、有效值和平均值的概念，计算其阴影的面积，求取在一个电源周期内，$I_{F(AV)} = ?$

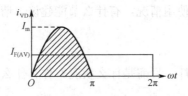

10．将交流输入电流变换成直流电流的变换称为_____，又称 AC-DC 变换。电阻负载的单相半波（Single Phase Half Wave，SPHW）不可控整流电路中，单相是指_____、半波是指_____、不可控是指_____、整流是指_____。请在下图中绘出输入、输出电压的波形。

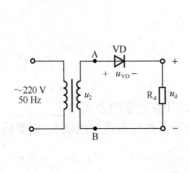
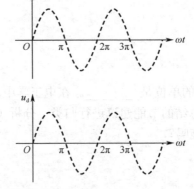

11．参考第 9 题波形，求峰值为 311 V 的正弦半波电压的平均值、有效值。平均值是否等于有效值？有效值与平均值的比值等于多少？

12. 若流过二极管的电流波形如下图所示，计算其电流平均值 $I_{F(AV)}$ 与电流有效值 I_{VD}。

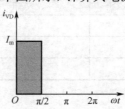

13. 参考第 10 题电路，设电源电压 $U_2 = 220\ \text{V}$，频率 $f = 50\ \text{Hz}$，负载灯泡的额定电压 U_n 为 220 V，额定功率 P 为 500 W。求：

（1）负载的平均电压、平均电流；

（2）负载的电压有效值、电流有效值；

（3）电路的功率因数。

14. MATLAB / Simulink 环境下的电力系统仿真工具箱（SimPowerSystems）功能强大，包括电路、电力电子、电机等电气工程中常用的元件模型，这些元件模型分布在 7 个模块库中，以第 13 题电路参数为例，进行 MATLAB 电路仿真，用思维导图总结电路仿真的基本步骤和流程。测量负载的平均电压值、平均电流值。

15. 参考电热毯的调温原理，找出几件生活中的应用案例。

16. 结合第 13 题电路参数选型电力二极管，列出二极管的规格型号、制造商、单价、包装形式、供货周期等信息。

17. 简述电力二极管引脚识别常用的外观特征。模拟万用表的红、黑表笔的极性怎么定义？数字万用表红、黑表笔的极性怎么定义？判断二极管好坏的依据是什么？用万用表的什么挡位进行二极管性能检测？对实验室的几只二极管进行性能检测，并把测量值记录在下表中。

	1	2	3	4	5	6
正向						
反向						
结论						

18．兆欧表是用来测量什么参数的？其工作原理是什么？为什么不能测量电力二极管？

19．参考第 13 题电路参数，通过如下实验台进行电路模拟接线，选择测量点和测量设备，接入测量设备，估算测量设备的挡位。

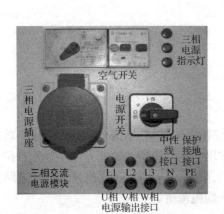

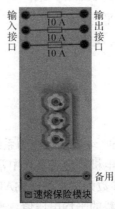

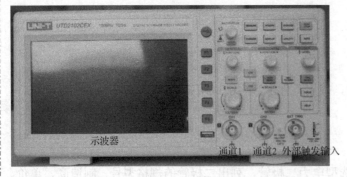

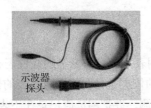

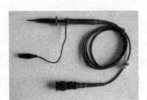

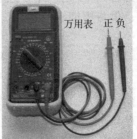

20. 为什么示波器两个探头的地线不能同时接在某一电路的两个不同点上？用示波器直接测量 220 V 电源，会出现什么现象？原因是什么？怎么解决？

21. 为第 16 题选型的电力二极管设计缓冲电路，列出该缓冲电路具体元器件的参数、型号。

22. 为第 16 题选型的电力二极管设计散热电路、冷却方式，采用的散热片形状是什么样的？散热片安装时要注意什么问题？导热硅脂的作用是什么？

23. 如果现有的电力二极管耐压参数不能满足第 16 题选型的电力二极管要求时，该怎么办？

24. 如果现有的电力二极管电流参数不能满足第 16 题选型的电力二极管要求时，该怎么办？

25. 在生产生活中，常见的电路负载分为几种类型？分别举例说明。电感的特性是_____，属于_____（耗能、储能）元件，是把_____能转化成_____能。

26. 在 13 题电路参数的基础上，设负载为阻感性负载，其电感为 1 mH，其余不变，进行 MATLAB 电路仿真，在下面左图中绘出电源电压和负载电压的波形，求负载的电压平均值。

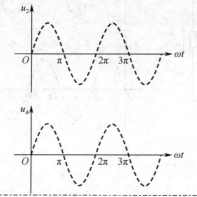

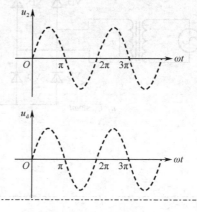

在上面的仿真电路基础上，如增加续流二极管后，在上面右图中绘出电源电压和负载电压的波形，求负载的电压平均值是多少？

27．分析如下图所示的单相全波整流电路的工作过程。用 MATLAB 进行电路仿真，观测电源电压和负载电压的波形并记录波形。

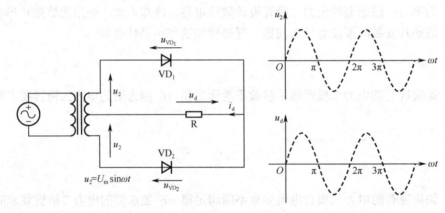

28．分析如下图所示的单相桥式整流电路的工作过程。用 MATLAB 进行电路仿真，观测电源电压和负载电压的波形并记录波形。

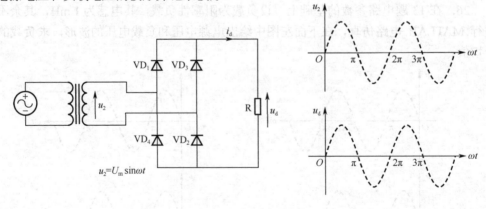

29．怎么解决或减小电源的电压脉动问题？增加电压脉动波头数量的方法有几种？怎么解决大功率电路中二极管的连接问题？

30．分析如下图所示的三相半波整流电路的工作过程。用 MATLAB 进行电路仿真，观测电源电压和负载电压的波形。问其自然换相点与单相有何不同之处？

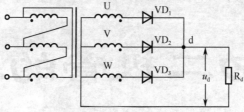

31．分析如下图所示的三相桥式整流电路的工作过程。用 MATLAB 进行电路仿真，观测电源电压和负载电压的波形。问其自然换相点与单相有何不同之处？

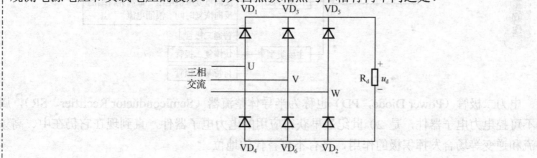

项目 1

电力二极管的应用

1.1 电力二极管的工作原理与技术参数

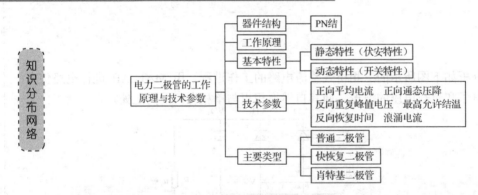

电力二极管（Power Diode，PD）也称为半导体整流器（Semiconductor Rectifier，SR），属于不可控电力电子器件，是 20 世纪最早获得应用的电力电子器件，直到现在它仍在中、高频整流和逆变等场合发挥积极的作用，具有不可替代的地位。

1.1.1 结构和工作原理

1. 结构

电力二极管的内部基本结构如图 1-1 所示，P 型半导体和 N 型半导体结合后构成 PN 结。其中 ⊖ 表示负电荷，⊕ 表示正电荷，"。" 表示空穴，"•" 表示自由电子。N 型半导体中有大量的电子（多子），P 型半导体存在大量的空穴（多子），把 P 型半导体和 N 型半导体制作在一起时，如图 1-1（a）所示，在两种半导体的交界处由于电子和空穴的浓度差别，形成了多子向另一区的扩散运动，其结果是在 N 型半导体和 P 型半导体的分界面两侧分别留下了带正、负电荷的离子，这些不能移动的正、负离子形成空间电荷区也被称为耗尽层。空间电荷建立的

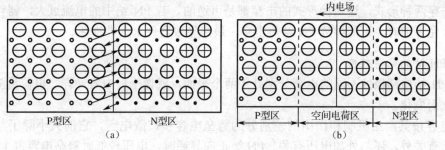

图 1-1　PN 结的形成

电场被称为内电场，如图 1-1（b）所示，其方向是阻止扩散运动的。另一方面，内电场又吸引对方区域内的少子向本区域运动，即形成漂移运动。扩散运动和漂移运动相互作用，最终达到动态平衡，正、负空间电荷量达到稳定值，形成一个稳定的空间电荷区——PN 结。

　　电力二极管是以半导体 PN 结为基础的，实际上是由一个面积较大的 PN 结和两端的电极及引线封装组成的。PN 结的 P 型端引出的电极称为阳极 A（Anode），N 型端引出的电极称为阴极 K（Cathode）。电力二极管的结构和电气图形符号如图 1-2 所示。

　　从外形上看，小功率电力二极管主要为塑封型，大功率电力二极管有螺栓型和平板型两种封装。电力二极管的常见外形与封装如图 1-3 所示。一般而言，200 A 以下的大功率电力二极管器件多数采用螺栓型封装，200 A 以上的器件则多数采用平板型封装。

图 1-2　电力二极管的结构和　　　　　　图 1-3　电力二极管的常见外形与封装
　　　　　电气图形符号

2. 工作原理

1）单向导电特性

　　电力二极管与电子电路中的二极管一样，具有单向导电特性。在 PN 结两端加上正向电压（P 正 N 负）时，会形成较大的正向电流。使 PN 结通过正向大电流时注入基区的空穴浓度大幅度地增加，这些载流子来不及与电子中和就到达二极管的负极，为了维持空间电荷区的总电荷为中性，多子的浓度也大幅度增加，则半导体的电阻率大大降低（这就是基区的电导调制效应），使得 PN 结在正向电流较大时压降仍然很低，维持在 1 V 左右，PN 结呈低阻状态，称为 PN 结正向导通。当 PN 结加反向电压（P 负 N 正）时，外场与内电场方向相同而加强，空间电荷区变宽，使得少子的漂移运动强于多子的扩散运动，形成从 N 区流向 P 区的反向电流，由于少子的浓度很小，只有极小的反向漏电流流过 PN 结，PN 结表现为高电阻，称为 PN 结反向截止。

　　若在 PN 结两端施加的反向电压过大，会造成 PN 结反向击穿。反向击穿分为雪崩击穿

和齐纳击穿两种形式，这两种形式的击穿都是可逆的。若 PN 结中的电流过大，器件的耗散功率超过允许值时，可能导致 PN 结热击穿，最终导致器件永久性损坏。

2）PN 结的电荷效应

在 PN 结内部极性不同的电荷分别处于两个平面，就像平板电容一样，电荷量随外加电压的变化而变化。

结电容按其产生机制和作用的差别分为势垒电容和扩散电容。它的大小除了与本身结构、工艺有关外，还与外加电压有关。PN 结正向导通时，电压较低时势垒电容占主要成分，电压较高时扩散电容占主要成分。PN 结反向截止时，结电容以势垒电容为主。在高频电路中，结电容不能被忽视，有可能会造成电路不正常工作。

3）和普通二极管的区别

（1）电力二极管正向导通时要流过很大的电流，其电流密度较大，电导调制效应不能忽略；

（2）引线和焊接电阻的压降等对电路都有明显的影响；

（3）可承受的电流变化率 $\mathrm{d}i/\mathrm{d}t$ 较大，其引线和器件自身的电感效应会有较大影响；

（4）为提高反向耐压，其掺杂浓度较低，会造成正向压降较大。

1.1.2 基本特性

1. 静态特性

电力二极管的静态特性是指流过二极管的电流 i_{VD} 与加于二极管两端的电压 u_{VD} 之间的关系，也称为伏安特性。电力二极管的伏安特性曲线如图 1-4 所示。当所加的正向电压为零时，电流为零；当正向电压较小时，由于外电场不足以克服 PN 结内电场对多数载流子扩散运动所造成的阻力，故正向电流很小（几乎为零），二极管呈现出较大的电阻。当正向电压升高到一定值 U_{TO} 以后内电场被显著减弱，正向电流才有明显增加，此时阳极电流的大小完全由外电路决

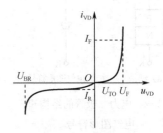

图 1-4 电力二极管的
伏安特性曲线

定，二极管呈现低阻态，其管压降称为二极管的正向管压降。U_{TO} 被称为门槛电压或阈值电压。

当二极管两端外加反向电压时，PN 结内电场进一步增强，使扩散运动更难进行。这时只有少数载流子在反向电压作用下的漂移运动形成微弱的反向电流 I_{R}。反向电流很小，且在一定的范围内几乎不随反向电压的增大而增大；但反向电流是温度的函数，将随温度的变化而变化。当反向电压增大到一定数值 U_{BR} 时，反向电流剧增，这种现象称为二极管的击穿，此时的 U_{BR} 电压值叫做雪崩击穿电压。为防止二极管被击穿而损坏必须对反向电压及电流加以限制。

二极管的静态特性是非线性的，在正向导通时呈低阻态，正向管压降很小，近似于短路；在反向截止时，二极管呈现高阻态，反向电流很小，近似于开路。在实际电路分析及计算中，

需根据精度要求对其静态特性适当简化，以得到合适的数学模型，如二值电阻、理想开关等。

2．动态特性

动态特性是指二极管在导通与截止两种状态转换过程中的特性，它表现在完成两种状态之间的转换需要一定的时间。二极管从高阻的反向截止转变为低阻的正向导通称为正向恢复，即开通过程；从正向导通转变为反向截止称为反向恢复，即关断过程。这两种恢复过程限制了二极管的工作频率。

图 1-5 给出了电力二极管零偏置转换为正向导通的动态过程波形。可以看出，在这一动态过程中，电力二极管的正向压降会先出现一个过冲电压 U_{FP}，经过一段时间才趋于接近稳态压降的某个值（如 2 V）。这一动态过程时间被称为正向恢复时间 t_{fr}。

图 1-6 给出了电力二极管正向导通转换为反向截止的动态过程波形。当原处于正向导通状态的电力二极管的外加电压突然从正向变为反向时，该电力二极管并不能立即关断，而是须经过一段短暂的时间才能重新获得反向阻断能力，进入截止状态。在关断之前有较大的反向电流 I_{RP} 出现，并伴随有明显的反向过冲电压 U_{RP}。这是因为正向导通时在 PN 结两侧储存的大量少子要被清除造成的。

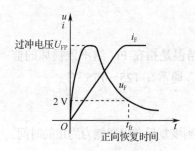

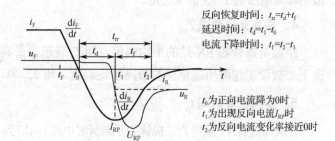

图 1-5　电力二极管零偏置转换为
正向导通的动态过程波形

图 1-6　电力二极管正向导通转换为
反向截止的动态过程波形

电力二极管开通和关断的延迟时间都限制了开关速度。在工频整流电路中，对二极管开关速度的要求不高，因而影响不大；在高频电力电子电路中，必须采用恢复时间短的二极管。

1.1.3　主要技术参数

正确选择和使用电力电子器件，除需了解其工作特性外，还应掌握其主要参数。电力二极管的主要参数包括：正向平均电流、正向压降、反向重复峰值电压、反向漏电流、反向恢复时间、浪涌电流、最高允许结温等。正向平均电流、反向重复峰值电压和最高允许结温是电力二极管在选型时首先要考虑的参数；正向通态压降和反向漏电流参数则标志着电力二极管工作性能的优劣；反向恢复时间是电力二极管的动态参数，在应用于高频电路中必须予以考虑。

1．正向平均电流 $I_{F(AV)}$

正向平均电流 $I_{F(AV)}$ 指在规定的环境温度和标准散热条件下，电力二极管允许长时间连续流过 50 Hz（通常称为工频）正弦半波电流 i_{VD} 的平均值。一般将此平均值取规定系列的电流等级，作为器件的额定正向平均电流 I_F，简称额定电流。

如图 1-7 所示，设电流的峰值为 I_m，正向平均电流 $I_{F(AV)}$ 为瞬时值 i_{VD} 在一个电源周期内积分后再进行平均，即

$$I_{F(AV)} = \frac{1}{2\pi}\left[\int_0^\pi I_m \sin\omega t \mathrm{d}(\omega t) + \int_\pi^{2\pi} 0 \mathrm{d}(\omega t)\right] = \frac{I_m}{2\pi}(-\cos\omega t)\Big|_0^\pi = \frac{I_m}{\pi} \tag{1-1}$$

式中 ω 为电源角频率（rad/s），全书下同。

2. 正向通态压降 U_F

正向通态压降 U_F 指电力二极管在规定条件下，流过稳定的额定电流 I_F 时，器件两端的正向平均电压（又称正向压降）。

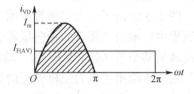

图 1-7　工频正弦半波最大值与平均值

3. 反向重复峰值电压 U_{RRM}

反向重复峰值电压 U_{RRM} 指对电力二极管所能重复施加的反向最高峰值电压，通常是其雪崩击穿电压 U_{BR} 的 2/3（简称额定电压）。选型时，往往按照电路中电力二极管可能承受的反向最高峰值电压的 2～3 倍来选定。

4. 最高允许结温 T_{JM}

结温是指管芯 PN 结的平均温度，用 T_J 表示。最高允许结温是指在 PN 结不致损坏的前提下二极管工作时所能承受的最高平均温度，用 T_{JM} 表示，T_{JM} 通常在 125～175 ℃。

5. 反向恢复时间 t_{rr}

在关断过程中，从电力二极管的正向瞬时电流 i_{VD} 降到 0 起，到恢复反向阻断能力为止的时间。

6. 浪涌电流 I_{FSM}

浪涌电流 I_{FSM} 指电力二极管所能承受的连续一个或几个电源周期的最大工作电流。

1.1.4　主要类型

目前，电力二极管主要有三种类型：普通二极管、快恢复二极管和肖特基二极管。应根据不同场合的要求选择不同类型的电力二极管。从根本上讲，器件性能上的不同都是由半导体物理结构和工艺上的差别造成的。在工频整流电路中，对二极管的开关速度没有要求，而在高频变流器中就必须采用恢复时间短的二极管。

1. 普通二极管（General Purpose Diode，GPD）

普通二极管又称整流二极管（Rectifier Diode），其特点是：漏电流小、通态压降较高（1.0～1.8 V）、反向恢复时间较长（几十 μs）、额定电流和额定电压可以达到很高（分别可达数千安和数千伏以上）。多用于对开关频率要求不高（主要是工频 50 Hz）的牵引、充电、电镀等装置的整流电路中。ZP5-500 型硅整流二极管的参数如表 1-1 所示。

2. 快恢复二极管（Fast Recovery Diode，FRD）

反向恢复时间在 5 μs 以下的电力二极管称为快恢复二极管。快恢复二极管从性能上可分

表 1-1 ZP5-500 型硅整流二极管的参数

型号	额定正向平均电流[①] I_F（A）	反向重复峰值电压 U_{RRM}（V）	反向不重复平均电流（mA）	反向平均电压（V）	最高允许结温 T_{JM}（℃）	浪涌电流 I_{FSM}（A）[②]	结构形式	冷却方式[③]	散热器外形尺寸（mm）
ZP5	5	500～1 600	<1	<0.65	140	130	螺栓	风冷	45×25×25
ZP10	10	500～1 600	<1.5	<0.65	140	310	螺栓	风冷	75×35×40
ZP20	20	500～1 600	<2	<0.65	140	570	螺栓	风冷	85×45×53
ZP50	50	500～1 600	<4	<0.7	140	1 260	螺栓	风冷	70×70×90
ZP100	100	500～1 600	<6	<0.7	140	2 200	螺栓	风冷	80×80×105
ZP200	200	500～1 600	<8	<0.7	140	4 080	螺栓	风冷	95×95×100
ZP500	500	500～1 600	<15	<0.75	140	9 420	平板	水冷	120×80×50 单片

① 为单相工频半波平均值；

② 非标准规定，由浪涌电流实验确定；

③ 风冷指强迫通风冷却，散热器进口风温不高于 40 ℃，出口风速不低于 5 m/s。

为快速恢复和超快速恢复二极管，前者反向恢复时间为数百 ns，后者则小于 100 ns。

快恢复二极管容量可达 1 200 V/200 A 的水平，多用于高频整流和逆变电路中。它的通态压降较高（1.6～4.0 V），主要用于斩波、逆变等电路中充当旁路二极管和阻塞二极管。MR870～876 快恢复电力二极管的参数如表 1-2 所示。

表 1-2 MR870～876 快恢复电力二极管的参数

型号	额定正向平均电流 I_F（A）	反向重复峰值电压 U_{RRM}（V）	浪涌电流 I_{FSM}（A）	反向电流 I_R（μA）	正向通态压降 U_F（V）	反向恢复时间 t_{rr}（ns）	最高允许结温 T_{JM}（℃）	热阻 $R_{\theta JC}$（℃/W）
MR870		50						
MR871		100						
MR872	50	200	400	25～50	1.1～1.4	<400	-65～160	0.8
MR874		400						
MR876		600						

3. 肖特基二极管（Schottky Barrier Diode，SBD）

肖特基二极管在电子电路中早就得到了应用，但直到 20 世纪 80 年代，工艺的发展使其才得以在高频低压开关电路或高频低压整流电路中广泛应用，多用于 200 V 以下的低压场合。肖特基二极管的反向恢复时间很短（10～40 ns），正向恢复过程中也不会有明显的电压过冲，正向导通压降典型值为 0.4～0.6 V，明显低于快恢复二极管。因此，其开关损耗和正向导通损耗都比快恢复二极管还要小，效率高。肖特基二极管的反向漏电流较大且对温度敏感，因此反向稳态损耗不能忽略，必须更严格地限制其工作温度。

4. 三种类型二极管的参数对比（见表 1-3）

表 1-3　三种类型二极管的参数对比

二极管类型		反向恢复时间	反向耐压
普通二极管		>5 μs	数千伏
快恢复二极管	快速恢复二极管	几百 ns	<1200 V
	超快速恢复二极管	<100 ns	
肖特基二极管		10～40 ns	<200 V

1.2　电阻负载的单相半波不可控整流电路

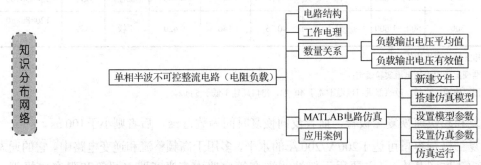

将交流输入电流变换成直流电流的变换称为整流，又称 AC-DC 变换。利用电力二极管的单向导电性可使交流电流变换成不可控的直流电流，此变换中功率的流向只能从电源侧流向负载侧，属单向整流变换。

1.2.1　电路结构

电阻负载的单相半波（Single Phase Half Wave，SPHW）不可控整流电路如图 1-8 所示。电路由整流变压器、整流二极管 VD 和负载 R_d 所组成。整流变压器一次侧绕组的相电压瞬时值为 u_1，二次侧绕组的相电压瞬时值为 u_2（也称为电路的电源电压），负载 R_d 为纯电阻负载。

1.2.2　工作原理

整流电路的基本工作原理是建立在整流元件 PN 结单相导电性的基础上，即整流二极管 VD 的阳极与阴极间加上正向电压时则导通，加上反向电压时则截止。利用二极管的这种单向导电的特性就能将交流电整流成直流电。

设变压器二次侧绕组的相电压有效值为 U_2，瞬时值为 $u_2 = \sqrt{2}U_2\sin\omega t$（当 $\sin\omega t =\pm 1$ 时，电压瞬时值为正、反向峰值电压），正弦电压的波形如图 1-9（a）所示。u_2 正半周时，二极管 VD 受正向电压（阳极为正，阴极为负）的作用而导通，电路中有电流流过。忽略二极管导通时的正向压降，则负载电阻 R_d 上得到的电压瞬时值 u_d 就等于电源电压的瞬时值 u_2，其波形如图 1-9（b）所示。输出的直流电流瞬时值 $i_d = u_d / R_d$。由于是纯电阻负载，故 i_d 的波形与 u_d 的波形相似，只差一个比例系数 $1/R_d$，其波形如图 1-9（c）所示。u_2 负半周时，电

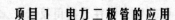

力二极管受到反向电压作用而截止，电路中无电流通过，这时 $i_d = 0$，负载电阻上输出的电压 $u_d = 0$，电源电压 u_2 全部反向加在二极管 VD 的两端，电压 u_{VD} 的波形如图 1-9（d）所示。

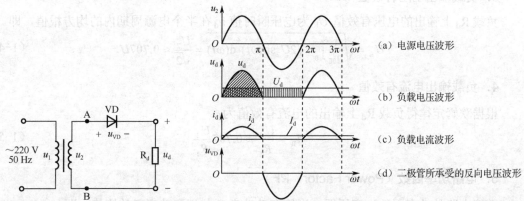

图 1-8 电阻负载的单相半波不可控整流电路　图 1-9 电阻负载的单相半波不可控整流电路电压、电流波形

　　整流电路仅采用一只整流二极管，将交流电变为单方向脉动的直流电（其数值随时间改变而方向不变），负载电压只利用了电源电压的半个周波，故称半波整流。电阻负载的单相半波不可控整流电路各区间的工作情况如表 1-4 所示。

表 1-4　电阻负载的单相半波不可控整流电路各区间的工作情况

ωt	$0 \sim \pi$	$\pi \sim 2\pi$	$2\pi \sim 3\pi$
二极管导通情况	VD 导通	VD 截止	VD 导通
负载电压 u_d	u_2	0	u_2
负载电流 i_d	u_2 / R_d	0	u_2 / R_d
二极管端电压 u_{VD}	0	u_2	0

1.2.3　数量关系

1．负载输出电压平均值

　　在半波整流电路中，负载电阻 R_d 上获得的是脉动的直流电压 u_d，其平均值用 U_d 表示，这也是通过负载两端检测到的直流电压表上的读数。其大小等于瞬时值 u_d 在半个电源周期内的积分，然后在一个周期内进行平均，即

$$U_d = \frac{1}{2\pi} \int_0^\pi \sqrt{2} U_2 \sin\omega t \mathrm{d}(\omega t) = \frac{\sqrt{2}}{\pi} U_2 \approx 0.45 U_2 \qquad (1-2)$$

式中，U_2 为变压器二次侧绕组的相电压有效值（也称电路的电源电压有效值，下同）。

　　U_d 的大小只与 U_2 有关而不能被调控，因此这种整流电路称为单相半波不可控整流电路。

2．负载输出电流平均值

　　根据欧姆定律得负载 R_d 上输出的电流平均值 I_d，由于负载与二极管串联，则与流经二极管 VD 的电流平均值 I_{VD} 相等，为：

$$I_d = I_{VD} = \frac{U_d}{R_d} \approx 0.45 \frac{U_2}{R_d} \qquad (1-3)$$

式中，R_d 为负载电阻（下同）。

3. 负载输出电压有效值

负载 R_d 上输出的电压有效值 U_R 为电压瞬时值 u_d 在半个电源周期内的均方根值，即

$$U_R = \sqrt{\frac{1}{2\pi}\int_0^\pi (\sqrt{2}U_2\sin\omega t)^2 \,\mathrm{d}(\omega t)} = \frac{U_2}{\sqrt{2}} \approx 0.707U_2 \tag{1-4}$$

4. 负载输出电流有效值

根据欧姆定律得负载 R_d 上输出的电流有效值为：

$$I_R = \frac{U_R}{R_d} \approx 0.707\frac{U_2}{R_d} \tag{1-5}$$

5. 电路功率因数（Power Factor，PF）

整流电路的功率因数为变压器二次侧有功功率 P 与视在功率 S 的比值，即

$$\cos\varphi = \frac{P}{S} = \frac{U_R I_R}{U_2 I_R} = \frac{U_R}{U_2} \tag{1-6}$$

实例 1.1 如图 1-8 所示电路，电源电压 $U_2 = 220\,\mathrm{V}$，频率 $f = 50\,\mathrm{Hz}$，负载灯泡的额定电压 U_n 为 220 V，额定功率 P 为 100 W。

求：（1）负载的平均电压、平均电流；

（2）负载的电压有效值、电流有效值；

（3）电路的功率因数。

解（1）根据公式（1-2），负载的平均电压为：

$$U_d \approx 0.45U_2 = 0.45 \times 220 = 99\,\mathrm{V}$$

负载灯泡的额定电压 U_n 为 220 V，额定功率 P 为 100 W，根据额定功率的定义公式可得：

$$R_d = \frac{U_n^2}{P} = \frac{220^2}{100} = 484\,\Omega$$

根据公式（1-3），负载的平均电流为 $I_d = \dfrac{U_d}{R_d} = \dfrac{99}{484} \approx 0.2\,\mathrm{A}$。

（2）根据公式（1-4），负载的电压有效值为：

$$U_R \approx 0.707U_2 = 0.707 \times 220 \approx 156\,\mathrm{V}$$

根据公式（1-5），负载的电流有效值为 $I_R = \dfrac{U_R}{R_d} \approx \dfrac{156}{484} \approx 0.32\,\mathrm{A}$。

（3）根据公式（1-6），电路功率因数为 $\cos\varphi = \dfrac{U_R}{U_2} \approx \dfrac{156}{220} \approx 0.71$。

1.2.4 MATLAB 电路仿真过程

运用现代仿真技术是学习、研究和设计电力电子电路的高效、便捷的方法。MATLAB 仿真是在 MATLAB / Simulink 环境下进行的。系统仿真（Simulink）环境也称工具箱（Toolbox），是 MATLAB 公司最早开发的，它包括 Simulink 仿真软件和系统仿真模型库两部分，主要用于仿真以数学函数和传递函数表达的系统。由于 Simulink 仿真软件使用方便、功能强大，后来拓展的其他模型库

也都共同使用这个仿真环境，成为 MATLAB 仿真的公共平台。Simulink 是 Simulation 和 Link 两个英文单词的缩写，意思是仿真连接。MATLAB 模型库都在此环境中使用，从模型库中提取模型放到 Simulink 的仿真软件中进行仿真，所以有关 Simulink 的软件操作是仿真应用的基础。

Simulink 环境下的电力系统仿真工具箱（SimPowerSystems）功能强大，用于电路、电力电子系统、电机系统、电力传输等领域的仿真。它提供了一种搭建电路的方法，用于系统建模。这种实体图形化模型的仿真具有简单方便、节省设计制作时间和成本低等特点。在 Simulink 环境中，系统的函数和电路元器件的模型都用模块来表达，模块之间用连线连接，连线表示了信号流动的方向。对用户来说，在 Simulink 环境中只要学习图形界面的使用方法和熟悉模型库的内容，就可以很方便地使用鼠标和键盘对系统和电路进行仿真建模，而不必去记那些复杂的函数。

电力系统仿真工具箱包括电路、电力电子、电机等电气工程学科中常用的元件模型。这些元件模型分布在 7 个模块库中：①电源模块库（Electrical Sources），包括交流、直流及可控的电压源和电流源。②连接模块库（Connectors），包括地线、中性点、连接点等。③元件模块库（Elements），包括串联及并联的 RLC 支路负载、变压器、互感、开关等。④电机模块库（Machines），包括直流、交流等各种电机模块。⑤测量模块库（Measurements），包括电流、电压等测量模块。⑥电力电子模块库（Power Electronics），包括二极管、晶闸管、GTO、IGBT、MOSFET 等电力电子器件；还有通用桥（Universal Bridge），它可设定成不同电力电子器件的单臂桥、双臂桥和三臂桥。⑦附加模块库（Extra Library），主要有控制模块库，内有同步 6 脉冲发生器、PWM 发生器、时钟、三相可编程电源等。

1. 建立仿真模型新文件

在"Simulink Library Browser"的菜单栏单击"File"，选择"New"命令，在弹出的子菜单中选择"Model"命令，系统弹出空白的仿真窗口，如图 1-10 所示。

2. 搭建仿真模型

下面以图 1-8 所示单相半波不可控整流电路为例，说明 MATLAB 仿真软件的使用方法。单相半波不可控整流电路的仿真模型如图 1-11 所示，使用的模块如下。

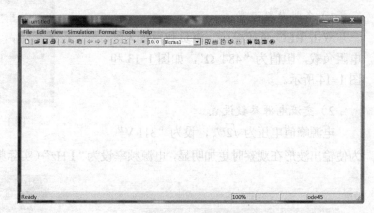

图 1-10　MATLAB 仿真窗口

（1）构成回路的模块：AC Voltage Source （交流电压源）、Diode （电力二极管模块）、 Series RLC Branch （串联 RLC 分支）、Ground Input （输入型接地）以及 Ground Output （输出型接地）。

（2）测量与输出模块：Current Measurement （电流测量模块）、Voltage Measurement （电压测量模块）、Demux （多路分配器模块）以及 Scope （示波器模块）。

MATLAB 在"SimPowerSystems"工具箱中定制了电力二极管的仿真模型，模型位于"SimPowerSystems"工具箱的"Power Electronic"库中，名称为"Diode"，如图 1-12 所示。

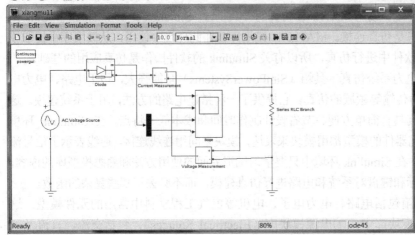

图 1-12 电力二极管的
仿真模型

图 1-11 单相半波不可控整流电路仿真模型

3.设置模型参数

设置模型参数是保证仿真电路准确和顺利运行的重要一步。设置模型参数可以双击模块图标，弹出参数设置对话框，然后按框中提示输入各项参数。若有不清楚的地方可以借助帮助信息处理。以实例 1.1 的电路参数为例介绍设置模型参数的过程。

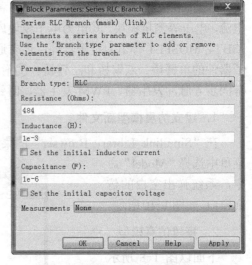

1）负载参数设置

双击 RLC 负载模块，将负载设置为纯电阻负载，阻值为"484 Ω"，如图 1-13 和图 1-14 所示。

2）交流电源参数设置

电源峰值电压为 $\sqrt{2}U_2$，设为"311 V"。

图 1-13 负载模块参数设置对话框

为使输出波形在观察时更加明显，电源频率设为"1 Hz"（实际频率为 50 Hz），如图 1-15 所示。

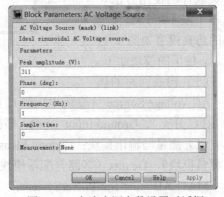

图 1-14 电阻参数设置对话框

图 1-15 交流电源参数设置对话框

3）二极管参数设置

MATLAB 中的二极管（Diode）就是一个单向导电的半导体二端器件，没有普通二极管、续流二极管、快恢复二极管之分，都是一个模型图标，不同的二极管只能在参数设置上进行区分。

使用鼠标双击二极管模块，弹出二极管参数设置对话框，如图 1-16 所示，各项含义如下。

"Resistance Ron（Ohms）"：二极管导通电阻（Ω）。

"Inductance Lon（H）"：二极管内电感（H）。需注意当电感参数设为 0 时，电阻参数不能同时设为 0；当电阻参数设为 0 时，电感参数也不能同时设为 0。

"Forward voltage Vf（V）"：二极管门槛电压（V）。在设置门槛电压时，只有当二极管正向电压大于门槛电压后二极管才能导通。

"Initial current Ic （A）"：初始电流（A）。通常将初始电流设置为 0，使系统在零状态下开始仿真。当然，也可将初始电流设置为非 0。但是设置初始电流是有条件的：第一，二极管内电感大于 0，第二，仿真电路的储能元件也设定了初始值。

"Snubber resistance Rs（Ohms）"：吸收电阻（或称缓冲电阻）（Ω）。

"Snubber capacitance Cs（F）"：吸收电容（或称缓冲电容）（F）。为消除缓冲，即取消吸收电路（或称缓冲电路），可将吸收电阻设置为∞（inf），并将吸收电容设置为 0。为设置纯电阻吸收电路，可将吸收电容设置为∞（inf），只设置吸收电阻。

勾选"Show measurement port"项后，二极管的模型如图 1-17 所示。二极管有阳极端（a）、阴极端（k），还有检测端（m）。检测端可连接相应仪表，来检测二极管的正向管压降（U_{ak}）和流经二极管的电流（I_{ak}）。

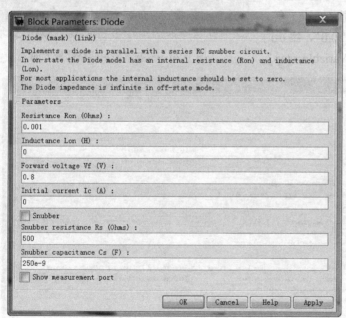

图 1-16　二极管参数设置对话框

图 1-17　二极管模型图标

4）示波器参数设置

使用鼠标双击"Scope"模块，弹出示波器显示信号界面对话框，如图 1-18 所示。单击"📇"

图标，弹出"'Scope' parameters"参数设置对话框，如图1-19所示。修改"General"选项卡中的"Number of axes"，将"1"修改为"2"，示波器可显示两路输入信号，如图1-20所示。

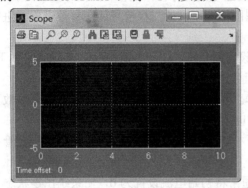

图1-18 示波器显示一路信号界面

图1-19 示波器参数设置对话框

4．设置仿真参数

在对绘制好的模型进行仿真前，还需要确定仿真的步长、时间和选取仿真的算法等，也就是设置仿真参数。设置仿真参数可选择仿真窗口菜单栏的"Simulation"命令，在其下拉菜单中选择"Configuration Parameters"命令项，在弹出的对话框中设置开始时间（Start time）、终止时间（Stop time）、仿真类型（Type）等，如图1-21所示，开始时间设为"0.0"，终止时间设为"10.0"，仿真类型设为"Variable-step"。

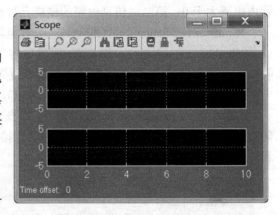

图1-20 示波器显示两路信号界面

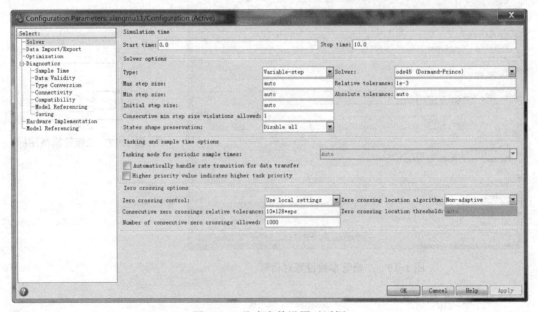

图1-21 仿真参数设置对话框

5．启动仿真

当模块参数和仿真参数设置完成后，在"Simulation"菜单的子菜单中选择"Start"命令或按<Ctrl+T>组合键，或单击工具栏的"启动仿真"按钮▶，即进入仿真过程。

6．观测仿真结果

在仿真模型建立和计算完成后，重要的是从输出模块（Sink）中观测仿真结果。在任何一个 Simulink 仿真模型中，至少要包含一个 Source 模块和一个 Sink 模块，仿真完成后就可以通过 Sink 模块观察波形或数据。本例电路的 MATLAB 仿真波形如图 1-22 所示，从上往下依次为负载的电流、电压波形和二极管的电流、电压波形。

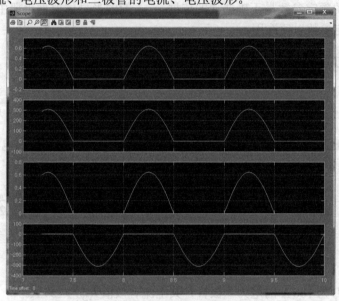

图 1-22　MATLAB 仿真波形

应用案例 1　三挡调温型电热毯电路

二极管整流调温型电热毯电路如图 1-23 所示。开关处于 1 时，电路断开，则电热毯不工作。开关位于 2 时，电流经整流二极管整流后成为脉动直流电流，供电热线发热，为低温挡。开关位于 3 时，电流直接接入，电热线发热，整流二极管不起作用，为高温挡。

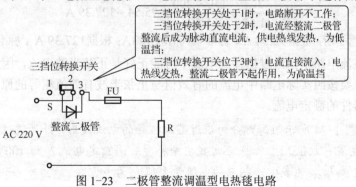

> 三挡位转换开关处于1时，电路断开不工作；
> 三挡位转换开关处于2时，电流经整流二极管整流后成为脉动直流电流，供电热线发热，为低温挡；
> 三挡位转换开关位于3时，电流直接流入，电热线发热，整流二极管不起作用，为高温挡

图 1-23　二极管整流调温型电热毯电路

1.3　电力二极管的选型与检测

知识分布网络

电力二极管的额定参数是正确选型的依据。一般的半导体器件手册中都给出不同型号二极管的各种额定参数以便选用。

1.3.1　电力二极管的选型

1. 参数选择

1）电流参数

二极管流过正弦半波电流（峰值为 I_m）时会发热，与其发热等效的电流有效值 I_{VD} 为电流瞬时值 i_{VD} 在半个电源周期内的均方根值，即：

$$I_{VD} = \sqrt{\frac{1}{2\pi}\int_0^\pi (I_m \sin\omega t)^2 \mathrm{d}(\omega t)} = I_m\sqrt{\frac{1}{2\pi}\int_0^\pi \left(\frac{1-\cos 2\omega t}{2}\right)\mathrm{d}(\omega t)} = \frac{I_m}{2} \tag{1-7}$$

根据公式（1-1）有电力二极管的额定电流 I_F 与其电流有效值 I_{VD} 的关系为：

$$\frac{I_{VD}}{I_F} = \frac{I_m/2}{I_m/\pi} \approx 1.57 \tag{1-8}$$

即额定电流 I_F 为 100 A 的电力二极管，其电流有效值 I_{VD} 为 157 A。

设计选型时，电力二极管的电流有效值 I_{VD} 应大于管子在工作中可能流过的最大电流有效值 I_{VDM}；考虑到器件的过载能力较小，一般选择 1.5～2 倍的安全裕量，即

$$I_{VD} \geqslant (1.5 \sim 2)I_{VDM} \tag{1-9}$$

按照公式（1-9）计算出 I_{VD}，根据公式（1-8）换算出正向平均电流 I_F，再根据 I_F 选取相应标准系列值的二极管型号。

例如 $I_{VDM} = 100\,\mathrm{A}$，根据公式（1-9）得 $I_{VD} \geqslant 150 \sim 200\,\mathrm{A}$，再根据公式（1-8）得：

$$I_F \approx \frac{I_{VD}}{1.57} \geqslant \frac{150 \sim 200}{1.57} \approx 95.54 \sim 127.39\,\mathrm{A}$$

查电力二极管手册，根据 95.54 A，标准系列值取 100 A；根据 127.39 A，标准系列值取 150 A。

在实际的整流电路中，流过器件的电流不可能正好是正弦半波电流，因此在设计电路选取器件的时候，要按照实际电路中电流的有效值与正弦半波有效值相等的原则，再换算成平均值计算得出器件的额定电流。

实例 1.2　图 1-24 所示阴影部分为流过某二极管的电流波形，计算流过该二极管的电流平均值 $I_{F(AV)}$ 与电流有效值 I_{VD}。如果不考虑安全裕量，问额定电流 I_F 为 100 A 的电力二极管能传输的平均电流 $I_{F(AV)}$ 为多少，相应的电流最大值 I_m 为多少？

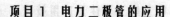

解 根据平均值的定义及图 1-24 所示波形，流过二极管的电流平均值为：

$$I_{F(AV)} = \frac{1}{2\pi}\left[\int_0^{\frac{\pi}{2}} I_m d\omega t + \int_{\frac{\pi}{2}}^{2\pi} 0 d\omega t\right] = \frac{I_m}{4} \qquad (1-10)$$

根据有效值的定义及图 1-24 所示波形，流过二极管的电流有

效值为：

$$I_{VD} = \sqrt{\frac{1}{2\pi}\int_0^{\frac{\pi}{2}} I_m^2 d\omega t} = \frac{I_m}{2} \qquad (1-11)$$

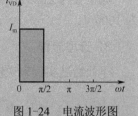

图 1-24 电流波形图

由题可知，电力二极管的额定电流 I_F 为 100 A，根据公式

（1-8）可得电流有效值 I_{VD} 为 $1.57 \times I_F = 157$ A。

按照有效值相等的原则，由公式（1-11）得电流最大值：$I_m = 2I_{VD} = 2 \times 157 = 314$ A

根据公式（1-10），可得电流平均值：

$$I_{F(AV)} = \frac{I_m}{4} = \frac{314}{4} = 78.5 \text{ A}$$

实例 1.3 额定电流为 10 A 的二极管能否承受长期通过 15 A 的直流负载电流而不过热？

解 额定电流为 10 A 的二极管能够承受长期通过 15 A 的直流负载电流而不过热。因为二极管的额定电流 I_F 定义为：在规定的环境温度 40 ℃和标准散热冷却条件下，二极管在电阻负载的单相、工频正弦半波导电、结温稳定在额定值 125 ℃时，所对应的通态平均电流值。这就意味着二极管通过任意波形、有效值为 $1.57 I_F$ 的电流时，其发热温升正好是允许值，而恒定直流电的平均值与有效值相等，故额定电流为 10 A 的二极管通过 15.7 A 的直流负载电流，其发热温升正好是允许值。

2）电压参数

选择电力二极管额定电压的原则：取二极管工作电路中可能承受的最大反向电压 U_{VDM}（等于电源反向峰值电压 $\sqrt{2}\,U_2$）的 2～3 倍，即

$$U_{RRM} = (2 \sim 3)U_{VDM} \qquad (1-12)$$

实例 1.4 单相正弦交流电源电压有效值为 220 V。二极管和负载电阻串联连接。试计算二极管实际承受的最大反向电压？若考虑二极管的安全裕量，其额定电压应如何选取？

解 该电路中可能出现的施加于二极管上的最大反向峰值电压为：

$$U_{VDM} = \sqrt{2}\,U_2 = \sqrt{2} \times 220 \approx 311 \text{ V}$$

若考虑二极管的安全裕量，根据公式（1-12）额定电压为：

$$U_{RRM} = (2 \sim 3)U_{VDM} = (2 \sim 3) \times 311 \text{ V} = 622 \sim 933 \text{ V}$$

查电力二极管手册，根据计算值 622 V 和 933 V，额定电压标准系列值分别取 700 V 和 1 000V。

2. 型号规定

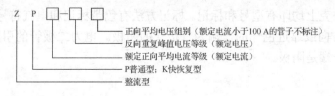

正向平均电压组别（额定电流小于100 A的管子不标注）
反向重复峰值电压等级（额定电压）
额定正向平均电流等级（额定电流）
P普通型；K快恢复型
整流型

ZP[电流等级]-[电压等级/100][通态平均电压组别]

如型号为 ZP50-16 的电力二极管表示：普通型电力二极管、额定电流为 50 A、额定电压为 1600 V。

3. 选型流程

下面通过实例来说明电力二极管的选型流程。

实例 1.5 现对 10 盏 220 V、100 W 的灯泡进行节能改造，参考电路如图 1-8 所示，应选用什么型号的电力二极管？

解 根据 $P=\dfrac{U^2}{R}$，得出 $R=\dfrac{U^2}{P}$，根据本题参数得 10 盏灯泡的总电阻：

$$R_{总}=\frac{U_2^2}{P_{总}}=\frac{220^2}{10\times100}=48.4\ \Omega$$

根据公式（1-2），负载电压平均值为：

$$U_d=0.45U_2=99\ V$$

由欧姆定律得负载电流平均值为：

$$I_d=\frac{U_d}{R_{总}}\approx2.045\ A$$

根据公式（1-5）和（1-3），负载电流有效值为：

$$I_R\approx1.57\times I_d\approx3.211\ A$$

因负载与二极管流过的电流相同，考虑 2 倍安全裕量后得二极管电流有效值为：

$$I_{VD}=2I_R\approx2\times3.211=6.422\ A$$

根据公式（1-8），得二极管额定电流：

$$I_F\approx\frac{I_{VD}}{1.57}\approx4.09\ A$$

查二极管手册，取标准系列值，$I_F=5\ A$。

二极管最大反向电压为：

$$U_{VDM}=\sqrt{2}U_2\approx311\ V$$

考虑 3 倍安全裕量，反向重复峰值电压为：

$$U_{RRM}=3U_{VDM}\approx933\ V$$

查二极管手册，取标准系列值，$U_{RRM}=1000\ V$。

根据型号规定含义和上面的计算结果，电力二极管应选型号为：ZP5-10。

1.3.2 电力二极管的检测

1. 引脚识别

普通二极管外壳上均印有型号和标记。标记方法有色带标记和电气符号标记，如图 1-25 所示。箭头所指方向或靠近色环的一端为二极管的阴极。电力二极管的引脚极性如图 1-26 所示，带螺纹的一端是阴极。

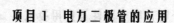
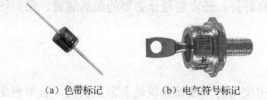

（a）色带标记　　（b）电气符号标记

图 1-25　二极管的极性标记

带螺纹的为阴极

图 1-26　电力二极管的引脚极性

用数字式万用表检测二极管极性的方法是：将表置于 PN 结挡，两支表笔分别接二极管两根引脚，如果这时显示"1"，则说明红表笔接的是二极管阴极，黑表笔接的是二极管阳极。如果表显示"600"左右，那红表笔接的是二极管阳极，黑表笔接的是二极管阴极。

2．性能测试

检测设备：万用表。**严禁用兆欧表检查元件！**

使用指针式万用表测试二极管性能的好坏。测试前先把万用表的转换开关拨到欧姆挡的 $R×1kΩ$ 挡位（注意测量小电流二极管时不要使用 $R×1Ω$ 挡，以免电流过大烧坏二极管），再将红、黑两根表笔短路，进行欧姆调零。

1）正向特性测试

把万用表的黑表笔（表内正极）接触二极管的阳极，红表笔（表内负极）接触二极管的阴极。若表针不摆到 0 值而是停在标度盘的中间，这时的阻值就是二极管的正向电阻，一般正向电阻越小越好。若正向电阻为 0 值，说明管芯短路损坏；若正向电阻接近无穷大值，说明管芯断路。短路和断路的管子都不能使用。

2）反向特性测试

把万用表的红表笔接触二极管的阳极，黑表笔接触二极管的阴极，若表针指在无穷大值或接近无穷大值，管子就是合格的。

使用数字万用表时，表中有专门的 PN 结测量挡，可以用这一功能去测量二极管的性能参数，但是二极管必须脱离电路。

1.4 电力二极管应用基础电路

知识分布网络

电力电子器件在实际应用时，由于各种原因，可能会发生过电压、过电流甚至短路等现象。若无必要的保护措施，势必会损坏电力电子器件，或者损坏电路。同时，电力电子器件在工作过程中，要消耗大量的功率，这部分耗散功率转变成热量会使元器件本身的温度升高，若温度过高且不及时处理，同样会造成器件的损坏。因此，在电力电子电路中，为避免器件

损坏，除器件参数要选择合适、驱动电路设计良好外，还需要设计必要的散热装置、保护环节和缓冲电路。

1.4.1 缓冲电路

缓冲电路又称吸收电路，对于在开关电路中使用的二极管来说是非常重要的。它可避免二极管在反向恢复期间所产生的尖峰过电压造成的损坏。电力二极管最普通的吸收电路是由电阻和电容组成的，然后再与二极管并联，也称 RC 吸收保护电路，如图 1-27 所示。当反向恢复电流下降时，电容的特性是要维持其上的电压，而这个电压约等于加在二极管上的电压。

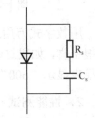

图 1-27　RC 吸收保护电路

1.4.2 散热装置

1. 散热的原理与重要性

电力二极管的核心是 PN 结，而 PN 结的性能与温度密切相关。为了保证器件正常工作，必须规定最高允许结温 T_{JM}。当器件流过较大的电流时，会产生相应的功率损耗，引起 PN 结温度升高。与最高允许结温对应的器件耗散功率即是器件的最大允许耗散功率。器件正常工作时不应超过最高允许结温和最大允许耗散功率，否则，器件的特性与参数将要产生变化，甚至导致器件产生永久性的烧坏。

器件温度的高低，与器件内部功耗的大小、器件到外界环境的传热条件（传热机构、材料、冷却方式等）以及环境温度等有关。设法减小器件的内部功耗、改善传热条件，对保证器件长期可靠运行有着极其重要的作用。

为了便于散热，电力二极管多加装散热器。结温升高后的散热过程和路线如下：器件内部功耗产生的热能以传导方式由内部传到固定它的外壳底座上，再由外壳将部分热能以对流和辐射的形式传到环境中去。大部分热能则是通过底座直接传到散热器上，最后由散热器传到空气中。

2. 散热器的选材与安装

电力二极管的正常运行，在很大程度上取决于散热器的合理选配，以及器件与散热器之间的装配质量。

散热器的材质有紫铜和工业铝两种。铜散热器表面需进行电镀、涂漆或钝化，铝散热器表面可涂漆或进行阳极氧化。散热器多为翼片形状以增加散热面积。因为热气流向上流动，散热器要垂直安装，产生所谓烟囱效应。

散热器是以对流和辐射的方式将热能传到环境中去的。散热器的热阻与散热器的材质、结构、表面颜色、冷却方式以及安装位置有关。散热器有平板型散热器、叉指型散热器和型材型散热器等，散热器外形如图 1-28 所示。散热器表面应涂黑色漆或钝化等，借以提高辐射系数。一般黑色散热器比光亮散热器可减少 10%～15% 的热阻。散热器安装方式如图 1-29 所示，由于热气流相对密度小，自然向上流动，便于散热。通常垂直位置安放的热阻比水平位置安放的热阻降低 15%～20%。带有翘片的气体冷却散热器应使翘片垂直安置，切忌水平放置。

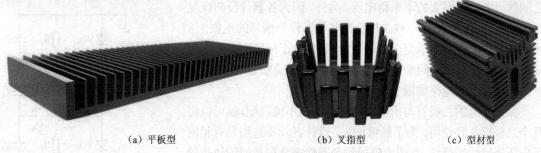

|(a) 平板型|(b) 叉指型|(c) 型材型|

图1-28 散热器外形

3. 散热器冷却方式

常用的散热器冷却方式有：自冷、风冷、液冷和沸腾冷却四种。自冷是由于空气的自然对流及辐射作用将热量带走的散热方式，其结构简单、无噪声，无须维护，但散热效率低。风冷是采用强制通风、加强对流的散热方式，一般为自冷散热效率的2～4倍，但其噪声大。液冷方式散热效率极高，其对流换热系数可达空气自然换热系数的 150 倍以上，冷却介质除水外，还可采用变压器油等；但设备庞杂，投资高，占地面积大。沸腾冷却是将冷却

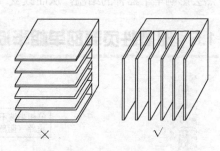

图1-29 散热器安装方式

介质放在密闭容器中，通过媒质相变来进行冷却，效率极高，且装置体积小，但造价昂贵。

器件直接安装在散热器上时，由于器件的封装形式不同，接触热阻亦不同。接触热阻还与器件和散热器之间是否有垫圈、是否涂有硅油等情况有关，当接触面涂有导热硅油时，热阻明显下降。器件管壳与散热器两平面接触时，随压力的增大，接触面会加大，接触热阻将减小。因此，要求接触面应当尽量光洁、平整，无划伤、坑、瘤或异物，必要时还应抛光或加镀层。

问：在环境温度较低时，或者加强通风冷却时，整流二极管是否可以超过额定电流运行？

答：按规定不可以超过额定电流运行，但实际上只要保证结温不超过允许值 100 ℃，可以在一定范围内超过额定电流运行。

问：结温与管壳（底座）温度大概相差多少？50 A 以上器件不用风冷时，额定电流要考虑多少安全裕量？

答：结温与管壳温度的差别和环境温度、通过电流的大小、散热器大小、通风条件等有关。结温已达到 100 ℃时，管壳温度因上述条件不同，可以相差 20～50 ℃，所以不能以管壳温度来计算结温。在规定的散热器及冷却条件下，两者相差 30～40 ℃。规定用风冷的 50 A 以上的器件，不用风冷时可按照 30%～40%的额定电流使用。

1.4.3 串并联应用

对于某一特定应用，若单个二极管的额定电压或额定电流不能满足设计要求时，则可通过器件的串联或并联加以解决。二极管串联结构可以耐受高的工作电压，这是高压应用所必需的。但必须确保二极管匹配合适，尤其是它们的反向恢复特性。否则，在反向恢复过程中，串联二极管

之间就可能出现很大的不平衡电压。另外，因为各器件反向恢复时间的不同，则会出现一些二极管比其他器件早恢复的现象，这些早恢复的器件就会承受全部的反向电压。这个问题可通过在每一个二极管旁并联电阻和电容的办法加以有效克服。具有均压保护的二极管串联电路如图1-30所示。

如果所选的二极管与所要求的额定电流不能匹配，就可以将几个二极管并联使用。为了确保均流，设计者就要选用具有相同正向压降特性的器件，且还要确保每个器件安装在相似的散热器上（如果需要），冷却条件也要相同，这也是很重要的。因为散热会影响单个器件的结温，从而改变二极管的正向特性。

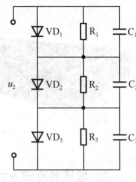

图1-30　具有均压保护的
二极管串联电路

1.5　阻感性负载的单相半波不可控整流电路

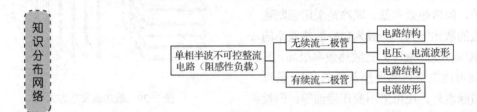

1.5.1　无续流二极管

单相半波不可控整流电路（阻感性负载无续流二极管）如图1-31所示。当u_2处于正半周时，二极管VD_1导通，负载电压$u_d = u_2$，由于电感L有阻碍电流变化的作用，在电感L两端产生极性为上正下负的感应电势e_L；在u_2从正峰值点逐渐下降并过零变负时，电感中的电流将随之减小。由于电感L有阻碍电流变化的作用，在电感L两端产生相反方向的感应电势e_L，极性为下正上负。此电压与电源电压u_2叠加，使得二极管VD_1在u_2处于负半周后，仍然承受一段时间的正向电压而继续导通，从而将电源电压通过二极管VD_1加到负载两端，因此负载两端电压u_d会出现负值。负载电压u_d和负载电流i_d的波形如图1-32所示。表1-5为单相半波不可控整流电路（阻感性负载无续流二极管）时各区间工作情况。

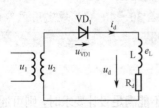

图1-31　单相半波不可控整流电路
（阻感性负载无续流二极管）

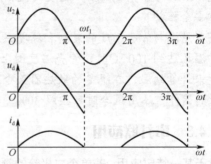

图1-32　单相半波不可控整流电路（阻感
性负载无续流二极管）电压、电流波形

表 1-5 单相半波不可控整流电路（阻感性负载无续流二极管）时各区间工作情况

ωt	$0\sim\pi$	$\pi\sim\omega t_1$	$\omega t_1\sim 2\pi$
二极管导通情况	VD_1 导通	VD_1 导通	VD_1 截止
负载电压 u_d	u_2	u_2	0
负载电流 i_d	有	有	0
二极管端电压 u_{VD1}	0	0	u_2

1.5.2 有续流二极管

单相半波不可控整流电路（阻感性负载有续流二极管）如图 1-33 所示。在 u_2 过零变负后，由于电感 L 的续流作用，负载两端电压 u_d 出现负值。为避免这种现象发生，在负载两端反并联一只二极管 VD_2 为负载电流提供续流通路，并切断电源与负载之间的电流通路。在电源电压 u_2 为正时，续流二极管 VD_2 因承受反压而处于关断状态；而电源电压 u_2 过零变负时，在电感 L 两端产生极性为下正上负的感应电势 e_L，使 VD_2 承受正压而导通，输出电压 u_d 近似等于零。若负载中的电感量极大，则负载电流 i_d 连续输出，且近似为一条水平直线，负载电流 i_d 由 i_{VD1} 和 i_{VD2} 两部分组成，如图 1-34 所示。表 1-6 为单相半波不可控整流电路（阻感性负载有续流二极管）时各区间的工作情况。

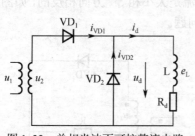

图 1-33 单相半波不可控整流电路
（阻感性负载有续流二极管）

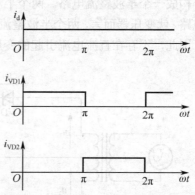

图 1-34 单相半波不可控整流电路（阻感性
负载有续流二极管）电流波形

表 1-6 单相半波不可控整流电路（阻感性负载有续流二极管）时各区间工作情况

ωt	$0\sim\pi$	$\pi\sim 2\pi$
二极管导通情况	VD_1 导通，VD_2 截止	VD_1 截止，VD_2 导通
负载电压 u_d	u_2	0
负载电流 i_d	水平直线	
整流二极管电流 i_{VD1}	矩形波	0
续流二极管电流 i_{VD2}	0	矩形波
整流二极管端电压 u_{VD1}	0	u_2
续流二极管端电压 u_{VD2}	$-u_2$	0

1.6 单相全波不可控整流电路

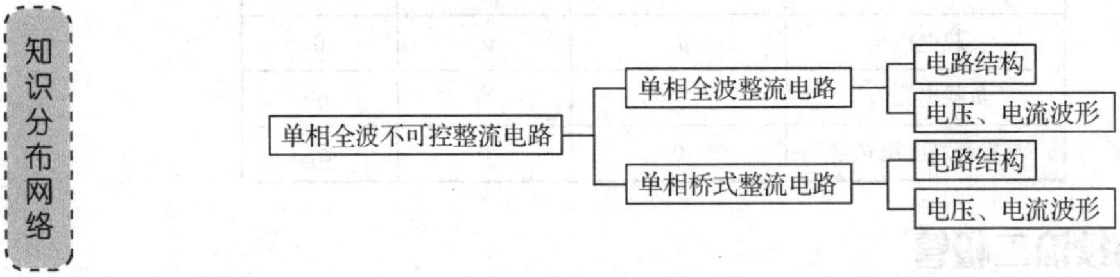

从图 1-9 中负载电压 u_d 波形可以看出，半波整流时，负载电压仅为交流电源的正半周电压，造成交流电源利用率偏低，输出电压脉动大，因此实际应用较少。若能使交流电源的负半周电压也得到利用，则负载电压平均值 u_d 可提高一倍，电源利用率大大提高。

1.6.1 单相全波整流电路

1. 电路结构与工作原理

带中心抽头变压器的全波整流电路（电阻负载）如图 1-35 所示，每个二极管和变压器的一半构成一个半波整流电路。两个半波整流电路的输出组合在一起，在负载上形成了全波整流电路。就变压器而言，两个半波整流电路的直流电流是大小相等、方向相反的，如图 1-36 所示。因此，不存在直流电流引起的变压器磁芯饱和问题。

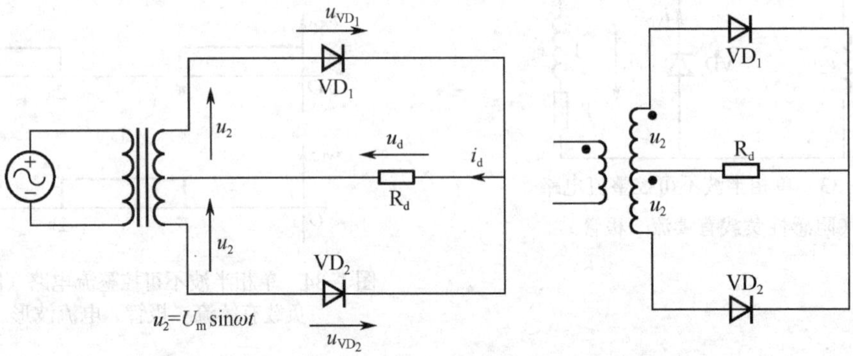

图 1-35 带中心抽头变压器的全波整流电路（电阻负载）

带中心抽头变压器的全波整流电路的电压、电流波形如图 1-37 所示。通过观察二极管电压波形 u_{VD1} 和 u_{VD2} 可以看出，二极管的反向峰值电压在阻断状态时，等于 $2U_m$，所以二极管的反向重复峰值电压 U_{RRM} 必须高于 $2U_m$，以避免反向击穿。在导通状态下，每个二极管的正向电流等于负载电流，这些二极管的正向重复峰值电流 I_{FRM} 必须高于负载峰值电流 U_m / R_d 电路。

单相全波整流电路要有一个带中心抽头的变压器，且二极管承受的最高电压为 $2\sqrt{2}U_2$，对二极管的耐压要求较高。表 1-7 为单相全波整流电路带电阻负载时各区间的工作情况。

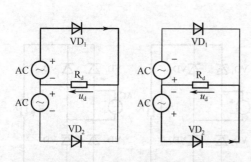

图 1-36 带中心抽头变压器的单相全波整流
电路正、负半波电路工作图

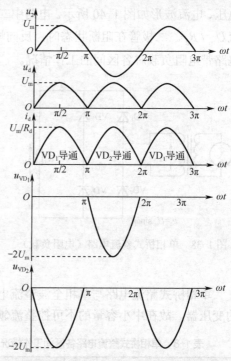

图 1-37 带中心抽头变压器的单相全波
整流电路的电压、电流波形

表 1-7 带中心抽头变压器的单相全波整流电路各区间工作情况

ωt	$0\sim\pi$	$\pi\sim2\pi$
二极管导通情况	VD_1 导通，VD_2 截止	VD_1 截止，VD_2 导通
u_d	u_2	$-u_2$
u_{VD_1} 和 u_{VD_2}	$u_{VD_1}=0$，$u_{VD_2}=-2u_2$	$u_{VD_1}=2u_2$，$u_{VD_2}=0$

2．数量关系

在带中心抽头变压器的单相全波整流电路中，负载 R_d 的输出电压平均值为瞬时值 u_d 在半个电源周期内积分后再进行平均，即

$$U_d = \frac{1}{\pi}\int_0^\pi \sqrt{2}U_2\sin\omega t\mathrm{d}(\omega t) = \frac{2\sqrt{2}}{\pi}U_2 \approx 0.9U_2 \qquad (1-13)$$

式中，U_2 为变压器二次侧单绕组的相电压有效值。

1.6.2 单相桥式整流电路

在单相输入的整流电路中，单相桥式整流电路的应用极为广泛。

1．结构与工作原理

单相桥式整流电路（电阻负载）采用 4 个二极管，如图 1-38 所示，它能提供全波整流，而且不需要中心抽头的变压器。在电源电压 u_2 的正半周，电流流过二极管 VD_1、VD_4 和负载；在 u_2 的负半周，电流流过二极管 VD_2、VD_3 和负载，如图 1-39 所示。单相桥式整流电路的电压、电流波形如图 1-40 所示。电路中二极管的正向重复峰值电流 I_{FRM} 必须高于负载峰值电流 $U_{\mathrm{m}} / R_{\mathrm{d}}$。二极管在阻断状态时,反向峰值电压从 $2U_{\mathrm{m}}$ 减少到 U_{m}。表 1-8 为单相桥式整流电路带电阻负载时各区间的工作情况。

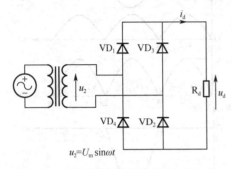

图 1-38　单相桥式整流电路(电阻负载)

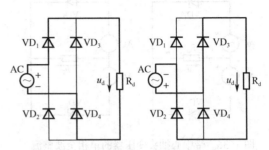

图 1-39　单相桥式整流电路交流输入正、
负半波整流电路工作图

单相桥式整流电路与单相全波整流电路相比仅多用了 2 个二极管,但可不用有中心抽头的变压器,故在中小容量的不可控整流领域应用广泛。

表 1-8　单相桥式整流电路各区间工作情况

ωt	$0\sim\pi$	$\pi\sim2\pi$
二极管导通情况	VD$_1$ 和 VD$_4$ 导通, VD$_2$ 和 VD$_3$ 截止	VD$_1$ 和 VD$_4$ 截止, VD$_2$ 和 VD$_3$ 导通
u_{d}	u_2	$-u_2$
u_{VD}	$u_{\mathrm{VD1,4}}=0$, $u_{\mathrm{VD2,3}}=-u_2$	$u_{\mathrm{VD2,3}}=0$, $u_{\mathrm{VD1,4}}=-u_2$

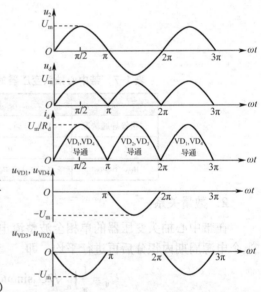

图 1-40　单相桥式整流电路的电压、电流波形

2. 数量关系

在单相桥式整流电路中,负载 R_{d} 的输出电压平均值为瞬时值 u_{d} 在半个电源周期内积分后再进行平均,即

$$U_{\mathrm{d}} = \frac{1}{\pi}\int_0^\pi \sqrt{2}U_2\sin\omega t\,\mathrm{d}(\omega t) = \frac{2\sqrt{2}}{\pi}U_2 \approx 0.9U_2 \tag{1-14}$$

式中,U_2 为变压器二次侧绕组的相电压有效值。

根据欧姆定律得负载 R_{d} 的输出电流平均值为:

$$I_{\mathrm{d}} = \frac{U_{\mathrm{d}}}{R_{\mathrm{d}}} \approx 0.9\frac{U_2}{R_{\mathrm{d}}} \tag{1-15}$$

负载 R_{d} 的电压有效值为电压瞬时值 u_{d} 在半个电源周期内的均方根值,即

$$U_{\mathrm{R}} = \sqrt{\frac{1}{\pi}\int_0^\pi (\sqrt{2}U_2\sin\omega t)^2\,\mathrm{d}(\omega t)} = \frac{U_2}{\sqrt{2}} \approx 0.707U_2 \tag{1-16}$$

根据欧姆定律得负载 R_{d} 的电流有效值为:$I_{\mathrm{R}} = \dfrac{U_{\mathrm{R}}}{R_{\mathrm{d}}} \approx 0.707\dfrac{U_2}{R_{\mathrm{d}}}$ $\qquad$ (1-17)

 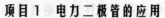

整流电路的功率因数为有功功率 P 与视在功率 S 的比值：$\cos\varphi = \dfrac{P}{S} = \dfrac{U_R I_R}{U_2 I_R} = \dfrac{U_R}{U_2}$ （1-18）

1.7　三相不可控整流电路

1.7.1　三相半波不可控整流电路

1. 结构与工作原理

三相半波不可控整流电路（电阻负载）如图 1-41 所示。为了得到零线，整流变压器 T 的二次侧绕组接成星形；为了给谐波电流提供通路，减少高次谐波的影响，变压器一次侧绕组接成三角形。图 1-42 虚线画出相电压 u_U、u_V、u_W 对零点的电压波形，它们的相位各差 120°，还用虚线画出了线电压 u_{UV}、u_{VW} 的波形。

二极管在阳极电压高于阴极电压时导通，相反情况下阻断。因此只有在相电压的瞬时值为正时，整流二极管才可能导通。由于二极管的阴极连在一起作为输出，因此，在 3 个二极管中，只有正电压最高的一相所接的二极管才能导通，其余 2 只必然受到反压而被阻断。

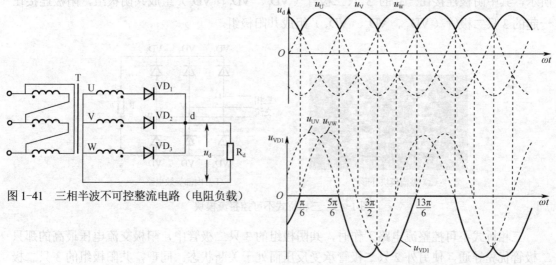

图 1-41　三相半波不可控整流电路（电阻负载）

图 1-42　三相半波不可控整流电路（电阻负载）电压波形

例如，在 $\omega t = \pi/6 \sim 5\pi/6$ 区间，U 相的正电压 u_U 最高，与 U 相连接的 VD_1 导通。VD_1 导通后，忽略 VD_1 管压降，则 d 点电位即为 u_U。接在 V 相的 VD_2 和接在 W 相的 VD_3 二极管因承受反向电压被阻断。在 $\omega t = 5\pi/6 \sim 3\pi/2$ 区间，V 相电位 u_V 最高，则 VD_2 导通，由于 VD_2 导通，d 点电位即为 u_V，VD_1、VD_3 承受反压而阻断。同理，在 $3\pi/2 \sim 13\pi/6$ 区间，W 相

电位最高，VD_3导通，d 点电位即为u_w，VD_1、VD_2承受反压而阻断。整流输出电压u_d在图 1-42 的上图中用实线画出，二极管VD_1的电压u_{VD1}的波形如图 1-42 下图中的实线所示。

整流电压u_d在一个电源周期内有 3 次脉动，脉动频率是电源频率的 3 倍。整流二极管的电流在两个相电压波形的交点进行交换，这叫做"换相"（或"换流"）。这个交点也称为三相半波整流电路的"自然换相点"。

2. 数量关系

在三相半波不可控整流电路中，负载R_d的输出电压平均值U_d为瞬时值u_d在$2\pi/3$个电源周期内积分后再平均，即

$$U_d = \frac{1}{2\pi/3} \int_{\frac{\pi}{6}}^{\frac{5\pi}{6}} \sqrt{2}U_2 \sin\omega t d(\omega t) \approx 1.17U_2 \tag{1-19}$$

式中，U_2为变压器二次侧绕组的相电压有效值。

1.7.2 三相桥式不可控整流电路

1. 结构与工作原理

单相桥式整流电路所能提供的输出功率通常较小，一般在 2.5 kW 以下。若要求电源提供更大的直流输出功率，就需要利用三相整流电路，其中最常见、应用最普遍的是三相桥式不可控整流电路。

由于三相桥式不可控整流电路多用于中、大功率场合，因此很少采用单个二极管进行组装，而是采用三相整流模块，外形如图 1-43（a）所示，模块的内部等效电路如图 1-43（b）所示，其中阴极连接在一起的 3 只二极管（VD_1、VD_3、VD_5）组成共阴极组，阳极连接在一起的 3 只二极管（VD_4、VD_6、VD_2）组成共阳极组。

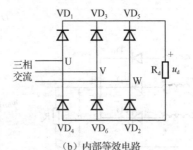

（a）整流模块外形　　　　　　　　（b）内部等效电路

图 1-43　三相桥式不可控整流模块

三相桥式不可控整流电路工作时，共阴极组的 3 只二极管中，阳极交流电压最高的那只二极管优先导通，使另外 2 只二极管承受反压而处于关断状态；同理，共阳极组的 3 只二极管中，阴极交流电压最低的那只二极管优先导通，使另外 2 只二极管承受反压而处于关断状态。即任意时刻，共阳极组和共阴极组中各有一只二极管处于导通状态，其工作波形如图 1-44 所示。

在负载电压u_d波形 I 段中，U 相电压最高，而 V 相电压负值最大，因此VD_1和VD_6导通，$u_d = u_U - u_V = u_{UV}$；在ωt_1时刻，由于u_W比u_V负值更大，因此共阳极组VD_2导通，VD_6承受

反压关断，$u_d = u_U - u_W = u_{UW}$，在 ωt_2 时刻，由于 $u_V > u_U$，因此共阴极组 VD_3 导通，而 VD_1 承受反压关断，以此类推。不难看出，输出负载电压 u_d 为线电压中最大的一个，其波形为线电压的包络线。输出负载电压 u_d 在一个周期内有 6 次脉动，每次脉动的波形相同，故三相桥式不可控整流电路也被称为 6 脉波整流电路。这种电路的输出负载电压波形比单相桥式整流电路的负载输出电压波形更平滑，因而更容易实现滤波。

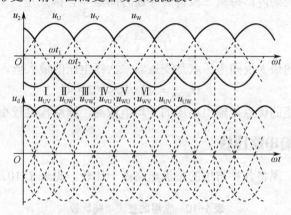

图 1-44　三相桥式不可控整流电路电压波形

将负载电压 u_d 波形在一个电源周期内分为 6 段，每段相位差为 60°。在每段中导通的二极管及整流输出电压的情况如表 1-9 所示。

表 1-9　三相桥式不可控整流电路各区间的工作情况

时段	I	II	III	IV	V	VI
共阴极组中导通的二极管	VD_1	VD_1	VD_3	VD_3	VD_5	VD_5
共阳极组中导通的二极管	VD_6	VD_2	VD_2	VD_4	VD_4	VD_6
整流输出电压 u_d	u_{UV}	u_{UW}	u_{VW}	u_{VU}	u_{WU}	u_{W}

由表 1-9 可知，6 只二极管的导通顺序为 $VD_1 \rightarrow VD_2 \rightarrow VD_3 \rightarrow VD_4 \rightarrow VD_5 \rightarrow VD_6 \rightarrow VD_1$，相位依次相差 60°，这也是 $VD_1 \sim VD_6$ 命名的原因。共阴极组 VD_1、VD_3、VD_5 依次导通 120°，共阳极组 VD_4、VD_6、VD_2 也依次导通 120°。而同一相上、下两个桥臂的两只二极管 VD_1 与 VD_4、VD_3 与 VD_6、VD_5 与 VD_2 导通相位则互差 180°。对于变压器二次绕组，每相绕组的电流均为双向电流，且正、反向电流的有效值和平均值相等。

在单相桥式不可控整流电路中，每只二极管都要承受交流电源线电压的峰值，因此三相桥式不可控整流电路中，每只二极管都要承受交流电源线电压峰值，因此三相整流电路中的二极管需要更高的耐压值。

2. 数量关系

在三相桥式不可控整流电路中，负载 R_d 的输出电压平均值 U_d 为瞬时值 u_d 在 $\pi/3$ 个电源周期内积分后再进行平均，即

$$U_d = \frac{1}{\pi / 3} \int_{\frac{\pi}{3}}^{\frac{2\pi}{3}} \sqrt{2}\sqrt{3}U_2 \sin\omega t \, d(\omega t) \approx 2.34 U_2 \tag{1-20}$$

式中，U_2 为变压器二次绕组的相电压有效值。

根据欧姆定律得负载 R_d 的输出电流平均值为：

$$I_d = \frac{U_d}{R_d} \approx 2.34 \frac{U_2}{R_d} \qquad (1-21)$$

因为在一个电源周期内，每只二极管的导通时间是 $\frac{T}{3}$，因此每只二极管的平均电流为：

$$I_F = \frac{I_d}{3} \qquad (1-22)$$

每只二极管承受的最大反向电压就是变压器二次线电压的最大值，即：

$$U_{VDM} = \sqrt{2}\sqrt{3}U_2 \approx 2.45 U_2 \qquad (1-23)$$

三相桥式整流电路的优点是输出电压的平均值较高，脉动程度较小，波形更平滑。

1.7.3 常用整流电路比较

为便于选择使用，现将各种常用的整流电路做一比较，见表 1-10。

表 1-10　常用的整流电路比较

名称	负载直流电压	每只管子承受的最大反向电压	选择管子的参数	
			每只管子的平均电流	每只管子承受的最大反向电压
单相半波	$0.45U_2$	$1.41U_2$	I_d	$1.41U_2$
单相全波	$0.9U_2$	$2.82U_2$	$0.5I_d$	$2.82U_2$
单相桥式	$0.9U_2$	$1.41U_2$	$0.5I_d$	$1.41U_2$
三相半波	$1.17U_2$	$2.45U_2$	$0.333I_d$	$2.45U_2$
三相桥式	$2.34U_2$	$2.45U_2$	$0.333I_d$	$2.45U_2$

工作页 2

1. 晶闸管是_____层半导体（$P_1N_1P_2N_2$）结构，形成了_____个 PN 结。晶闸管的内部可以看成是由三个二极管连接而成的。由最外部的 P_1 层和 N_2 层引出的两个电极，分别为_____极 A 和_____极 K；由中间层引出的电极是_____极 G，也称控制极。电气图形符号为：_____。

2. 结合下图中用门把手开门的过程描述晶闸管导通需具备的两个条件。

3. 普通晶闸管的关断条件是什么？

4. 计算下图中阴影的面积，求取在一个电源周期内，$I_{VT(AV)} = ?$描述 α、θ 的基本概念。

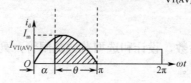

5. 单相半波（Single Phase Half Wave，SPHW）可控整流电路（电阻负载）中，单相是指_____、半波是指_____、可控是指_____、整流是指_____。请在下图中绘出输入电压、输出电压波形。

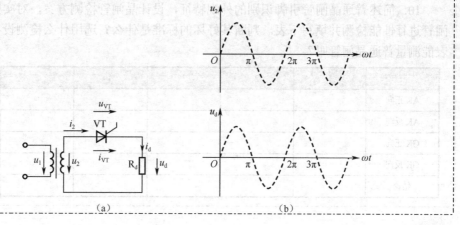

（a）　　　　　　　　　　　　　　（b）

6．基于第 5 题电路，设电源电压 $U_2 = 220\ \text{V}$，频率 $f = 50\ \text{Hz}$，负载电阻为 33 Ω，触发延迟导通角 $\alpha = 0°$、$30°$、$60°$、$90°$、$120°$、$150°$ 时，计算输出电压的平均值、有效值。有效值与平均值的比值等于多少？

7．在 MATLAB / Simulink 环境下，以第 6 题电路参数为例，进行 MATLAB 电路仿真，测量负载的平均电压值、平均电流值。

8．参考路灯控制电路的工作原理，找出几个生活中的应用案例。

9．参考第 6 题电路参数，设计和选型普通晶闸管，列出规格型号、制造商、单价、包装形式、供货周期等信息。

10．简述普通晶闸管引脚识别的外观特征，设计晶闸管检测方案，对实验室的几只晶闸管进行性能检测并填写下表。判断其好坏的标准是什么？选用什么检测设备类型？兆欧表能测量普通晶闸管吗？

	1	2	3	4	5	6
AK 正向						
AK 反向						
GK 正向						
GK 反向						
结论						

11. 参考第 6 题电路参数，通过如下实验台进行电路模拟接线，选择测量点和测量设备，接入测量设备，估算测量设备的挡位。

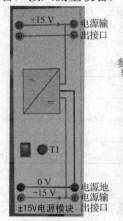

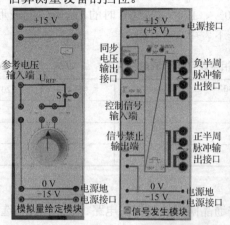

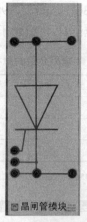

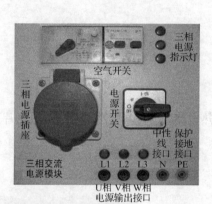

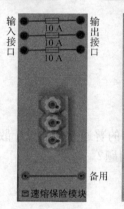

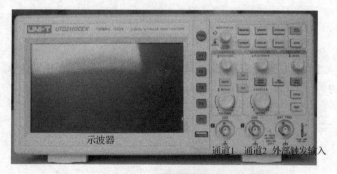

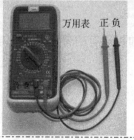

按图纸要求进行接线，在完成检查后加电进行测试。将电阻调在最大阻值位置，按下"启动"按钮，用示波器观察负载电压 u_d、晶闸管 VT 两端电压 u_{VT} 的波形，调节电位器 R_P，观察 α 为 0°、30°、60°、90°、120°、150° 时的 u_d、u_{VT} 的波形，并测量直流输出电压 U_d 和电源电压 U_2，记录于下表中。

电阻负载的单相半波可控整流电路测定　　　　$U_2=$_____V

α	0°	30°	60°	90°	120°	150°
U_d（记录值）						
U_d/U_2						
U_d（计算值）						

计算公式：$U_d=0.45U_2(1+\cos\alpha)/2$

12. 为第 6 题电路选型的普通晶闸管设计保护电路、缓冲电路，选择具体元器件参数、型号。

13. 为第 6 题电路选型的普通晶闸管设计散热电路，选择具体冷却方式、散热片形状。散热片安装时要注意什么问题？

14. 如果现有的普通晶闸管耐压不能满足第 6 题电路中普通晶闸管的要求时，怎么办？

15. 如果现有的普通晶闸管电流参数不能满足第 6 题电路中普通晶闸管的要求时，怎么办？

16. 在第 6 题的电路参数基础上,设置阻感性负载,电感为 1 mH,其余不变,进行 MATLAB 电路仿真,在下面左图中绘出电源电压、负载电压的波形,测量负载电压的有效值。

在仿真电路基础上,增加续流二极管后,在下面右图中再绘出它们的波形,测量负载电压的有效值。

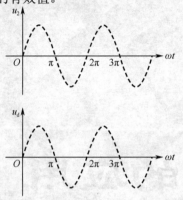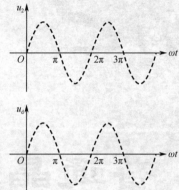

控制角 $\alpha = 30°$ 时,计算负载的电压平均值和电流平均值,计算晶闸管和续流二极管的电流平均值和有效值。

17. 分析单相桥式全控整流电路的工作过程。有一单相桥式全控整流电路,负载为电阻。当 $\alpha = 30°$ 时,$U_d = 80\ \text{V}$,$I_d = 70\ \text{A}$。计算整流变压器的二次电流有效值 I_2,并按照上述工作条件选择晶闸管。用 MATLAB 进行电路仿真,观测负载电压的波形,在下图中绘出电源电压、负载电压的波形。

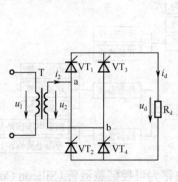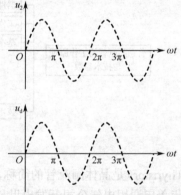

18. 自制晶闸管电镀电源,调压范围为 2~15 V,在 9 V 以上时最大输出电流均可达 130 A,主电路采用三相半波可控整流电路。用 MATLAB 进行电路仿真,观测负载电压的波形,在 α 等于什么值时负载电压的波形出现断续?

19. 基于第 18 题电路参数,主电路采用三相桥式整流电路工作。用 MATLAB 进行电路仿真,观测其负载电压的波形。

项目 **2**

普通晶闸管的应用

2.1 普通晶闸管的工作原理与技术参数

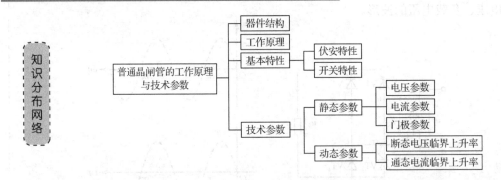

晶闸管（Thyristor）是晶体闸流管的简称，也称为可控硅整流管（Silicon Controlled Rectifier，SCR）。1957 年美国通用电气公司开发出世界上第一款晶闸管产品，并于 1958 年将其商业化；到现在已成为电力器件中品种最多的一种。由于它具有电流容量大、电压耐量高以及开通可控的特点，因此被广泛应用于相控整流、逆变交流调压、直流变换等换流领域。

2.1.1 结构和工作原理

1. 结构

如图 2-1 所示，晶闸管是四层半导体（$P_1N_1P_2N_2$）结构，形成了三个 PN 结 J_1（P_1N_1）、J_2（N_1P_2）和 J_3（P_2N_2）。晶闸管的内部可以看成是由 3 个二极管连接而成的。由最外部的 P_1 层和 N_2 层引出的两个电极，分别为阳极 A（anode）和阴极 K（cathode）；由中间层引出的电极是门极 G（gate），也称控制极。

晶闸管的外形和电气图形符号如图 2-2 所示。晶闸管是一种大功率半导体器件，有塑封式、螺栓式、平板式和模块式等多种外形。在螺栓式晶闸管中，螺栓一端是阳极 A，使用时将该端用螺母固定在散热器上；另一端有两条引线：粗引线是阴极 K，细引

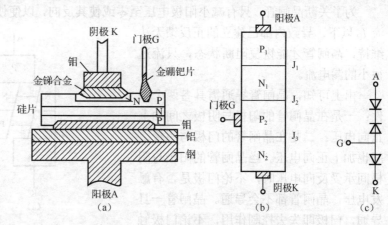

图 2-1　晶闸管管芯结构和等效电路

线是门极 G。平板式晶闸管的两面分别是阳极 A 和阴极 K，中间引出线是门极 G，其散热是用两个互相绝缘的散热器把器件紧夹在中间，由于散热效果好，大容量的晶闸管都采用平板式结构。

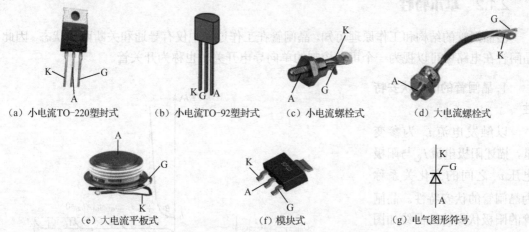

图 2-2　晶闸管的外形和电气图形符号

2．工作原理

晶闸管可以看做由 $VT_1(P_1N_1P_2)$ 和 $VT_2(N_1P_2N_2)$ 两个晶体管互连构成，VT_2 的集电极同时又是 VT_1 的基极，这种结构形成了内部正反馈关系，如图 2-3 所示。当晶闸管阳极 A 和阴极 K 之间加上正向电压时，如果门极 G 也加上足够的正向电压 u_G，则有电流 i_G 流入 VT_2 管的基极。VT_2 管导通后，其集电极电流 i_{c2} 流过 VT_1 管的基极，并使其导通，于是该管的集电极电流 i_{c1} 又流入 VT_2 管的基极。如此往复循环，形成强烈的正反馈过程，导致两个晶体管均饱和导通，结果使晶闸管迅速地由阻断状态转为导通状态。此时，若取消已加上的门极电压 u_G，VT_1、VT_2 管内部电流仍维持原来的方向，晶闸管仍将保持原来的阳极电流而继续导通。

当晶闸管 A、K 间承受正向电压，而门极电流 $i_G=0$ 时，VT_1、VT_2 管之间的正反馈不能建立起来，晶闸管 A、K 间只有很小的正向漏电流，它处于正向阻断状态。

为了关断晶闸管，只有减小阳极电压至零或使其反向，以便使阳极电流 i_A 降低到维持电流 I_H 以下，导致内部已建立的正反馈无法维持，晶闸管才能恢复阻断状态，只流过很小的漏电流。

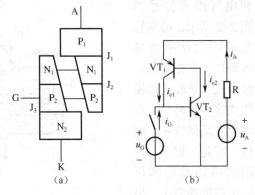

由上可知，晶闸管导通需具备两个条件：一是在晶闸管的阳极与阴极之间加上正向电压；二是在晶闸管的门极与阴极之间也加上正向电压。当晶闸管的阳极与阴极间承受反向电压时，不论门极是否有触发电压，晶闸管都不会导通。晶闸管一旦导通，门极即失去控制作用，不论门极触发电压是否还存在，晶闸管都保持导通。

图 2-3　晶闸管的内部结构和等效电路

晶闸管像二极管一样具有单向导电性，但它又与二极管不同。门极电压只能触发晶闸管开通，而不能控制其关断，所以说晶闸管是半控型电力器件。门极电压对晶闸管正向导通所起的控制作用称为晶闸管的可控单向导电性。

2.1.2　基本特性

由晶闸管的结构和工作原理可知，晶闸管在工作过程中仅有导通和关断两种状态。因此，晶闸管在电路中可以视为一个可以控制的单向导电开关，也称为开关管。

1. 晶闸管的阳极伏安特性

以触发电流 i_G 为参变量，描述阳极电流 i_A 与阳极电压 u_A 之间的变化关系称为晶闸管的伏安特性。晶闸管的阳极伏安特性曲线如图 2-4 所示。

图中部分物理量的含义如下：

U_{DRM}、U_{RRM} 为正、反向断态重复峰值电压；

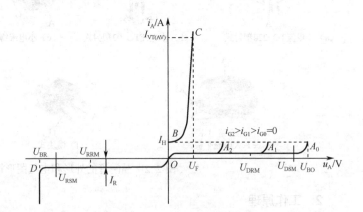

图 2-4　晶闸管的阳极伏安特性曲线

U_{DSM}、U_{RSM} 为正、反向断态不重复峰值电压；

U_{BO} 为正向转折电压；

U_{BR} 为反向击穿电压。

晶闸管的阳极伏安特性包括正向特性（第Ⅰ象限）和反向特性（第Ⅲ象限）两部分。

1）正向特性

晶闸管的正向特性又有阻断状态和导通状态之分。在正向阻断状态，晶闸管的伏安特性

是一组随门极电流 i_G 的增加而不同的曲线簇。在门极电流 $i_G=0$ 情况下，逐渐增大晶闸管的正向阳极电压，这时晶闸管处于断态，只有很小的正向漏电流；随着正向阳极电压的增加，当达到正向转折电压 U_{BO} 时，漏电流突然剧增，特性从正向阻断状态突变为正向导通状态。这种在 $i_G=0$ 时，依靠增大阳极电压而强迫晶闸管导通的方式会使晶闸管损坏，通常是不允许的。

正常工作时，从门极输入触发电流 i_G 使晶闸管导通，随着门极电流 i_G 的增大，晶闸管的正向转折电压 U_{BO} 迅速下降，门极电流愈大（ $i_{G2}>i_{G1}>i_{G0}$ ）转折电压值愈小。晶闸管正向导通状态时的阳极伏安特性与电力二极管的正向特性相似，即流过较大的阳极电流，而正向导通压降 U_F 却很小（ $0.4\sim1.2\ \text{V}$ ）。

晶闸管正向导通后，要使晶闸管恢复阻断，只有逐步减小阳极电流 i_A 。当 i_A 下降到维持电流 I_H 以下时，晶闸管由正向导通状态变为正向阻断状态。维持电流 I_H 是维持晶闸管导通所需的最小电流。

2）反向特性

晶闸管的反向特性是指晶闸管的反向阳极电压（阳极相对阴极为负电位）与阳极漏电流的伏安特性。当晶闸管外加反向阳极电压时，门极不起作用，其反向伏安特性与二极管反向特性相似。晶闸管始终处于反向阻断状态，只流过很小的反向漏电流。反向电压增加，反向漏电流也增加，当反向电压增加到反向击穿电压 U_{BR} 时，反向漏电流将突然急剧增大，导致晶闸管反向击穿而损坏。

2. 晶闸管的门极伏安特性

以正向阳极电压为参变量来描述晶闸管的门极电压 u_G 与门极电流 i_G 之间的关系，称为晶闸管的门极伏安特性。

晶闸管的门极 G 与阴极 K 之间只有一个 PN 结 J_3，是一个不大理想的二极管特性，并且分散性很大。为了应用上的方便，实际晶闸管的门极伏安特性，常常用一个划定的区域来表示，凡是特性在此区域内的元件都是合格产品。图 2-5 所示为晶闸管的门极伏安特性区域。

图 2-5（a）中左下方的一个小范围内（无阴影部分），是在额定结温时，各晶闸管均不能被触发导通的区域，称为不可触发区，其放大图如图 2-5（b）所示，相应的电压与电流称为门极不触发电压 U_{GT} 和门极不触发电流 I_{GT} 。但是门极触发信号又不宜过高，既要受门极正向峰值电压 U_{GFM} 和门极正向峰值

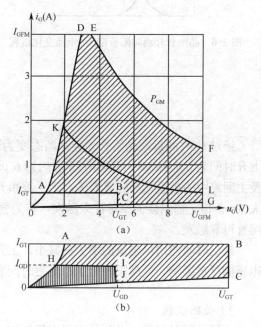

图 2-5 晶闸管的门极伏安特性区域

电流 I_{GFM} 的限制，还要受门极峰值耗散功率 P_{GM} 的限制。晶闸管的门极伏安特性实际上是由图 2-5（a）中曲线 A、B、C、D、E、F、G 所包围的阴影区域内参数决定的。

3. 晶闸管的开关特性

晶闸管的开通和关断并不是瞬间完成的，而是需要一定的时间。晶闸管的开关特性是指通态（开通）和断态（关断）之间转换过程中，器件电压和电流的变化情况。

1）开通过程

如图 2-6 所示，晶闸管开通时阳极与阴极两端的电压有一个下降过程，而阳极电流的上升也有一个过程，这个过程可分为三段。第一段为延迟时间 t_d，对应着阳极电流从零上升到 $10\%I_{AM}$ 所需的时间，此时 J_2 结仍为反偏，晶闸管的电流不大；第二段为上升时间 t_r，对应着阳极电流由 $10\%I_{AM}$ 上升到 $90\%I_{AM}$ 所需的时间。这时靠近门极的局部区域已经导通，相应的 J_2 结已由反偏转为正偏，电流迅速增加，如图 2-7 所示。通常定义器件的开通时间 t_{gt} 为延迟时间 t_d 与上升时间 t_r 之和，即

$$t_{gt} = t_d + t_r \tag{2-1}$$

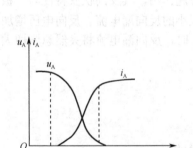

图 2-6　晶闸管开通时阳极电压、电流变化过程

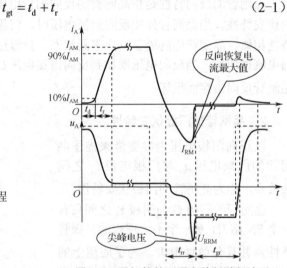

图 2-7　晶闸管的开通和关断过程波形

经过 t_{gt} 时间后，晶闸管才会从断态变为通态。普通晶闸管的延迟时间为 0.5～1.5 μs，上升时间为 0.5～3 μs，开通时间 t_{gt} 约为 6 μs。开通时间与触发脉冲的大小、陡度、结温以及主回路中的电感量等因素有关。为了缩短开通时间，常采用实际触发电流比规定触发电流大 3～5 倍、前沿陡的窄脉冲来触发，称为强触发。触发脉冲的宽度必须大于 t_{gt}，以保证晶闸管可靠触发。

延迟时间随门极电流的增大而减小，上升时间除反映晶闸管本身特性外，还受到外电路电感的严重影响。提高阳极电压，延迟时间和上升时间都可显著缩短。

2）关断过程

为了关断晶闸管，必须是阳极电压为零或加反向电压。当阳极电流刚好下降到零时，晶闸管内部各 PN 结附近仍然有大量的载流子未消失，此时若马上重新加上正向阳极电压，晶

闸管仍会不经触发而立即导通。为了让器件内的载流子基本消失，晶闸管完全恢复正向阻断能力需要一定的时间。如图 2-7 所示，正向电流降为零到反向恢复电流衰减至接近零的时间称为反向阻断恢复时间 t_{rr}；反向恢复过程结束后，载流子复合到恢复正向阻断所需的时间称为正向阻断恢复时间 t_{gr}；通常定义晶闸管的关断时间 t_q 等于反向阻断恢复时间 t_{rr} 与正向阻断恢复时间 t_{gr} 之和，即

$$t_q = t_{rr} + t_{gr} \tag{2-2}$$

晶闸管的关断时间与器件结温、关断前阳极电流的大小及所加反向阳极电压的大小有关。普通晶闸管的 t_q 为几十至几百 μs。

2.1.3 主要技术参数

为了正确选型和使用晶闸管，必须掌握晶闸管的主要参数。

1. 电压参数

晶闸管电压参数如图 2-8 所示。

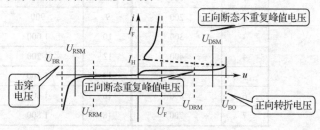

1）正向转折电压 U_{BO}

晶闸管的正向转折电压 U_{BO} 是指在门极 G 开路及额定结温下，在阳极 A 与阴极 K 之间加正弦半波正向阳极电压，使其由关断状态转变为导通状态时所对应的峰值电压。

图 2-8 晶闸管电压参数

2）正向断态不重复峰值电压 U_{DSM}

晶闸管在门极开路及额定结温下，施加于晶闸管的正向阳极电压上升到正向阳极伏安特性曲线急剧弯曲处所对应的电压值称为断态不重复峰值电压。它是一个不能重复且每次持续时间不大于 10 ms 的断态最大脉冲电压。U_{DSM} 值小于转折电压 U_{BO}。

3）正向断态重复峰值电压 U_{DRM}

晶闸管在门极开路及额定结温下，允许每秒 50 次，每次持续时间不大于 10 ms，重复施加于晶闸管上的正向断态最大脉冲电压（$U_{DRM}=90\%U_{DSM}$）称为正向断态重复峰值电压，约为正向转折电压减去 100 V 后的电压值。

4）反向击穿电压 U_{BR}

晶闸管的反向击穿电压 U_{BR} 是指在门极开路及额定结温下，在阳极 A 与阴极 K 之间加正弦半波反向阳极电压时，其反向漏电流急剧增大时所对应的峰值电压。

5）反向断态不重复峰值电压 U_{RSM}

晶闸管在门极开路及额定结温下，阳极施加反向电压并对应于反向阳极伏安特性曲线急剧弯曲处的反向峰值电压值。它是一个不能重复施加且持续时间不大于 10 ms 的最大反向脉冲电压。

6）反向断态重复峰值电压 U_{RRM}

晶闸管在门极开路及额定结温下，允许每秒 50 次，每次持续时间不大于 10 ms，重复施加于晶闸管上的反向最大脉冲电压 ($U_{RRM} = 90\% U_{RSM}$) 称为反向断态重复峰值电压，约为反向击穿电压减去 100 V 后的电压值。

7）额定电压

晶闸管的额定电压系指正向断态重复峰值电压 U_{DRM} 和反向断态重复峰值电压 U_{RRM} 中较小的一个，并按标准中电压的等级取其整数。通常根据规定的分级方法，以简单的数字形式表示在器件型号上。晶闸管的正、反向电压等级见表 2-1。

表 2-1 晶闸管的电压等级

级别	正、反向断态重复峰值电压/V	级别	正、反向断态重复峰值电压/V	级别	正、反向断态重复峰值电压/V
1	100	8	800	20	2 000
2	200	9	900	22	2 200
3	300	10	1 000	24	2 400
4	400	12	1 200	26	2 600
5	500	14	1 400	28	2 800
6	600	16	1 600	30	3 000
7	700	18	1 800		

晶闸管工作时，特别是在使用中出现各种过电压情况时，若外加电压峰值瞬时超过正、反向断态不重复峰值电压则可造成器件永久损坏。因此在实际工作中晶闸管的额定电压值应为正常工作时最高电压的 2~3 倍。

8）正向平均电压 U_F

正向平均电压 U_F，也称通态平均电压或通态压降，是指在规定环境温度和标准散热条件下，当流过晶闸管的电流为额定电流时，其阳极 A 与阴极 K 之间电压降的平均值，通常为 0.4 ~ 1.2 V。

9）最小触发电压 U_G

指晶闸管承受正向电压情况下，为使其导通而要求门极所加的最小触发电压，一般为 1~5 V。

2. 电流参数

1）额定通态平均电流 $I_{VT(AV)}$

在环境温度为 +40 ℃和规定的冷却条件下，晶闸管在导通角不小于 170°的电阻负载电路中，阳极与阴极间所允许通过的最大单相工频正弦半波电流的平均值，称为额定通态平均电流，用 $I_{VT(AV)}$ 表示。将该电流按晶闸管标准电流系列取整数值后，称为该晶闸管的额定电流。

值得注意的是，晶闸管是以平均电流而非有效值电流作为它的额定电流，这是因为晶闸管较多地用于可控整流电路，而整流电路往往是按直流平均值来计算的。实际应用中，限制晶闸管最大电流的是晶闸管的工作温度，而晶闸管的工作温度主要是由电流有效值决定的。

2）维持电流 I_H

晶闸管被触发导通以后，在室温和门极开路条件下，晶闸管从较大的阳极电流降到刚好能保持其导通的最小阳极电流，称为维持电流。维持电流的大小与晶闸管的结温有关，结温越高，维持电流越小。同一型号的晶闸管，其维持电流也各不相同，维持电流大的管子容易关断。

3）擎住电流 I_L

晶闸管加上触发电压后，从阻断状态刚转为导通状态时就去掉触发电压，在这种情况下要保持晶闸管维持导通所需要的最小阳极电流，称为擎住电流。一般晶闸管的擎住电流 I_L 为其维持电流 I_H 的 2~4 倍。

4）正向断态重复峰值电流 I_{DRM} 和反向断态重复峰值电流 I_{RRM}

在额定结温和门极开路时，分别对应于正向断态重复峰值电压和反向断态重复峰值电压下的峰值电流。

5）浪涌电流 I_{TSM}

在规定条件下，工频正弦半周期内所允许的最大过载峰值电流。

3. 门极参数

1）门极触发电流 I_{GT} 和门极触发电压 U_{GT}

在规定的环境温度下，普通晶闸管加 6 V 正向阳极电压时，在使晶闸管从阻断状态转变为导通状态所需要的最小门极直流电流称为门极触发电流 I_{GT}。对应于门极触发电流的门极电压称为门极触发电压 U_{GT}。

不同系列的晶闸管规定了门极触发电流、门极触发电压的上、下限值。例如：100 A 的晶闸管，其门极触发电流、门极触发电压分别不应超过 250 mA、4 V，也不应小于 1 mA、0.15 V。为了保证晶闸管的可靠触发，在实际应用中，外加门极电压的幅值应比 U_{GT} 大几倍。

2）门极反向峰值电压 U_{RGM}

门极所加反向峰值电压一般不得超过 5 V，以免损坏晶闸管的控制结（J_3 结）。

4. 动态参数

1）断态电压临界上升率 du/dt

在额定结温和门极开路的条件下，使器件从阻断状态转入导通状态的最低电压上升率，称为断态电压临界上升率，以 du/dt 表示。晶闸管保持阻断状态时所允许的最高电压上升率应小于此值。如果 du/dt 数值过大，即使此时阳极电压幅值并未超过断态正向转折电压，晶闸管也可能造成误导通。du/dt 的单位是 V/μs。

2）通态电流临界上升率 di/dt

在规定条件下，晶闸管用门极触发信号开通时，晶闸管能够承受而不会导致损坏的通态电流最大上升率，称为通态电流临界上升率，以 di/dt 表示。即晶闸管在工作过程中允许的最大电流上升率应小于此值。di/dt 的单位是 A/μs。

2.2 电阻负载的单相半波可控整流电路

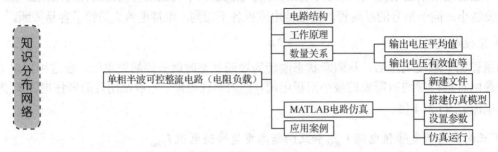

由于电力二极管是不可控型器件，当输入的交流电压一定时，其输出的整流平均电压也是固定值不能调节。晶闸管属于通过控制信号控制其导通，但不能控制其关断的半控型器件，在生产实际中也获得了广泛的应用。

2.2.1 电路结构

单相半波可控整流电路（Single Phase Half Wave Controlled Rectifier，SPHWCR）（电阻负载）及其波形如图 2-9 所示。图中 VT 为晶闸管，R_d 为纯电阻负载。变压器起变换电压和隔离作用，其一次电压和二次电压瞬时值分别 u_1 和 u_2 表示，有效值分别用 U_1 和 U_2 表示。

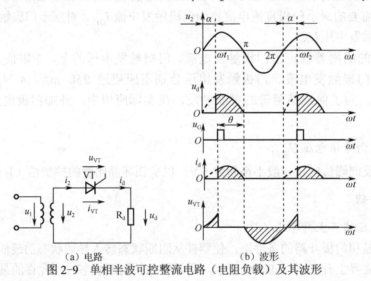

（a）电路　　　　　　　（b）波形

图 2-9　单相半波可控整流电路（电阻负载）及其波形

2.2.2 工作原理

设 $u_1 = \sqrt{2}U_1 \sin\omega t$，$u_2 = \sqrt{2}U_2 \sin\omega t$。若晶闸管门极上未加正向触发电压脉冲 u_G，那么根据晶闸管的导通条件，不论正弦交流电压 u_2 是正半周还是负半周，晶闸管都不会导通。这时，负载端电压 $u_d = 0$、负载电流 $i_d = 0$，因而电源的全部电压都由晶闸管承受，即 $u_{VT} = u_2$。

在电源电压 u_2 的正半周，晶闸管承受正向电压，处于正向阻断状态。在 $\omega t = 0 \sim \alpha$ 期间未发出触发脉冲 u_G，则在此期间晶闸管不导通，电源电压全部加在晶闸管上，负载上的电流

及电压均为零。在 $\omega t = \alpha$ 时刻发出触发脉冲 u_G，则晶闸管被触发导通，晶闸管从正向阻断状态进入导通状态。此后，尽管触发电压随即消失，晶闸管仍然继续导通。晶闸管导通后，其管压降约 1 V，若忽略此管压降，则在 $\alpha \sim \pi$ 期间电源电压 u_2 全部加在负载上，即 $u_d = u_2$。

当电源电压 u_2 从正半周转入负半周过零的时候，晶闸管中的电流自然地下降到维持电流 I_H 以下，晶闸管从导通状态转入阻断状态。

在电源的负半周 $\omega t = \pi \sim 2\pi$，电源电压反向加在晶闸管上，晶闸管进入反向阻断状态，负载电压 $u_d = 0$。至此，电路完成了一个工作周期，此后电路周期性地重复上述过程，u_2、u_d、u_G、i_d 和 u_{VT} 波形如图 2-9 所示。在一个电源周期内晶闸管所承受的最大耐压为电源正、反向峰值电压 $\sqrt{2}U_2$。

根据上述电路工作原理，下面定义几个术语概念，以便今后做详细的讨论。

1）触发延迟角 α

从晶闸管开始承受正向电压起，到被触发导通止，所对应的这一电角度称为触发延迟角（也称触发角、延迟角或控制角），用字母 α 表示。

在电路中，如将晶闸管换为二极管，则二极管开始流过电流的时刻称为"自然换流点"。在自然换流点 $\alpha = 0°$。

2）导通角

在一个周期内晶闸管导通的角度称为导通角，用"θ"表示。单相半波可控整流电路为电阻负载时，导通角 θ 与触发延迟角 α 的关系为：

$$\theta = \pi - \alpha \tag{2-3}$$

3）移相

在整流电路中改变触发延迟角 α 的大小，即改变触发脉冲电压 u_G 出现的相位，称为移相。由于通过移相可以控制输出电压的大小，所以把通过改变触发延迟角 α 来调节输出电压的方式称为移相控制或相位控制。由于可控整流是通过触发脉冲的移相控制来实现的，故也称相控整流。

4）移相范围

触发延迟角 α 从 $0°$ 到最大角度的区间称为移相范围。

5）同步

为使整流输出电压稳定，要求在每个电源周期的 α 角都相同，为此，要求触发脉冲信号和电源电压在频率和相位上要协调配合，这种相互协调配合的关系称为同步。

2.2.3 数量关系

在电阻负载 R_d 的单相半波可控整流电路中，触发延迟角 α 的移相范围为 $0 \sim \pi$。根据电路中各变量的定义，可得出以下变量的数量关系。

1）负载输出电压平均值 U_d

$$U_d = \frac{1}{2\pi} \int_{\alpha}^{\pi} \sqrt{2}U_2 \sin \omega t d(\omega t) = \frac{\sqrt{2}U_2}{2\pi}(1 + \cos \alpha) \approx 0.45 U_2 \frac{1 + \cos \alpha}{2} \tag{2-4}$$

式中，U_2 为变压器二次绕组的相电压有效值，下同。

$\alpha=0°$ 时输出电压平均值为：$U_{d0}=\dfrac{\sqrt{2}U_2}{\pi}\approx 0.45U_2$。

公式表明，负载输出电压平均值 U_d 由 U_2 和延迟角 α 所决定，U_d 与 α 的关系是非线性的。

2）负载输出电流平均值 I_d

在电阻负载电路中，流过负载的电流波形与负载电压波形相似。负载 R_d 的电流平均值 I_d 根据欧姆定律得：

$$I_d=\frac{U_d}{R_d}\approx 0.45\frac{U_2}{R_d}\frac{1+\cos\alpha}{2} \tag{2-5}$$

3）负载输出电压有效值 U_R

$$U_R=\sqrt{\frac{1}{2\pi}\int_{\alpha}^{\pi}(\sqrt{2}U_2\sin\omega t)^2\mathrm{d}(\omega t)}=U_2\sqrt{\frac{1}{4\pi}\sin 2\alpha+\frac{\pi-\alpha}{2\pi}} \tag{2-6}$$

4）负载输出电流有效值 I_R

$$I_R=\frac{U_R}{R_d}=\frac{U_2}{R_d}\sqrt{\frac{1}{4\pi}\sin 2\alpha+\frac{\pi-\alpha}{2\pi}} \tag{2-7}$$

5）晶闸管电流平均值 I_{dVT}

在电阻负载的单相半波可控整流电路中，因为变压器二次侧、晶闸管和负载在电路中属于串联关系，所以负载 R_d 上输出的电流平均值 I_d 与流经晶闸管的电流平均值 I_{dVT} 相等，为：

$$I_{dVT}=I_d=\frac{U_d}{R_d}\approx 0.45\frac{U_2}{R_d}\frac{1+\cos\alpha}{2} \tag{2-8}$$

6）晶闸管及变压器二次侧电流有效值

在电阻负载的单相半波可控整流电路中，R_d 上输出的电流有效值 I_R 与晶闸管的电流有效值 I_{RVT} 和变压器二次侧的电流有效值 I_2 均相等，为：

$$I_{RVT}=I_2=I_R=\frac{U_2}{R_d}\sqrt{\frac{1}{4\pi}\sin 2\alpha+\frac{\pi-\alpha}{2\pi}} \tag{2-9}$$

7）电路功率因数 $\cos\varphi$

电路功率因数是变压器二次侧有功功率与视在功率的比值为：

$$\cos\varphi=\frac{P}{S}=\frac{U_R I_R}{U_2 I_2}=\frac{U_R I_2}{U_2 I_2}=\sqrt{\frac{1}{4\pi}\sin 2\alpha+\frac{\pi-\alpha}{2\pi}} \tag{2-10}$$

8）晶闸管承受的最大电压 U_{VTM}

由图 2-9 可以看出，晶闸管承受的最大电压 U_{VTM} 是变压器二次侧相电压的峰值，即

$$U_{VTM}=\sqrt{2}U_2 \tag{2-11}$$

实例 2.1 如图 2-9 所示电路中电源电压 $U_2=45\,\mathrm{V}$，频率 $f=50\,\mathrm{Hz}$，负载电阻为 $33\,\Omega$，触发延迟导通角 $\alpha=90°$。

求：（1）负载的平均电压、平均电流；

（2）负载的电压有效值、电流有效值；

（3）电路的功率因数。

解　（1）根据公式（2-4），负载的平均电压为：

$$U_d \approx 0.45U_2 \frac{1+\cos\alpha}{2} = 0.45 \times 45 \times \frac{1+\cos 90°}{2} \approx 10 \text{ V}$$

根据公式（2-5），平均电流为：$I_d = \frac{U_d}{R_d} \approx \frac{10}{33} \approx 0.3 \text{ A}$

（2）根据公式（2-6），负载的电压有效值为：

$$U_R = U_2 \sqrt{\frac{1}{4\pi}\sin 2\alpha + \frac{\pi-\alpha}{2\pi}} = 45\sqrt{\frac{1}{4\pi}\sin 180° + \frac{\pi-90°}{2\pi}} \approx 22.5 \text{ V}$$

根据公式（2-7），电流有效值为：$I_R = \frac{U_R}{R_d} \approx \frac{22.5}{33} \approx 0.68 \text{ A}$

（3）根据公式（2-10），功率因数为：

$$\cos\varphi = \frac{P}{S} = \sqrt{\frac{1}{4\pi}\sin 2\alpha + \frac{\pi-\alpha}{2\pi}} = \sqrt{\frac{1}{4\pi}\sin 180° + \frac{\pi-90°}{2\pi}} \approx 0.5$$

电路仿真 1　单相半波可控整流电路

下面以实例 2.1 电路参数为例，来说明 MATLAB 图形化模型的仿真过程。

1. 搭建电路、设置参数

参考 1.2.4 节的方法新建并打开仿真模型文件，按如图 2-9（a）所示电路原理，用 MATLAB 电路元器件模块搭建单相半波可控整流电路的仿真模型，如图 2-10 所示。

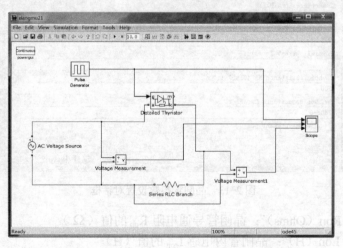

图 2-10　单相半波可控整流电路的仿真模型

1）晶闸管

在 MATLAB 模型库中，晶闸管模型有 Detailed Thyristor 和 Thyristor 两种（如图 2-11 所示），它们的模型作用相似，仿真时可任选一种。

如图 2-12 所示，晶闸管的仿真模型由电阻 R_{on}、电感 L_{on}、直流电压源 U_f 和开关 SW 串联组成。开关 SW 受逻辑信号控制，该逻辑信号由晶闸管的电压 U_{ak}、电流 I_{ak} 和门极触发信号 G 决定。

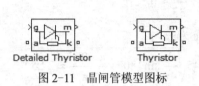

图 2-11　晶闸管模型图标

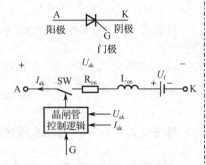

图 2-12　晶闸管仿真模型等效电路

用鼠标左键双击晶闸管模型图标，弹出的参数设置对话框如图 2-13 所示，各选项含义如下。

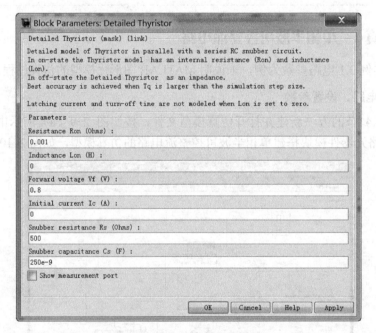

图 2-13　晶闸管参数设置对话框

"Resistance Ron（Ohms）"：晶闸管导通电阻 R_{on} 的值（Ω）。

"Inductance Lon（H）"：晶闸管内电感 L_{on} 的值（H）。

与二极管相同，当电感参数设为 0 时，电阻参数不能同时设为 0；当电阻参数设为 0 时，电感参数也不能同时设为 0。

"Forward voltage Vf（V）"：晶闸管正向平均电压（V）。

"Initial current Ic（A）"：初始电流（A）。

晶闸管模型内部的阳极端与阴极端之间还设计有 R_s 与 C_s 组成的阻容吸收回路。

"Snubber resistance Rs（Ohms）"：吸收电阻 R_s 的值（Ω）。

"Snubber capacitance Cs（F）"：吸收电容 C_s 的值（F）。可对 R_s 与 C_s 设置不同的数值以改变或取消吸收电路。电路中如果不需要吸收电路，可将 R_s 参数设置为"inf"，缓冲电容 C_s 设置为"0"。为得到纯电阻 R_s，可将电容 C_s 的参数设置为"inf"。

当勾选"Show measurement port"复选框时，晶闸管模型图标便显示第二个输出端（m），这是晶闸管检测输出向量（I_{ak}，U_{ak}）端，可连接相应仪表，检测流经晶闸管的电流（I_{ak}）和晶闸管阳极与阴极两端的电压（U_{ak}）。

2）脉冲信号发生器

脉冲信号发生器不需要任何输入信号激励，可用于触发电力电子器件，如晶闸管等。脉冲信号发生器的模型图标如图 2-14 所示。

双击脉冲信号发生器模型图标，弹出的参数设置对话框如图 2-15 所示，各选项含义如下。

图 2-14　脉冲信号发生器模型图标

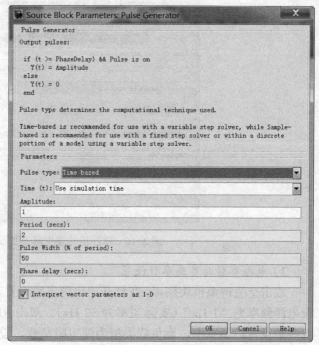

图 2-15　脉冲信号发生器参数设置对话框 1

"Pulse type"：脉冲类型，有 Time based（时间基准）与 Sample based（采样基准）两种可供选择；这里选择"Time based"（时间基准）。

"Time（t）"：时间，有 Use simulation time（使用仿真时间）与 Use external signal（使用外部信号）两种可供选择；这里选择"Use simulation time"（使用仿真时间）。

"Amplitude"：脉冲幅值。

"Period（secs）"：周期（s）。

"Pulse Width（% of period）"：脉冲宽度（周期的百分数）。

"Phase delay（secs）"：相位延迟（s）。

当选择"Use simulation time"（使用仿真时间）时，可勾选"Interpret vector parameters as 1-D"复选框，即解释向量参数为一维的；当选择"Use external signal"（使用外部信号）时，则无此勾选项。

对应晶闸管参数，振幅设置为"1 V"，周期与电源电压设置一致，为"1 s"（实际为 0.02 s，即频率为 50 Hz），脉冲宽度为"5"，初相位（控制角）为"0.25"（$\alpha = 90°$）。固定时间间隔的脉冲发生器参数设置对话框如图 2-16 所示。

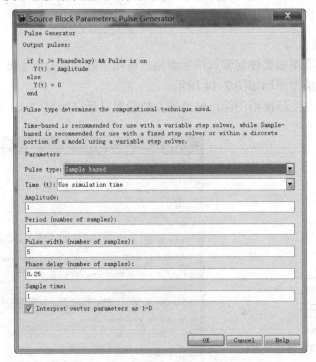

图 2-16　脉冲信号发生器参数设置对话框 2

3）电源参数与负载参数设置

双击交流电源模块图标，在打开的电源参数设置对话框中设电源峰值电压为"64 V"，设电源频率为"1 Hz"（实际频率为 50 Hz）。双击 RLC 模拟负载模块图标，在打开的负载参数设置对话框中，设负载类型为纯电阻负载，设电阻 $R=33\ \Omega$，如图 2-17 所示。

4）示波器设置

双击 Scope 模块图标，在打开的对话框中选择第二个图标 Parameters，在弹出窗口的"General"选项卡中，将"Number of axes"的值修改为"3"，示波器就可显示三路输入信号，如图 2-18 所示。

2. 仿真波形

在模块参数和仿真参数设置完成后，单击工具栏的"启动仿真"按钮 ▶，即进入仿真过程，是指仿真波形如图 2-19 所示。其中上方波形为脉冲信号电压 u_G 的波形，中间波形为电源电压 u_2 的波形，下方波形为负载电压 u_d 的波形。由图可以看出，脉冲信号属于矩形方波前沿触发方式。

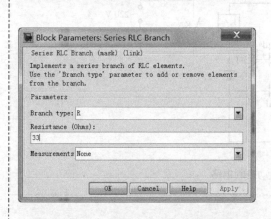

图 2-17 RLC 模拟负载参数设置对话框

图 2-18 示波器参数设置对话框

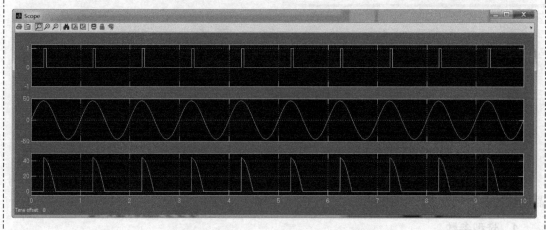

图 2-19 当 $\alpha = 90°$ 时 u_G、u_2、u_d 的波形

应用案例 2 路灯自动控制电路

一种简单的路灯自动控制电路如图 2-20 所示。

早晨，当光强度变大时，光敏三极管 VT_1 阻值逐渐变小，端电压下降。当 VT_1 的集电极电压低于 $E_G/3$ 时，接成比较器形式的 NE555 定时器的 3 脚输出电压由高变低。当天渐渐暗下来时，光强随之减弱，VT_1 集电极电压逐渐上升，一旦电压高于 $2E_G/3$ 时，NE555 定时器输出电压由低变高。当 NE555 定时器输出电压由高变低时，三极管 VT_2 导通，并使晶闸管 VT_3 的阳极电位有一个下跳信号，使其可靠关断。当 NE555 定时器输出电压由低变高时，VT_2 基极电压高跳使其截止，且此时晶闸管 VT_3 的门极电位高跳，使其可靠导通。VT_3 导通时，继电器 KA 接通，灯亮。VT_1 的集电极电压只要大于 $E_G/3$，继电器保持得电。如低于 $E_G/3$ 则失电。开关电压幅值可由 100 kΩ 可变电阻调节，使电路开关电压满足所要求的环境。

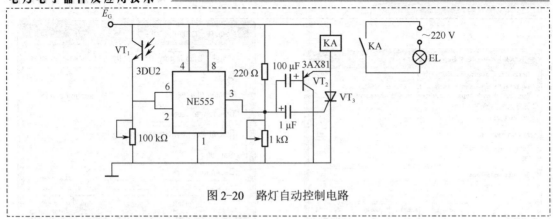

图 2-20　路灯自动控制电路

2.3　普通晶闸管的选型与检测

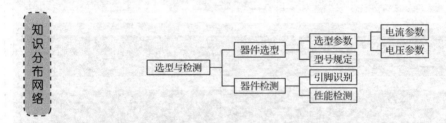

2.3.1　普通晶闸管的选型

晶闸管的额定参数是正确选用晶闸管的依据。一般的半导体器件手册中都给出不同型号晶闸管的各种额定参数以便选用。

1. 选型参数

1）电流参数

晶闸管器件和其他电气设备一样，决定其允许电流大小的是温度。晶闸管的温度，系指其管芯（三个 PN 结）的温度，称为结温。结温的高低由发热和散热两方面的条件所确定。

造成晶闸管发热的原因是损耗，它主要有下述几部分：一是通态损耗，它是晶闸管器件发热的最主要原因。为了减少器件的发热程度，要选用正向平均电压值小的器件。二是断态和反向时的损耗，为了减小这一部分损耗，应选用漏电流较小的器件。三是开关损耗，晶闸管在高频条件下工作时，其损耗应给予考虑。四是门极功率损耗，此项数值较小，对器件的发热影响不大。

影响晶闸管散热条件的因素有：晶闸管与散热器之间的接触状况（面积的大小、松紧程度）；散热器体积的大小与形状；冷却方式（自冷、风冷、水冷、油冷等）及其冷却介质的流速、温度；环境的温度等。

根据晶闸管发热和冷却条件的不同，晶闸管允许的通态平均电流也不一样。从晶闸管管芯发热的角度来看，如果认为管芯通态时的电阻不变，则其热效应仅和电流的有效值有关。因此，选用晶闸管器件时，首先应根据实际电路中流过晶闸管的电流波形和导通时间，计算出电路中相应的电流有效值 I_R，然后再根据有效值相等的原则，即实际电路的电流有效值与

晶闸管的电流有效值相等，求出器件允许通过的电流平均值 I_{dTV}。

电路中任一含有直流分量的电流波形，都有一个电流平均值 I_d（一个电源周期内电流波形面积的平均值）和一个电流有效值 I_R（一个电源周期内电流波形的均方根值）。电流有效值与平均值之比，称为该电路的电流波形系数 K_f。以单相半波可控整流电路为例，根据公式（2-5）、（2-7）得：

$$K_f = \frac{I_R}{I_d} = \frac{\sqrt{\dfrac{1}{4\pi}\sin 2\alpha + \dfrac{\pi - \alpha}{2\pi}}}{0.45\dfrac{1 + \cos\alpha}{2}} \tag{2-12}$$

该电路中 U_d / U_2、K_f 与 α 的数据关系，如表 2-2 所示。

表 2-2　U_d / U_2、K_f 与 α 的关系

α	0°	30°	60°	90°	120°	150°
U_d / U_2	0.45	0.42	0.34	0.23	0.11	0.03
$K_f = I_R / I_d$	1.57	1.66	1.88	2.22	2.78	3.99

具有相同平均值 I_d 而波形不同的电流，因波形系数不同而具有不同的有效值 I_R，流经同一个晶闸管时，发热也不相同，因而不能按电路电流的平均值选择晶闸管。

晶闸管的额定电流 $I_{VT(AV)}$ 是用正弦半波电流的平均值来定义的，当为非正弦半波电流时选择晶闸管额定电流就需要加个系数进行计算。根据发热相同时有效值相等的原则，选择晶闸管时常采用下面计算公式：

$$1.57 I_{VT(AV)} = K_f \times I_d$$

即：

$$I_{VT(AV)} = \frac{K_f \times I_d}{1.57} \tag{2-13}$$

式中，K_f 为其他非正弦半波电流的波形系数。

表 2-3 给出额定电流 $I_{VT(AV)}$ 为 100 A 的晶闸管，在不同电路情况下应用时电路电流的波形系数及允许的电流平均值。

表 2-3　不同波形情况下的波形系数及允许的电流平均值

电路的电流波形	电流平均值 I_d 与有效值 I_R	电流波形系数 $K_f = \dfrac{I_R}{I_d}$	电路允许的电流平均值 $I_d = \dfrac{I_{VT(AV)} \times 1.57}{K_f}$
	$I_d = \dfrac{1}{2\pi}\displaystyle\int_0^\pi I_m \sin\omega t\,\mathrm{d}(\omega t) = \dfrac{I_m}{\pi}$ $I_R = \sqrt{\dfrac{1}{2\pi}\displaystyle\int_0^\pi (I_m\sin\omega t)^2\,\mathrm{d}(\omega t)} = \dfrac{I_m}{2}$	1.57	$I_d = \dfrac{100 \times 1.57}{1.57}$ $= 100\ \text{A}$
	$I_d = \dfrac{1}{2\pi}\displaystyle\int_{\pi/2}^\pi I_m \sin\omega t\,\mathrm{d}(\omega t) = \dfrac{I_m}{2\pi}$ $I_R = \sqrt{\dfrac{1}{2\pi}\displaystyle\int_{\pi/2}^\pi (I_m\sin\omega t)^2\,\mathrm{d}(\omega t)}$ $= \dfrac{I_m}{2\sqrt{2}}$	2.22	$I_d = \dfrac{100 \times 1.57}{2.22}$ $= 70.7\ \text{A}$

续表

电路的电流波形	电流平均值 I_d 与有效值 I_R	电流波形系数 $K_f=\dfrac{I_R}{I_d}$	电路允许的电流平均值 $I_d=\dfrac{I_{VT(AV)}\times 1.57}{K_f}$
	$I_d=\dfrac{1}{\pi}\int_0^\pi I_m\sin\omega t\,\mathrm{d}(\omega t)=\dfrac{2}{\pi}I_m$ $I_R=\sqrt{\dfrac{1}{\pi}\int_0^\pi (I_m\sin\omega t)^2\,\mathrm{d}(\omega t)}=\dfrac{I_m}{\sqrt{2}}$	1.11	$I_d=\dfrac{100\times 1.57}{1.11}$ $=141.4\ \mathrm{A}$
	$I_d=\dfrac{1}{2\pi}\int_0^{2\pi/3} I_m\,\mathrm{d}(\omega t)=\dfrac{I_m}{3}$ $I_R=\sqrt{\dfrac{1}{2\pi}\int_0^{2\pi/3} I_m^2\,\mathrm{d}(\omega t)}=\dfrac{I_m}{\sqrt{3}}$	1.73	$I_d=\dfrac{100\times 1.57}{1.73}$ $=90.7\ \mathrm{A}$

从表 2-2 中可知：在控制角 α 的变化范围内，若要求 I_d 为常数，则由于 K_f 随 α 增大而变大，即电流有效值随之增大。因此，应根据运行范围大的控制角来确定晶闸管的额定电流。

由表 2-3 可以看出，额定电流为 100 A 的晶闸管，只有在正弦半波电流情况下（其波形系数为 1.57），允许通过的电流平均值才是 100 A，在其他情况下，允许通过的电流平均值都不是 100 A。当波形系数 $K_f>1.57$ 时，允许通过的实际电流平均值小于 100 A；反之，当 $K_f<1.57$ 时，允许通过的电流平均值可大于 100 A。

由于晶闸管的过载能力比一般电机、电器元件小，因而选用晶闸管时，其额定通态平均电流为实际所需最大电流（折算成正弦半波）的 1.5～2 倍，使其有一定的安全裕量。

$$I_{VT(AV)}\geqslant K\frac{K_f\times I_d}{1.57} \tag{2-14}$$

式中 K 为安全系数，可取 1.5～2.0。

2）电压参数

选择普通晶闸管额定电压的原则：取晶闸管在所工作的电路中可能承受的最大正、反向电压 U_{VTM} 的 2～3 倍，即：

$$U_{VTn}=(2\sim 3)U_{VTM} \tag{2-15}$$

式中，U_{VTM} 为电路中最大正、反向电压。

2. 型号规定

按照国家有关标准规定，普通晶闸管的型号说明如图 2-21 所示。晶闸管的主要技术参数如表 2-4 所示。

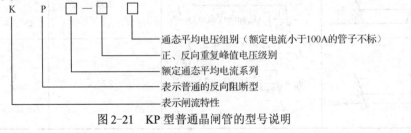

图 2-21　KP 型普通晶闸管的型号说明

表2-4 晶闸管的主要技术参数

型号	通态平均电流 $I_{VT(AV)}$/A	通态峰值电压 U_{VTM}/V	重复峰值电压 $U_{DRM(断态)}$/V $U_{RRM(反态)}$/V	重复峰值电流 $I_{DRM(断态)}$/mA $I_{RRM(反态)}$/mA	浪涌电流 I_{TSM}/kA	门极触发电流 I_{GT}/mA	门极触发电压 U_{GT}/V	断态电压临界上升率 du/dt (V/μs)	结温范围 T_J/°C	推荐散热器型号
KP5	5	≤2.2	100~2000	≤1.0	0.064	≤60	≤3.0	25~100（分挡） 50~500（分挡）	−40~100	SZ13
KP20	20	≤2.2	100~2000	≤1.0	0.24	≤100	≤3.0			SZ15
KP50	50	≤2.4	100~2400	≤2.0	0.64	≤200	≤3.0			SZ16
KP100	100	≤2.6	100~3000	≤6.0	1.2	≤200	≤3.5			SZ17
KP200	200	≤2.6	100~3000	≤6.0	2.5	≤200	≤3.5			
KP200（螺栓）	200	≤2.6	800~1600	≤8.0	3.5	≤250	≤3.5			SZ12
KP300	300	≤2.6	100~3000	≤8.0	3.5	≤250	≤3.5			
KP300（螺栓）	300	≤2.6	800~1600	≤8.0	3.5	≤250	≤3.5			SZ12
KP500	500	≤2.6	100~3000	≤10	5.5	≤350	≤4.0	100~800（分挡）	−40~125	SF15
KP800	800	≤2.6	100~3000	≤10	10	≤450	≤4.0			SS11
KP1000	1000	≤2.6	100~3000	≤20	13	≤450	≤3.0			SS13
KP1600	1600	≤2.4	500~3400	≤30	2.0	≤400	≤3.0			SS13
KP2000	2000	≤2.0	500~3400	≤30	25	≤400	≤3.0			SS13
KP3000	3000	≤2.0	500~4000	≤50	33	≤450	≤3.5			SS13
KP3500	3500	≤2.0	500~4000	≤50	35	≤450	≤3.5			SS14
KP4000	4000	≤2.1	500~4000	≤50	40	≤450	≤3.5			

（1）按额定通态平均电流分系列——分为 1、2、3、10、20、30、50、100、200、300、400、500、600、800、1000 A，共 15 个系列。

（2）按正、反向重复峰值电压分级——在 1000 V 以下的每 100V 为一级；1000 V 以上到 3000 V 的每 200 V 为一级；均按实际值缩小 100 倍来表示。

（3）通态平均电压分组——分为 A（0,0.4]、B（0.4,0.5]、C（0.5,0.6]、D（0.6,0.7]、E（0.7,0.8]、F（0.8,0.9]、G（0.9,1.0]、H（1.0,1.1]、I（1.1,1.2]（单位 V）。从 0.4 V 开始，每增加 0.1 V 为一组，共 9 组。

例如，KP200-15G 的型号，具体表示额定通态平均电流为 200 A，重复峰值电压为 1 500 V，通态平均电压为 0.9～1 V 的普通型晶闸管。

螺栓式晶闸管的外形及安装尺寸如图 2-22 所示。

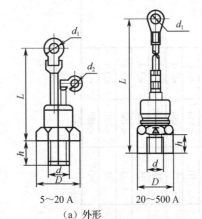

mm

规格	d	D	L	h	d_1	d_2
5 A	M6	14	27	10	$\phi3$	$\phi2$
10 A	M8	19	40	12	$\phi4$	$\phi2$
20 A	M10	19	40	12	$\phi4$	$\phi2$
20 A带线	M10	24	170	12	$\phi6$	$\phi4$
30 A	M12	28	180	15	$\phi6$	$\phi4$
50 A	M12	32	190	15	$\phi6$	$\phi4$
100 A	M16	32	200	15	$\phi8$	$\phi4$
200 A	M20	42	220	19	$\phi9$	$\phi4$
300 A	M20	46	260	20	$\phi9$	$\phi4$
400 A	M30	50	310	29	$\phi15$	$\phi4$
500 A	M30	63	350	29	$\phi15$	$\phi4$

（a）外形　5～20 A　20～500 A　（b）安装尺寸

图 2-22　螺栓式晶闸管的外形及安装尺寸

3. 选型流程

下面通过实例说明普通晶闸管的选型流程。

实例 2.2　一只晶闸管接在 220 V 交流回路中，通过器件的电流有效值为 100 A，问选择什么型号的晶闸管？

解　根据公式（2-15），选择晶闸管的额定电压为：
$$U_{\text{VTn}}=（2～3）U_{\text{VTM}}=（2～3）\sqrt{2}×220≈622～933\text{ V}$$
按晶闸管正、反向重复峰值电压标准系列值取 800 V，即 8 级。

根据公式（2-14）和（2-12），选择晶闸管的额定电流为：
$$I_{\text{VT(AV)}}=（1.5～2）I_R/1.57=（1.5～2）×100/1.57≈96～127\text{ A}$$
按晶闸管额定通态平均电流标准系列取 100 A，所以选取晶闸管型号为 KP100-8。

实例 2.3　单相半波可控整流电路，为电阻负载，要求输出的直流平均电压为 50～92 V 之间连续可调，最大输出直流平均电流为 30 A，直接由交流电网 220 V 供电，试求：

（1）控制角 α 的可调范围；

（2）负载电阻的最大有功功率及最大功率因数；

（3）选择晶闸管的型号（安全裕量取 2 倍）。

解　（1）根据公式（2-4），当 $U_d=50$ V 时，得：

$$\cos\alpha \approx \frac{2U_d}{0.45U_2}-1 = \frac{2\times50}{0.45\times220}-1 \approx 0$$

$$\alpha=90°$$

当 $U_d=92$ V 时，得：

$$\cos\alpha \approx \frac{2\times92}{0.45\times220}-1 \approx 0.86$$

$$\alpha=30°$$

控制角 $\alpha=30°\sim90°$。

（2）$\alpha=30°$ 时，查表2-2，$K_f=1.66$。根据公式（2-12）流过晶闸管的电流有效值为：

$$I_R = 1.66\times I_d = 1.66\times30 \approx 50 \text{ A}$$

直流输出电压平均值最大为92 V，这时负载消耗的有功功率也最大，得：

$$P = I_R^2 R_d = 50^2 \times \frac{92}{30} \approx 7667 \text{ W}$$

根据公式（2-10）得：

$$\cos\varphi = \sqrt{\frac{1}{4\pi}\sin2\alpha + \frac{\pi-\alpha}{2\pi}} \approx 0.693$$

（3）选择晶闸管，因 $\alpha=30°$ 时，流过晶闸管的电流有效值最大为 50 A，安全裕量取 2 倍，根据公式（2-14）和（2-12）有：

$$I_{VT(AV)} = 2\times\frac{I_R}{1.57} = 2\times\frac{50}{1.57} \approx 64 \text{ A}$$

根据晶闸管额定通态平均电流系列取 100 A。

线路中的最大正、反向电压 $U_{VTM}=\sqrt{2}\times220 \approx 311$ V。

根据公式（2-15），晶闸管的额定电压为：$U_{VTn}=2U_{VTM}=2\times\sqrt{2}\times220 \approx 622$ V。

晶闸管正、反向重复峰值电压标准系列取 700 V，故选择型号为 KP100-7 的晶闸管。

实例2.4　某一电热装置（为电阻负载），要求直流平均电压为 75 V，电流为 20 A，采用单相半波可控整流电路直接从 220 V 交流电网供电。计算晶闸管的控制角 α、导通角 θ、负载电流有效值，并选择晶闸管型号。

解　（1）根据公式（2-4）推出：$\cos\alpha \approx \dfrac{2U_d}{0.45U_2}-1 = \dfrac{2\times75}{0.45\times220}-1 \approx 0.5152$

得控制角 $\alpha \approx 60°$，由公式（2-3）得导通角 $\theta=\pi-\alpha \approx 120°$。

（2）由 $I_d=\dfrac{U_d}{R_d}$ 得 $R_d=U_d/I_d=75/20=3.75\ \Omega$

负载电流有效值 I_R，即为晶闸管电流有效值 I_{RVT}，由公式（2-7）得：

$$I_{RVT} = I_R = \frac{U_2}{R_d}\sqrt{\frac{1}{4\pi}\sin2\alpha+\frac{\pi-\alpha}{2\pi}} \approx 37.6 \text{ A}$$

安全裕量系数取 2，根据公式（2-14）和（2-12）有：

$$I_{VT(AV)} = 2 \times \frac{I_{RVT}}{1.57} \approx 2 \times \frac{37.6}{1.57} \approx 47.9\,A$$

根据公式（2-15）和（2-11），晶闸管额定电压为：$U_{VTn} = 2 \times \sqrt{2}U_2 = 2 \times \sqrt{2} \times 220 \approx 622\,V$

根据晶闸管额定通态平均电流标准系列取 50 A、额定电压标准系列取 700 V 的晶闸管，选择型号为 KP50-7。

2.3.2　普通晶闸管的检测

1. 引脚识别

小电流 TO-92 型塑封式晶闸管面对印字面、引脚朝下，则从左向右的排列顺序依次为阴极 K、门极 G 和阳极 A。小电流 TO-220 型塑封式和贴片式晶闸管面对印字面、引脚朝下，则从左向右的排列顺序依次为阴极 K、阳极 A 和门极 G。小功率螺栓式晶闸管的螺栓为阳极 A，门极 G 的线宽比阴极 K 的细。对于大功率螺栓式晶闸管来说，螺栓是晶闸管的阳极 A（它与散热器紧密连接），门极和阴极则用金属编制套引出，像一根辫子，粗辫子线是阴极 K，细辫子线是门极 G。平板式晶闸管中间金属环是门极 G，用一根导线引出，靠近门极的平面是阴极 K，另一面则为阳极 A。

根据普通晶闸管的结构可知，其门极 G 与阴极 K 之间为一个 PN 结，具有单向导电特性，而阳极 A 与门极 G 之间有两个反极性串联的 PN 结。因此，通过用模拟万用表的 R×100 Ω（或 R×1 kΩ 挡测量普通晶闸管各引脚之间的电阻值，即能确定三个电极。具体方法是：将万用表黑表笔任意接晶闸管某一极，红表笔依次去触碰另外两个电极。若测量结果有一次阻值为几千欧姆（kΩ），而另一次阻值为几百欧姆（Ω），则可判定黑表笔接的是门极 G。在阻值为几百欧姆的测量中，红表笔接的是阴极 K；而在阻值为几千欧姆的那次测量中，红表笔接的是阳极 A。若两次测出的阻值均很大，则说明黑表笔接的不是门极 G，应用同样方法改测其他电极，直到找出三个电极为止。也可以测任意两脚之间的正、反向电阻，若正、反向电阻均接近无穷大，则两极即为阳极 A 和阴极 K，而另一脚即为门极 G。

2. 性能测试

根据 PN 结的单向导电原理，对于晶闸管的三个电极，用万用表欧姆挡测试器件的三个电极之间的阻值，可初步判断管子是否完好。

（1）由于晶闸管在其门极未加触发电压时是关断的，如用万用表 R×1 kΩ 挡测量阳极 A 和阴极 K 之间的电阻，其正、反向电阻应该都很大，在几百千欧以上，且正、反向电阻相差很小。

晶闸管是 4 层 3 端半导体器件，在阳极和阴极之间有 3 个 PN 结，无论加何种电压，总有 1 个 PN 结处于反向阻断状态，因此正、反向阻值均很大。

（2）用万用表的黑表笔（该端接内部电池的正端）接到阳极，红表笔接到阴极，在这种情况下，将黑表笔移动一点，使其刚好碰到门极上（操作要点是黑表笔固定接在阳极，同时触碰一下门极）。这样，晶闸管将成为导通状态，万用表的表针应该摆动。

（3）用 R×10 Ω 或 R×100 Ω 挡测量门极 G 和阴极 K 之间的阻值，其正向电阻应小于或接近于反向电阻，这样的晶闸管是好的。

如果阳极与阴极、阳极与门极、阴极与门极之间有短路或断路，则晶闸管是坏的。晶闸管检测值记录在表 2-5 中。

表2-5　晶闸管检测

被测晶闸管	R_{AK}	R_{GK}	R_{GA}	$R_{××}$	结论
VT$_1$					
VT$_2$					

普通晶闸管的测试电路如图 2-28 所示。电路中 VT 为被测晶闸管，HL 为 6.3V 指示灯，GB 为 6 V 电源（可使用 4 节 1.5 V 干电池或 6 V 稳压电源），S 为按钮开关，R 为限流电阻。当按钮 S 未接通时，晶闸管 VT 处于阻断状态，指示灯 HL 不亮（若此时 HL 亮，则 VT 已被击穿或漏电损坏）。按动一下按钮 S 后（使 S 接通一下，为晶闸管 VT 的门极 G 提供触发电压），若指示灯 HL 一直点亮，则说明晶闸管的触发能力良好。若指示灯亮度偏低，则表明晶闸管性能不良、导通压降大（正常时导通压降应为 1 V 左右）。若按钮 S 接通时，指示灯亮，而按钮 S 断开时，指示灯熄灭，则说明晶闸管已损坏，触发性能不良。

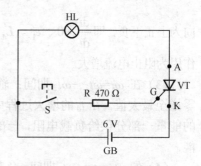

图 2-28　普通晶闸管的测试电路

2.4　阻感性负载的单相半波可控整流电路

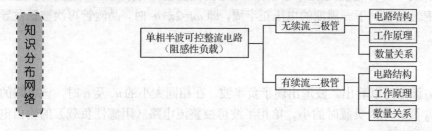

2.4.1　无续流二极管

1. 电路结构

单相半波可控整流电路（阻感性负载）如图 2-29 所示，当负载中感抗远远大于电阻时称为阻感性负载，常见阻感性负载有电机励磁线圈和负载串联电抗器等。阻感性负载的等效电路可以用一个电感和电阻的串联电路来表示。

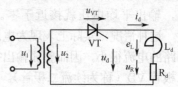

2. 工作原理

单相半波可控整流电路（阻感性负载）的电压、电流波形如图 2-30 所示。

图 2-29　单相半波可控整流
电路（阻感性负载）

（1）在 $\omega t = 0 \sim \alpha$ 期间，晶闸管承受正向电压，但没有触发脉冲，晶闸管处于正向关断状态，输出电压、电流都为零。

（2）在 $\omega t = \alpha$ 时刻，给晶闸管门极施加触发脉冲电压 u_G，使晶闸管导通，则负载上立即出现脉动的直流电压 u_d。如果负载中没有电感，则负载电流 i_d 将上升到 u_d / R_d。但由于存在电感，电感对电流变化有抑制作用，电流不能跃变，所以负载电流 i_d 从零逐渐增大。当电流增大时，

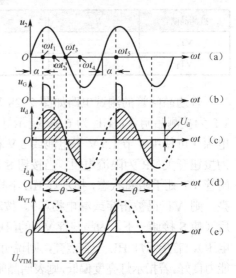

电感两端产生一个感应电势 $e_L = L_d \dfrac{di}{dt}$，e_L 的方向为上正下负，即 $\dfrac{di}{dt}>0$、$e_L = L_d \dfrac{di}{dt}>0$，则其作用为阻止电流增大。

（3）在 $\omega t=\omega t_1 \sim \omega t_2$ 期间：输出电流 i_d 从零增至最大值。在 i_d 的增大过程中，电源提供的能量一部分供给负载电阻，一部分为电感储能。

（4）在 $\omega t=\omega t_2 \sim \omega t_3$ 期间：负载电流从最大值开始下降，电感产生的感应电势 e_L 改变方向，电感释放能量，企图维持电流不变。

图 2-30 单相半波可控整流电路（阻感性负载）的电压、电流波形

（5）在 $\omega t=\pi$ 时，交流电压 u_2 过零，由于感应电势 e_L 的存在，晶闸管的电压 u_{VT} 仍大于零，晶闸管继续导通，此时电感的储能一部分释放到负载电路中，另一部分电能反馈到电网中。电感的储能全部释放完后，晶闸管在电压 u_2 的反向作用下而截止。直到下一周期的电压正半周，即 $\omega t=2\pi+\alpha$ 时，晶闸管再次被触发导通，如此循环下去。

3. 数量关系

由图 2-30 中 u_d 波形可以看出，波形出现了负半波。在相同大小的 u_2 及 α 时，该电路的输出电压平均值 U_d 要比电阻负载时的小。单相半波可控整流电路（阻感性负载）的输出电压平均值 U_d 可由下式计算：

$$U_d = \frac{1}{2\pi} \int_{\alpha}^{\alpha+\theta} \sqrt{2}U_2 \sin \omega t \, d(\omega t) = \frac{\sqrt{2}U_2}{2\pi}\left[\cos \alpha - \cos(\alpha + \theta)\right] = U_{d0} \frac{\cos \alpha - \cos(\alpha + \theta)}{2} \quad (2\text{-}16)$$

如图 2-31 所示，导通角 θ_1 越大，u_d 越小。如果 $\omega L_d \gg R_d$ 时，那么 $e_L \gg u_R$，$\alpha+\theta_1$ 越接近于 π，则导通角 θ 越接近于 $(2\pi-\alpha)$。当负载电感较大时，在单相半波可控整流电路中，输出平均电压就接近于零。$\theta=2\pi-\alpha$，代入公式（2-16）得 $U_d=0$。

这种情况，实际上表现为电源与电感负载之间能量的周期性交换，由于感抗很大，流过回路的电流很小，因而整流输出得不到平均电压。为了解决这个问题，可在负载端并接一个二极管 VD（称为续流二极管）。这个二极管的接入就改变了电路的工作情况。

2.4.2 有续流二极管

1. 电路结构

为了解决阻感性负载存在的问题，必须在负载两端并联续流二极管把输出电压的负向波形去掉。阻感性负载加续流二极管的电路如图 2-32 所示。

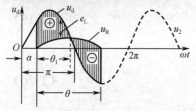

图 2-31 导通角 θ 的大小

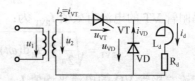

图 2-32 含续流二极管的单相半波可控整流电路（阻感性负载）

2. 工作原理

含续流二极管的单相半波可控整流电路（阻感性负载）的电压、电流波形如图 2-33 所示。

（1）在电源电压的正半周，电压 $u_2 > 0$，晶闸管电压 $u_{VT} > 0$。在 $\omega t = \alpha$ 处触发晶闸管，使其导通，形成负载电流 i_d，负载上有输出电压和电流，此期间续流二极管 VD 承受反向电压而关断。

（2）在电源电压的负半周，电感的感应电势 e_L 使续流二极管 VD 导通续流，此时电压 $u_2 < 0$，u_2 通过续流二极管 VD 使晶闸管承受反向电压而关断，负载两端的输出电压为续流二极管的管压降。如果电感足够大，续流二极管一直导通到下一周期内晶闸管导通时，使 i_d 连续。

阻感性负载加续流二极管后，输出电压波形与电阻负载的波形相同，续流二极管起到了提高输出电压的作用。负载电流波形连续且近似为一条直线，如果电感值无穷大，则负载电流为一条直线。流过晶闸管和续流二极管的电流波形是矩形波。

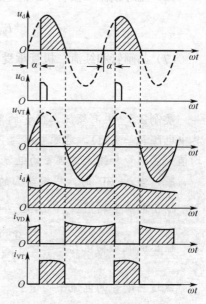

图 2-33 含续流二极管的单相半波可控整流电路（阻感性负载）的电压、电流波形

3. 数量关系

在含续流二极管的单相半波可控整流电路（阻感性负载）中，根据电路中各变量的定义，有以下变量的数量关系。

（1）负载输出电压平均值 U_d 为：

$$U_d = \frac{1}{2\pi} \int_{\alpha}^{\pi} \sqrt{2} U_2 \sin \omega t \, d(\omega t) = \frac{\sqrt{2} U_2}{\pi} \frac{1 + \cos \alpha}{2}$$

$$\approx 0.45 U_2 \frac{1 + \cos \alpha}{2} \tag{2-17}$$

触发角 $\alpha = 0°$ 时，输出电压平均值最大，$U_d \approx 0.45 U_2$；触发角 $\alpha = 180°$ 时，输出电压为零；因此移相范围是 $0° \sim 180°$。

（2）负载输出电流平均值 I_d 为：

$$I_d = \frac{U_d}{R_d} \approx 0.45 \frac{U_2}{R_d} \frac{1 + \cos \alpha}{2} \tag{2-18}$$

（3）流过晶闸管 VT 的电流平均值 I_{dVT} 为：

$$I_{dVT} = \frac{\pi - \alpha}{2\pi} I_d \qquad (2-19)$$

（4）流过晶闸管 VT 的电流有效值 I_{RVT} 为：

$$I_{RVT} = \sqrt{\frac{1}{2\pi} \int_\alpha^\pi I_d^2 d(\omega t)} = \sqrt{\frac{\pi - \alpha}{2\pi}} I_d \qquad (2-20)$$

（5）流过续流二极管 VD 的电流平均值 I_{dVD} 为：

$$I_{dVD} = \frac{\pi + \alpha}{2\pi} I_d \qquad (2-21)$$

（6）流过续流二极管 VD 的电流有效值 I_{RVD} 为：

$$I_{RVD} = \sqrt{\frac{1}{2\pi} \int_\pi^{2\pi+\alpha} I_d^2 d(\omega t)} = \sqrt{\frac{\pi + \alpha}{2\pi}} I_d \qquad (2-22)$$

（7）晶闸管和续流二极管承受的最大正、反向电压 U_{VTM} 为电源电压的峰值：

$$U_{VTM} = \sqrt{2} U_2 \qquad (2-23)$$

实例2.5 具有续流二极管的单相半波可控整流电路对大电感负载供电，如图 2-32 所示，其中电阻 $R_d = 7.5\,\Omega$，电源电压为 220 V。当控制角为 30° 时，计算负载电压平均值和电流平均值、晶闸管和续流二极管的电流平均值和有效值。

解 当 $\alpha = 30°$ 时，根据前面的公式有：

输出电压平均值 $U_d \approx 0.45 U_2 \dfrac{1 + \cos\alpha}{2} = 0.45 \times 220 \times \dfrac{1 + \cos 30°}{2} \approx 92.3\,\text{V}$。

输出电流平均值 $I_d = \dfrac{U_d}{R_d} \approx \dfrac{92.3}{7.5} \approx 12.3\,\text{A}$。

流过晶闸管的电流平均值 $I_{dVT} = \dfrac{\pi - \alpha}{2\pi} I_d \approx \dfrac{180° - 30°}{360°} \times 12.3 \approx 5.1\,\text{A}$。

流过晶闸管的电流有效值 $I_{RVT} = \sqrt{\dfrac{\pi - \alpha}{2\pi}} I_d \approx \sqrt{\dfrac{180° - 30°}{360°}} \times 12.3 \approx 7.9\,\text{A}$。

流过续流二极管 VD 的电流平均值 $I_{dVD} = \dfrac{\pi + \alpha}{2\pi} I_d \approx \dfrac{180° + 30°}{360°} \times 12.3 \approx 7.2\,\text{A}$。

流过续流二极管 VD 的电流有效值 $I_{RVD} = \sqrt{\dfrac{\pi + \alpha}{2\pi}} I_d \approx \sqrt{\dfrac{180° + 30°}{360°}} \times 12.3 \approx 9.4\,\text{A}$。

2.5 单相桥式全控整流电路

知识分布网络

单相桥式可控整流电路（电阻负载）
- 电路结构
- 工作原理
- 数量关系
  - 输出电压平均值
  - 输出电压有效值等
- MATLAB电路仿真
  - 新建文件
  - 搭建仿真模型
  - 设置参数
  - 仿真运行

单相桥式全控整流电路克服了单相半波可控整流电路的缺点，使电流脉动减小，消除了变压器的直流分量，提高了变压器的利用率。单相桥式可控整流电路在小容量开关电路中得到了广泛的应用，下面介绍这种电路的原理及应用特点。

1．电路结构

电阻负载的单相桥式全控整流电路如图 2-34 所示，共用了 4 个晶闸管，2 个晶闸管接成共阴极，2 个晶闸管接成共阳极，每个晶闸管是一个桥臂，负载为电阻 R_d。

2．工作原理

电阻负载的单相桥式全控整流电路的电压、电流波形如图 2-35 所示。

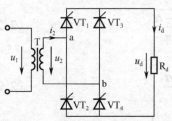

图 2-34　单相桥式全控整流电路

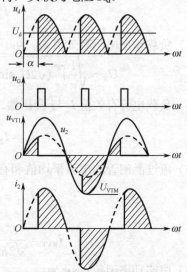

图 2-35　单相桥式全控整流电路的电压、电流波形

（1）在 $\omega t = 0 \sim \alpha$ 区间，晶闸管 VT_1、VT_4 承受正向电压，但无触发脉冲，晶闸管 VT_2、VT_3 承受反向电压。4 个晶闸管都不导通，假如 4 个晶闸管的漏电阻相等，则 $u_{VT1、VT4} = u_{VT2、VT3} = u_2 / 2$。

（2）在 $\omega t = \alpha \sim \pi$ 区间，在 $\omega t = \alpha$ 时刻，触发晶闸管 VT_1、VT_4 使其导通，则负载电流沿 a→VT_1→R_d→VT_4→b→T 的二次绕组→a 流通，此时负载上有电压（$u_d = u_2$）和电流输出，两者的波形、相位都相同，且 $u_{VT1、VT4} = 0$。此时电源电压反向施加到晶闸管 VT_2、VT_3 上，使其承受反向电压而处于关断状态，则 $u_{VT2、VT3} = u_2 / 2$。晶闸管 VT_1、VT_4 一直导通到 $\omega t = \pi$ 为止，此时因电源电压过零，晶闸管阳极电流下降为零而关断。

（3）在 $\omega t = \pi \sim \pi + \alpha$ 区间，晶闸管 VT_2、VT_3 承受正向电压，因无触发脉冲而处于关断状态，晶闸管 VT_1、VT_4 承受反向电压也不导通。此时，$u_{VT1、VT4} = u_{VT2、VT3} = u_2 / 2$。

（4）在 $\omega t = \pi + \alpha \sim 2\pi$ 区间，在 $\omega t = \pi + \alpha$ 时刻，触发晶闸管 VT_2、VT_3 使其导通，负载电流沿 b→VT_3→R_d→VT_2→a→T 的二次绕组→b 流通，电源电压沿正半周期的方向施加到负载电阻上，负载上有输出电压（$u_d = -u_2$）和电流，且波形、相位都相同。此时电源电压反向施加到晶闸管 VT_1、VT_4 上，使其承受反向电压而处于关断状态。晶闸管 VT_2、VT_3 一直导通到 $\omega t = 2\pi$ 为止，此时电源电压再次过零，晶闸管阳极电流也下降为零而关断。

晶闸管 VT_1、VT_4 和 VT_2、VT_3 在对应时刻不断地周期性交替导通、关断，其电压、电流波形如图 2-35 所示。可以看出 $\alpha = 0°$ 时，$\theta = 180°$，输出电压最高；$\alpha = 180°$ 时，$\theta = 0°$，输出电压最低，因此电阻负载单相桥式整流电路的移相范围是 $0° \sim 180°$。

3. 数量关系

在电阻负载的单相桥式整流电路中，根据电路中各变量的定义，有以下变量的数量关系。

（1）负载输出电压平均值 U_d 为：

$$U_d = \frac{1}{\pi}\int_\alpha^\pi \sqrt{2}U_2\sin\omega t\,\mathrm{d}(\omega t) \approx 0.9U_2\frac{1+\cos\alpha}{2} \tag{2-24}$$

（2）负载输出电流平均值 I_d 为：

$$I_d = \frac{U_d}{R_d} \approx 0.9\frac{U_2}{R_d}\frac{1+\cos\alpha}{2} \tag{2-25}$$

（3）负载输出电压有效值 U_R 为：

$$U_R = \sqrt{\frac{1}{\pi}\int_\alpha^\pi (\sqrt{2}U_2\sin\omega t)^2\,\mathrm{d}(\omega t)} = U_2\sqrt{\frac{1}{2\pi}\sin 2\alpha + \frac{\pi-\alpha}{\pi}} \tag{2-26}$$

（4）负载电流有效值 I_R 与变压器二次绕组电流有效值 I_2 相同，为：

$$I_R = I_2 = \frac{U_2}{R_d}\sqrt{\frac{1}{2\pi}\sin 2\alpha + \frac{\pi-\alpha}{\pi}} \tag{2-27}$$

（5）流过晶闸管的电流平均值和有效值为：

$$I_{dVT} = \frac{1}{2}I_d \approx 0.45\frac{U_2}{R_d}\frac{1+\cos\alpha}{2} \tag{2-28}$$

$$I_{RVT} = \frac{U_2}{\sqrt{2}R_d}\sqrt{\frac{1}{2\pi}\sin 2\alpha + \frac{\pi-\alpha}{\pi}} = \frac{1}{\sqrt{2}}I_2 \tag{2-29}$$

（6）电路功率因数 $\cos\varphi$ 为：

$$\cos\varphi = \frac{P}{S} = \frac{U_R I_R}{U_2 I_2} = \sqrt{\frac{1}{2\pi}\sin 2\alpha + \frac{\pi-\alpha}{\pi}} \tag{2-30}$$

显然功率因数与 α 相关，$\alpha = 0°$ 时，$\cos\varphi = 1$。

（7）晶闸管承受的最大正、反向电压：晶闸管承受的最大反向电压 U_{VTM} 是相电压峰值 $\sqrt{2}U_2$（如图 2-35 所示），承受的最大正向电压是 $\frac{\sqrt{2}U_2}{2}$。

（8）电路的电流波形系数：单相桥式全控整流电路的电流波形系数 K_f 由公式（2-25）、（2-27）可得：

$$K_f = \frac{I_R}{I_d} = \frac{\sqrt{\dfrac{1}{2\pi}\sin 2\alpha + \dfrac{\pi-\alpha}{\pi}}}{0.9\dfrac{1+\cos\alpha}{2}} \tag{2-31}$$

当 $\alpha = 0°$ 时，由式（2-31）得电路的电流波形系数为 1.11。参考公式（2-31）计算得出的电流有效值 I_R，可用于选择变压器二次绕组的铜线直径。

（9）晶闸管的电流波形系数：流过晶闸管的电流有效值 I_{RVT} 与电流平均值 I_{dVT} 之比，可由公式（2-29）、（2-28）得出，即

$$\frac{I_{RVT}}{I_{dVT}} = \frac{\sqrt{\dfrac{1}{2\pi}\sin 2\alpha + \dfrac{\pi-\alpha}{\pi}}}{0.45\sqrt{2}\dfrac{1+\cos\alpha}{2}} \tag{2-32}$$

当 $\alpha=0°$ 时，$\dfrac{I_{RVT}}{I_{dVT}}\approx1.57$。参考公式（2-32）计算得出的晶闸管电流有效值，可用于选择晶闸管的额定电流。

应该注意到，负载为电阻时单相桥式全控整流电路的电流平均值是单相半波可控整流电路的 2 倍，但其电流有效值却不是 2 倍的关系。

电路仿真 2 单相桥式全控整流电路

启动 MATLAB，进入 Simulink 后新建文档，按照图 2-34 所示电路原理，提取 MATLAB 电路元器件模块（脉冲发生器、晶闸管、单相交流电源、RLC 负载、电压表和示波器等）并搭建电路，仿真模型如图 2-36 所示。

此电路由两个脉冲发生器控制 4 个晶闸管通断，2 个脉冲发生器的 Amplitude 设置为 "1"、Period 设置为 "1 s"、PulseWidth 设置为 "5%"，输出时间相差半个周期（0.5 s）。当 $\alpha=30°$ 时，2 个脉冲发生器 Phasedelay（相位延时）分别设置为 "0.083 s"（周期的 1/12）和 "0.583 s"。在模块参数和仿真参数设置完成后，单击工具栏的"启动仿真"按钮▶，即进入仿真过程，仿真结果如图 2-37 所示，从上到下依次为正、反向触发电压波形，电源电压波形和负载电压波形。

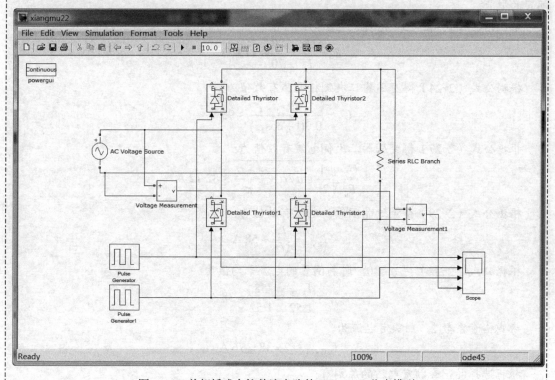

图 2-36 单相桥式全控整流电路的 MATLAB 仿真模型

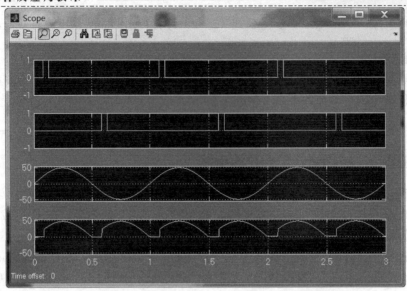

图 2-37 单相桥式全控整流电路 $\alpha = 30°$ 时 MATLAB 仿真波形

实例 2.6 有一单相桥式全控整流电路，负载为纯电阻。当 $\alpha = 30°$ 时，$U_d = 80\,\mathrm{V}, I_d = 70\,\mathrm{A}$。计算整流变压器二次侧的电流有效值 I_2，并按照上述工作条件选择晶闸管的型号。

解 根据公式（2-25）得负载电阻为：

$$R_d = \frac{U_d}{I_d} = \frac{80}{70} \approx 11.4\,\Omega$$

根据公式（2-24）得变压器二次侧相电压有效值为：

$$U_2 = \frac{2U_d}{0.9(1 + \cos\alpha)} \approx 95\,\mathrm{V}$$

根据公式（2-27）得变压器二次侧电流有效值为：

$$I_2 = \frac{U_2}{R_d}\sqrt{\frac{1}{2\pi}\sin 2\alpha + \frac{\pi - \alpha}{\pi}} \approx 82.12\,\mathrm{A}$$

根据公式（2-29）得流过晶闸管的电流有效值为：

$$I_{RVT} = \frac{I_2}{\sqrt{2}} \approx 58\,\mathrm{A}$$

根据公式（2-32）得 $\alpha = 30°$ 时晶闸管的电流平均值为：

$$I_{dVT} \approx \frac{I_{RVT}}{1.52} \approx \frac{58}{1.52} \approx 38\,\mathrm{A}$$

考虑裕量系数 2，则额定电流为：

$$I_{VT(AV)} \approx 2 \times 38 = 76\,\mathrm{A}$$

根据选择晶闸管额定电压的原则有：

$$U_{VTn} = 2 \times \sqrt{2}U_2 = 2 \times \sqrt{2} \times 95 \approx 268.7\,\mathrm{V}$$

选择额定电流为 100 A、额定电压为 300 V 的晶闸管，取晶闸管型号为 KP100-3。

2.6 三相半波可控整流电路

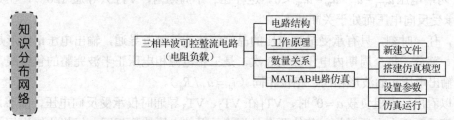

单相可控整流电路线路简单、调整方便，但只适用小功率场合。当功率超过 4 kW 时，考虑到三相负载的平衡，采用三相可控整流电路。在三相可控整流电路中，首先分析电阻负载的三相半波可控整流电路，在此基础上再分析三相桥式全控整流电路。

1. 电路结构

三相半波可控整流电路（电阻负载）如图 2-38 所示。三个晶闸管的阴极连在一起，称为共阴极接法。三个晶闸管的触发脉冲相位互差 120°。在三相整流电路中，通常规定自然换相点（$\omega t = 30°$）为控制角 α 的起点。三相半波共阴极可控整流电路的自然换相点 ωt_1、ωt_2、ωt_3 点是三相电源相电压正半周波形的相交点，自然换相点之间相位互差 120°。

2. 工作原理

电阻负载的三相半波可控整流电路，当 $\alpha = 0°$ 时的输出电压、电流波形如图 2-39 所示，与三相半波不可控整流电路的相同。

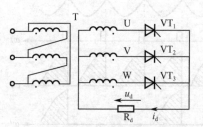

图 2-38 三相半波可控整流电路（电阻负载）

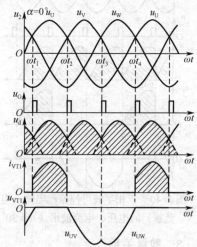

图 2-39 三相半波可控整流电路（电阻负载）的输出电压、电流波形

（1）在 $\omega t_1 \sim \omega t_2$ 区间，U 相电压最高，VT_1 承受正向电压。在 ωt_1 时刻触发 VT_1，则 VT_1 导通，$u_d = u_U$；流过的电流 i_{VT1} 与变压器二次侧 U 相电流波形相同，大小相等。

（2）在 $\omega t_2 \sim \omega t_3$ 区间，V 相电压最高，VT_2 承受正向电压。在 ωt_2 时刻触发 VT_2，则 VT_2 导通，$u_d = u_V$。VT_1 两端电压 $u_{VT1} = u_U - u_V = u_{UV} < 0$，晶闸管 VT_1 承受反向电压关断。在 ωt_2 时刻发生的由一相晶闸管导通转换为另一相晶闸管导通的过程也称为换流。

（3）在 $\omega t_3 \sim \omega t_4$ 区间，W 相电压最高，VT_3 承受正向电压。在 ωt_3 时刻触发 VT_3，则 VT_3 导通，$u_d = u_W$。VT_2 两端电压 $u_{VT2} = u_V - u_W = u_{VW} < 0$，晶闸管 VT_2 承受反向电压关断。在 VT_3 导通期间 VT_1 两端电压 $u_{VT1} = u_U - u_W = u_{UW} < 0$。这样在一个周期内，$VT_1$ 只导通 120°，在其余 240° 时间承受反向电压而处于关断状态。

可以看出，任一时刻，只有承受最高电压的晶闸管才能被触发导通，输出电压 u_d 波形是相电压波形的一部分，每个周期内电压脉动 3 次，是三相电源相电压正半波完整的包络线，输出电流 i_d 与输出电压 u_d 的波形相同、相位相同（$i_d = u_d / R_d$）。

从中还可以看出，电阻负载 $\alpha = 0°$ 时，VT_1 在 VT_2、VT_3 导通时仅承受反向电压，随着 α 的增加，晶闸管承受正向电压增加，其他两个晶闸管承受的电压波形相同，仅相位依次相差 120°，如图 2-40 所示。增加 α，即触发脉冲从自然换相点往后移，则整流电压相应减小。

如图 2-40 所示，$\alpha = 30°$ 是输出电压、电流的连续和断续的临界点。当 $\alpha < 30°$ 时输出电压、电流连续，后一相的晶闸管导通使前一相的晶闸管关断，当 $\alpha > 30°$ 时输出电压、电流断续，前一相的晶闸管由于交流电压过零变负而关断后，后一相的晶闸管未到触发时刻，此时三个晶闸管都不导通，输出电压 $u_d = 0$，直到后一相的晶闸管被触发导通，输出电压为该相电压。图 2-41 为 $\alpha = 60°$ 时的波形。显然，$\alpha = 150°$ 时输出电压为零。电阻负载的三相半波整流电路的移相范围是 $0° \sim 150°$。

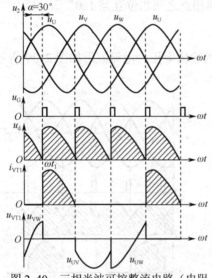

图 2-40　三相半波可控整流电路（电阻负载）的电压、电流波形（$\alpha = 30°$）

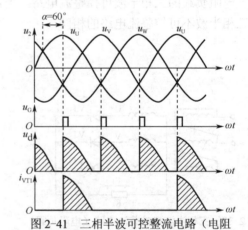

图 2-41　三相半波可控整流电路（电阻负载）的电压、电流波形（$\alpha = 60°$）

3. 数量关系

在电阻负载的三相半波可控整流电路中，根据电路中各变量的定义，有以下变量的数量关系。

1）输出电压平均值 U_d

$\alpha = 30°$ 是 u_d 波形连续和断续的分界点。$\alpha \leqslant 30°$，输出电压 u_d 波形连续；$\alpha > 30°$，u_d 波形断续，因此，计算输出电压平均值 U_d 时应分两种情况进行。

当 $\alpha \leqslant 30°$ 时，$U_d = \dfrac{1}{2\pi/3} \displaystyle\int_{\frac{\pi}{6}+\alpha}^{\frac{5\pi}{6}+\alpha} \sqrt{2} U_2 \sin\omega t \, \mathrm{d}(\omega t) \approx 1.17 U_2 \cos\alpha$ 　　　　（2-33）

当 $\alpha = 0°$ 时，$U_{\mathrm{d}} = U_{\mathrm{d0}} \approx 1.17 U_2$

当 $\alpha > 30°$ 时，$U_{\mathrm{d}} = \dfrac{1}{2\pi/3} \displaystyle\int_{\frac{\pi}{6}+\alpha}^{\pi} \sqrt{2} U_2 \sin\omega t \mathrm{d}(\omega t) \approx 0.675 U_2 \left[1 + \cos\left(\dfrac{\pi}{6} + \alpha\right) \right]$　　（2-34）

当 $\alpha = 150°$ 时，$U_{\mathrm{d}} = 0$。

2）输出电流平均值 I_{d}

$$ I_{\mathrm{d}} = \frac{U_{\mathrm{d}}}{R_{\mathrm{d}}} \tag{2-35} $$

3）晶闸管电流平均值 I_{dVT}

因为每个电源周期内晶闸管轮流导通 120°，所以：

$$ I_{\mathrm{dVT}} = \frac{1}{3} I_{\mathrm{d}} \tag{2-36} $$

4）晶闸管电流有效值 I_{RVT}

当 $\alpha \leqslant 30°$ 时，

$$ I_{\mathrm{RVT}} = \sqrt{ \frac{1}{2\pi} \int_{\frac{\pi}{6}+\alpha}^{\frac{5\pi}{6}+\alpha} \left(\frac{\sqrt{2} U_2 \sin\omega t}{R_{\mathrm{d}}} \right)^2 \mathrm{d}(\omega t) } = \frac{U_2}{R_{\mathrm{d}}} \sqrt{ \frac{1}{2\pi} \left(\frac{2\pi}{3} + \frac{\sqrt{3}}{2} \cos 2\alpha \right) } \tag{2-37} $$

当 $\alpha > 30°$ 时，

$$ I_{\mathrm{RVT}} = \sqrt{ \frac{1}{2\pi} \int_{\frac{\pi}{6}+\alpha}^{\pi} \left(\frac{\sqrt{2} U_2 \sin\omega t}{R_{\mathrm{d}}} \right)^2 \mathrm{d}(\omega t) } = \frac{U_2}{R_{\mathrm{d}}} \sqrt{ \frac{1}{2\pi} \left(\frac{5\pi}{6} - \alpha + \frac{\sqrt{3}}{4} \cos 2\alpha + \frac{1}{4} \sin 2\alpha \right) } \tag{2-38} $$

5）晶闸管承受的最大正、反向电压

晶闸管承受的最大正向电压是变压器二次绕组相电压的峰值 $\sqrt{2} U_2$；晶闸管承受的最大反向电压是二次绕组线电压的峰值 $U_{\mathrm{VTM}} = \sqrt{2} \times \sqrt{3} U_2 = \sqrt{6} U_2$。因此，在选择晶闸管的额定电压时，应考虑承受最大反向电压的峰值情况。

三相半波可控整流电路（电阻负载）的特点归纳如下：

（1）$\alpha = 0°$ 时，整流输出电压最大；增大 α 时，波形的面积减小，输出电压减小；当 $\alpha = 150°$ 时，输出电压为零。

（2）当 $\alpha \leqslant 30°$ 时，负载电流连续，每个晶闸管在一个周期中持续导通 120°；当 $\alpha > 30°$ 时，负载电流断续，晶闸管的导通角为 $\theta = 150° - \alpha$。

（3）流过晶闸管的电流等于变压器的副边电流。

（4）晶闸管承受的最高电压是变压器二次线电压的峰值 $\sqrt{6} U_2$。

（5）整流输出电压 u_{d} 的脉动频率为 3 倍的电源频率。

电路仿真 3　三相半波可控整流电路

按图 2-38 所示电路原理，选择 MATLAB 元器件模块连线搭建电路仿真模型，如图 2-42 所示。

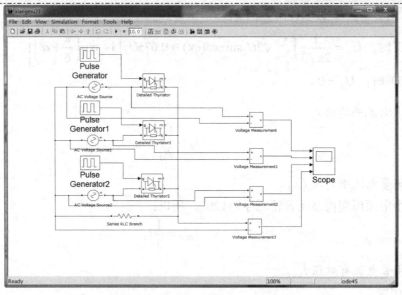

图 2-42　三相半波可控整流电路 MATLAB 仿真模型

三相电源每一相上的相电压为 220 V，相与相间的线电压为 380 V。三个电源模块电压设置为"220 V"，频率设为"1 Hz"（实际为 50 Hz），两相之间相位差为"120°"。

当 $\alpha=30°$，将 Pulse Generator 相位延时（Phase delay）设为"0.167 s"，Pulse Generator1 相位延时（Phase delay）设为"0.833 s"，Pulse Generator2 相位延时（Phase delay）设为"0.500 s"。每个信号发生器延时比 $\alpha=0°$ 时多 0.083 s（30°），参数设置如图 2-43 所示。三相半波可控整流电路 MATLAB 仿真波形（$\alpha=30°$）如图 2-44 所示，上面 3 个波形为每一相电源的电压波形，最下面波形为负载电压波形。

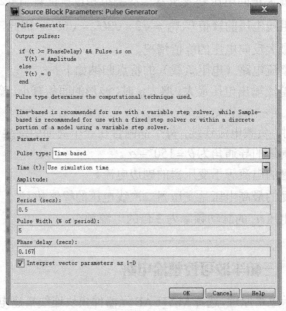

图 2-43　脉冲发生器参数设置对话框

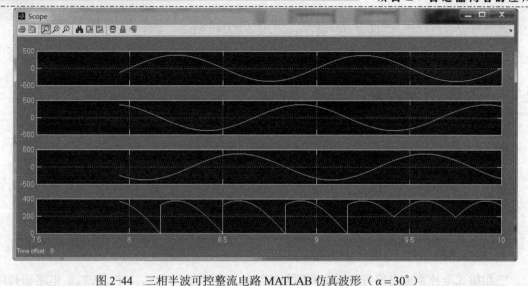

图 2-44 三相半波可控整流电路 MATLAB 仿真波形（$\alpha = 30°$）

实例 2.7 某厂自制晶闸管电镀电源，调压范围为 $2 \sim 15\,\text{V}$，在 $9\,\text{V}$ 以上时最大输出电流均可达 $130\,\text{A}$，主电路采用三相半波可控整流电路。

（1）试计算整流变压器二次侧电压。

（2）试计算输出电压为 $9\,\text{V}$ 时的延迟角 α。

（3）选择晶闸管的型号。

解（1）不考虑控制角裕量时，有 $U_{\text{dmax}} = 15\,\text{V}$，根据公式（2-33）得：

$$U_2 \approx \frac{U_{\text{dmax}}}{1.17} \approx \frac{15}{1.17} \approx 13\,\text{V}$$

（2）当 $\alpha = \pi/6$ 时，有：

$$U_d \approx 1.17 U_2 \cos\alpha \approx 1.17 \times 13 \times \cos\frac{\pi}{6} \approx 13.16\,\text{V}$$

所以 $U_d = 9\,\text{V}$ 对应的控制角 $\alpha > \pi/6$，根据公式（2-34）U_d 应为：

$$U_d \approx 0.675 U_2 \left[1 + \cos\left(\frac{\pi}{6} + \alpha\right) \right]$$

因 $U_d = 9\,\text{V}$，故有：

$$\cos\left(\frac{\pi}{6} + \alpha\right) \approx \frac{U_d}{0.675 U_2} - 1 \approx \frac{9}{0.675 \times 13} - 1 \approx 0.0256$$

解得 $\alpha = 58.5°$。

（3）三相半波可控整流电路为纯电阻负载，在输出电流平均值不变的情况下，α 愈大，流经晶闸管的电流有效值 I_{RVT} 也愈大，因此在计算 I_{RVT} 值时，应考虑 $\alpha = 58.5°$ 时的工作状态。

已知 $U_d = 9\,\text{V}$、$I_d = 130\,\text{A}$，求得 $R_d = \dfrac{U_d}{I_d} = \dfrac{9}{130} \approx 0.069\,\Omega$。

将 $\alpha = 58.5°$、$U_2 = 13\,\text{V}$、R_d 代入公式（2-38）得：$I_{\text{RVT}} \approx 0.508 \dfrac{U_2}{R_d} \approx 95.71\,\text{A}$。

根据晶闸管的选型原则，$I_{\mathrm{VT(AV)}} \geq \dfrac{I_{\mathrm{RVT}}}{1.57} \approx 60.96\,\mathrm{A}$，$U_{\mathrm{VTn}} = \sqrt{6}U_2 \approx 31.8\,\mathrm{V}$。

考虑电压、电流的裕量，可选型号为 KP100-1 的晶闸管。

2.7 三相桥式全控整流电路

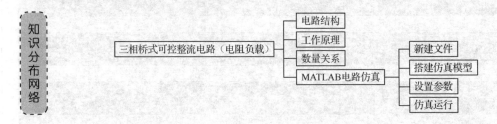

1. 电路结构

三相桥式全控整流电路可以看做共阴极接法的三相半波（VT_1、VT_3、VT_5）电路和共阳极接法的三相半波（VT_4、VT_6、VT_2）电路的串联组合，晶闸管 VT_1 和 VT_4 接 U 相，VT_3 和 VT_6 接 V 相，VT_5 和 VT_2 接 W 相。

三相桥式全控整流电路（电阻负载）如图 2-45 所示。由于共阴极组在正半周导电，流经变压器的是正向电流；而共阳极组在负半周导电，流经变压器的是反向电流。因此变压器绕组中没有直流磁通，且每相绕组正、负半周内都有电流流过，提高了变压器的利用率。共阴极组的输出电压是输入电压的正半周，共阳极组的输出电压是输入电压的负半周，总的输出电压是正、负两个输出电压的串联。

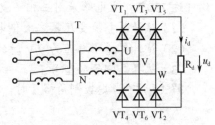

图 2-45　三相桥式全控整流电路（电阻负载）

2. 工作原理

先分析 $\alpha = 0°$ 的情况，也就是在自然换相点触发换相时的情况。把一个周期等分为 6 段。

在第（1）段期间，U 相电位最高，因而共阴极组的晶闸管 VT_1 被触发导通，V 相电位最低，所以共阳极组的晶闸管 VT_6 被触发导通。这时电流由 U 相经 VT_1 流向负载，再经 VT_6 流入 V 相。变压器的 U、V 两绕组工作，共阴极组的 U 相电流为正，共阳极组的 V 相电流为负。加在负载上的整流输出电压为：

$$u_\mathrm{d} = u_\mathrm{U} - u_\mathrm{V} = u_\mathrm{UV}$$

经过 60°，进入第（2）段时期。这时 U 相电位仍然最高，晶闸管 VT_1 继续导通，但是 W 相电位却变成最低。当经过自然换相点时触发 W 相晶闸管 VT_2，电流即从 V 相换到 W 相，VT_6 承受反向电压而关断。这时电流由 U 相流出经 VT_1、负载、VT_2 流回电源 W 相。变压器 U、W 两绕组工作。这时 U 相电流为正，W 相电流为负。在负载上的输出电压为：

$$u_\mathrm{d} = u_\mathrm{U} - u_\mathrm{W} = u_\mathrm{UW}$$

再经过 60°，进入第（3）段时期。这时 V 相电位最高，共阴极组在经过自然换相点时，

触发导通晶闸管 VT₃，电流即从 U 相换到 V 相，W 相晶闸管 VT₂因电位仍然最低而继续导通。此时变压器 V、W 两相绕组工作，在负载上的输出电压为：

$$u_d = u_V - u_W = u_{VW}$$

以此类推。在第（4）段时期内，晶闸管 VT₃、VT₄ 导通，变压器 V、U 两相绕组工作。

在第（5）段时期内，晶闸管 VT₄、VT₅ 导通，变压器 W、U 两相绕组工作。

在第（6）段时期内，晶闸管 VT₅、VT₆ 导通，变压器 W、V 两相绕组工作，再下去又重复上述过程。

总之，三相桥式全控整流电路中，晶闸管导通的顺序如图 2-46 所示。

$$\to (6-1) \to (1-2) \to (2-3) \to (3-4) \to (4-5) \to (5-6) \to$$

图 2-46　晶闸管导通的顺序

由上述三相桥式全控整流电路的工作过程可以看出：

（1）三相桥式全控整流电路在任何时刻都必须有两个晶闸管导通，而且这两个晶闸管一个是共阴极组的，另一个是共阳极组的，只有它们能同时导通，才能形成导电回路。

（2）三相桥式全控整流电路就是两组三相半波整流电路的串联，所以与三相半波整流电路一样，对于共阴极组触发脉冲的要求是保证晶闸管 VT₁、VT₃ 和 VT₅ 依次导通，因此它们的触发脉冲之间的相位差应为 120°。对于共阳极组触发脉冲的要求是保证晶闸管 VT₄、VT₆和VT₂ 依次导通，它们的触发脉冲之间的相位差也是 120°。

（3）由于共阴极的晶闸管是在正半周触发，共阳极组是在负半周触发，因此接在同一相的两个晶闸管的触发脉冲的相位应该相差 180°。例如接在 U 相的晶闸管 VT₁ 和 VT₄，接在 V 相的晶闸管 VT₃ 和 VT₆，接在 W 相的晶闸管 VT₅ 和 VT₂。

（4）三相桥式全控整流电路每隔 60° 有一个晶闸管要换流，由上一个晶闸管换流到下一个晶闸管。例如由 VT₁、VT₂ 换流到 VT₂、VT₃。因此每隔 60° 要触发一个晶闸管，触发脉冲的顺序是 1—2—3—4—5—6—1 依次下去。相邻两脉冲的相位差是 60°。

（5）整流输出的电压，也就是负载上的电压，它属于变压器二次侧绕组电路的线电压。图 2-47（a）中的电压波形都是相对于变压器零点而言的相电压波形。三相桥式全控整流电路中计算控制角 α 的起点仍然是自然换相点（相电压的交点）。整流输出电压 u_d 应该是两相电压相减后的波形，实际上都属于线电压，图中的 u_{UV}、u_{UW}、u_{VW}、

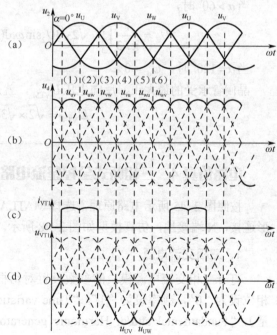

图 2-47　三相桥式全控整流电路的电压、电流波形

u_{VU}、u_{WU}、u_{WV} 均为线电压的一部分，是上述线电压的包络线。相电压的交点与线电压的交点在同一角度位置上，故线电压的交点同样是自然换相点。同时也可看出，三相桥式全控整流电路的整流输出电压在一个周期内脉动六次，脉动频率为 $6 \times 50\ \text{Hz} = 300\ \text{Hz}$，比三相半波时大一倍。

（6）晶闸管所承受的电压波形如图 2-47（d）所示。三相桥式全控整流电路在任何瞬间仅有二臂的元件导通，其余四臂的元件均承受变化着的反向电压。例如在第（1）段时期，VT_1 和 VT_6 导通，此时 VT_3 和 VT_4 承受反向线电压 $u_{VU} = u_V - u_U$；VT_2 承受反向线电压 $u_{VW} = u_V - u_W$；VT_5 承受反向线电压 $u_{WU} = u_W - u_U$。如果仅看一个晶闸管上的电压波形，例如 VT_1，则在第（1）段和第（2）段期间，VT_1 导通，仅有很小的正向压降。在第（3）段和第（4）段期间，由于 VT_3 导通，故 VT_1 承受反向线电压 $u_{UV} = u_U - u_V$。在第（5）和第（6）段期间，由于 VT_5 导通，VT_1 承受反向线电压 $u_{UW} = u_U - u_W$。其他 5 个晶闸管上的电压波形与 VT_1 相同，不过相位依次逐个相差 $60°$。

当 $\alpha > 0°$ 时，每个晶闸管都不在自然换相点换相，而是从自然换向点向后移一个 α 角开始换相，此时波形分析的方法与 $\alpha = 0°$ 时相同。

3．基本数量关系

从图 2-47 所示的三相桥式全控整流电路电压波形可以看出，$\alpha = 60°$ 是输出电压波形连续和断续的分界点，输出电压平均值应分两种情况计算：

当 $\alpha \leqslant 60°$ 时，

$$U_d = \frac{1}{\pi/3} \int_{\frac{\pi}{3}+\alpha}^{\frac{2\pi}{3}+\alpha} \sqrt{2}\sqrt{3}U_2 \sin\omega t\, d(\omega t) \approx 2.34 U_2 \cos\alpha \tag{2-39}$$

当 $\alpha = 0°$ 时，$U_d = U_{d0} = 2.34 U_2$。

当 $\alpha > 60°$ 时，

$$U_d = \frac{1}{\pi/3} \int_{\frac{\pi}{3}+\alpha}^{\pi} \sqrt{2}\sqrt{3}U_2 \sin\omega t\, d(\omega t) \approx 2.34 U_2 \left[1 + \cos\left(\frac{\pi}{3} + \alpha\right) \right] \tag{2-40}$$

当 $\alpha = 120°$ 时，$U_d = 0$。

晶闸管承受的最大正、反向电压 U_{VTM}，就是变压器二次绕组线电压的峰值，即：

$$U_{VTM} = \sqrt{2} \times \sqrt{3}U_2 = \sqrt{6}U_2 \approx 2.45 U_2 \tag{2-41}$$

电路仿真 4　三相桥式全控整流电路

按照图 2-45 所示电路原理，选择 MATLAB 元器件模块搭建仿真电路，三相电源为星形连接，N 端接地，仿真模型如图 2-48 所示。

1．三相交流电源

打开三相交流电源模块的参数设置对话框，"Positive-sequence" 项电压值设为 "220"，相位设为 "0"，频率设为 "1"，"Time variation of" 项选择 "None"（没有随时间变化的量），"Fundamental and/or Harmonic generator" 项不选择，电路中没有谐波，如图 2-49 所示。

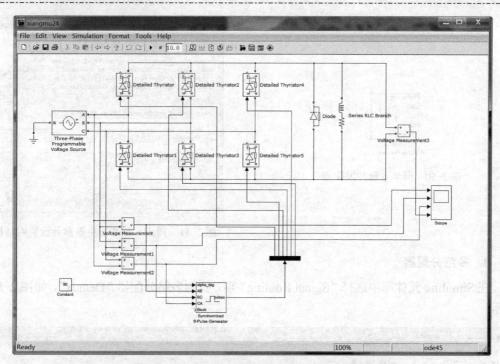

图 2-48　三相桥式全控整流电路 MATLAB 仿真模型

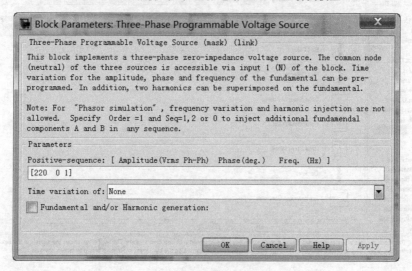

图 2-49　三相交流电源模块的参数设置对话框

2. 同步 6 脉冲发生器

如图 2-50 所示，同步 6 脉冲发生器（Synchronized 6-Pulse Generator）是用来给三相晶闸管整流桥电路提供脉冲控制信号的。"alpha_deg"接口是脉冲触发角度，控制整流输出电压的大小。"AB""BC""CA"接口是线电压输入，为模块提供电压过零点。"pulses"用做同步脉冲。"Block"接口用于是否封锁脉冲。同步 6 脉冲发生器参数设置对话框中，对应三相电源的频率，将脉冲频率设置为"1"，脉冲宽度设置为"5"，如图 2-51 所示。

图 2-50　同步 6 脉冲发生器

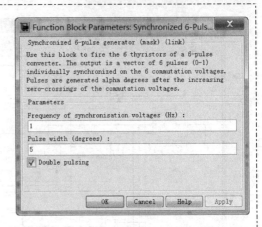

图 2-51　同步 6 脉冲发生器参数设置对话框

3．多路分配器

在 Simulink 元件库中选择"Signal Routing"项，找到多路分配器"Demux"，如图 2-52 所示。

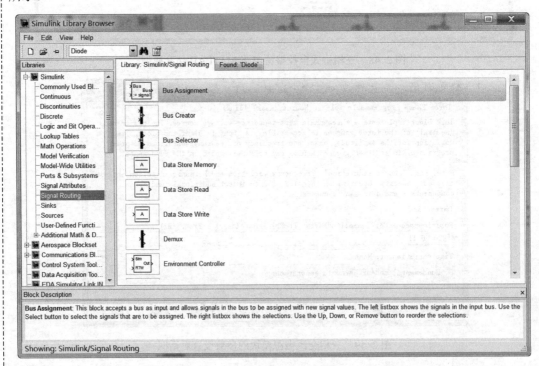

图 2-52　Simulink 元件库

打开多路分配器参数设置对话框，"Number of outputs"参数设置输出端口的维数。如果不指定输出的维数，模块自动判断输出维数。"Number of outputs"设置为"6"，即多路分配器有 6 路输出。"Display option"选项默认设置为"bar"，即模块为黑色实心，若设置为"none"，模块为空心，内有字母"Demux"。"Bus selection mode"不选择，即采用默认输出顺序，如图 2-53 所示。

4．常数模块

常数模块设置常数值。"Constant value"（常数值）设置为 "0、30、60、90"，即触发延迟角 $\alpha = 0°$、$30°$、$60°$、$90°$。选中 "Interpret vector parameters as 1-D"（矢量参数设置为 1 维）复选框。"Sampling Mode"选择 "Sample based"。"Sample time"（采样时间）为 "inf"（无穷大）。如图 2-54 所示为常数模块参数设置对话框。

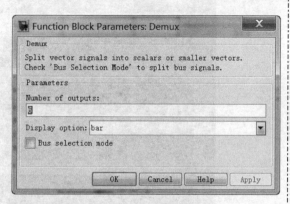

图 2-53　多路分配器参数设置对话框

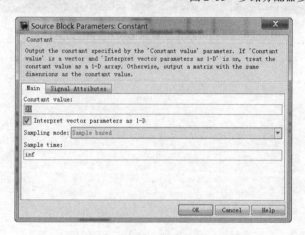

图 2-54　常数模块参数设置对话框

$\alpha = 0°$ 和 $\alpha = 30°$ 时仿真波形分别如图 2-55 和图 2-56 所示，2 图中的上面 3 个波形为每一相电源的电压波形，最下面的波形为负载电压波形。

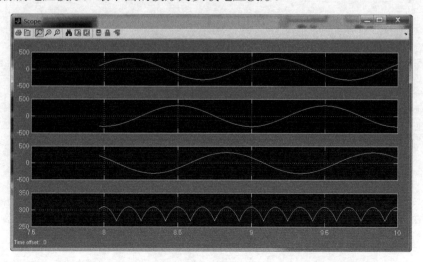

图 2-55　三相桥式全控整流电路 $\alpha = 0°$ 仿真波形

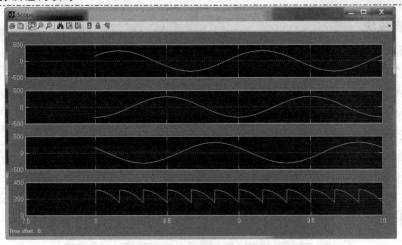

图 2-56 三相桥式全控整流电路 $\alpha = 30°$ 仿真波形

工作页 3

1. 双向晶闸管由_____层半导体结构形成_____个 PN 结构成，有_____个电极的半导体器件。双向晶闸管在结构和特性上可以看做_____个反并联的晶闸管，_____个电极分别称为_____、_____和_____。电气图形符号为_____。

2. 结合下图开门的过程描述双向晶闸管导通需具备的条件。双向晶闸管有_____种触发方式，但在实际应用中，不同触发方式的触发灵敏度不相同。一般说来触发灵敏度排序为_____，_____触发方式的灵敏度最高，_____触发方式的灵敏度最低。使用时要尽量避开_____，常采用的触发方式为_____和_____。

3. 双向晶闸管的关断条件是什么？

4. 计算下图中阴影的面积，求取在一个电源周期内，输出电压有效值 $U_o =$ ？描述 α、θ 的基本概念。

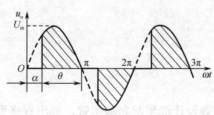

5. 根据单相交流调压电路，在下图中绘制输入、输出电压波形。

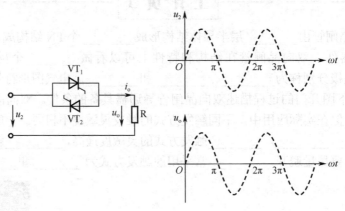

6. 一台调光台灯 220 V/100 W 由单相交流调压电路供电（见第 5 题电路），设该台灯可看做电阻负载，在 $\alpha = 0°$ 时输出功率为最大值，试求触发延迟角 $\alpha = 0°、30°、60°、90°、120°、150°$时，输出电压有效值。

7. MATLAB / Simulink 环境下以第 6 题电路参数为例，进行 MATLAB 电路仿真。测量负载的电压有效值、电流有效值。

8. 参考双向晶闸管控制电热毯电路的工作原理，找出几个生活中的应用案例。

9. 为第 6 题电路参数设计选型双向晶闸管，列出规格型号、制造商、单价、包装形式、供货周期等信息。

10. 参考第 6 题电路参数，通过如下实验台进行电路模拟接线，选择测量点和测量设备，接入测量设备，估算测量设备的挡位。

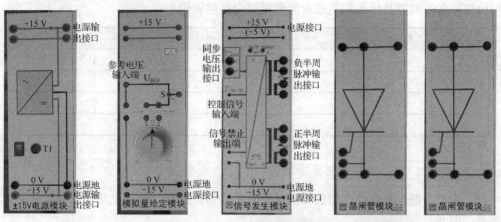

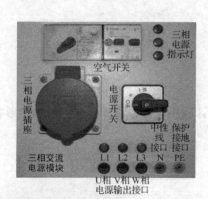

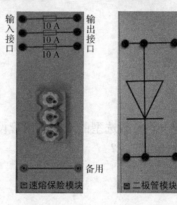

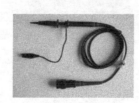

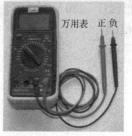

11. 简述识别双向晶闸管引脚常用的外观特征？设计双向晶闸管的检测方案，对实验室的几只双向晶闸管进行性能检测并记录在下表中。判断双向晶闸管好坏的标准是什么？选用检测设备的类型是什么？兆欧表能测量双向晶闸管吗？

	R_{T1T2}（Ω）	R_{T2T1}（Ω）	R_{T1G}（Ω）	R_{GT1}（Ω）
1				
2				
3				
结论				

12. 为第 6 题电路参数选型的双向晶闸管设计保护电路、缓冲电路，选取具体的元器件参数、型号。

13. 为第 6 题电路参数选型的双向晶闸管设计散热电路、冷却方式、散热片形状。散热片安装时要注意什么问题？

14. 双向晶闸管的触发电路有几种形式？调光台灯（220 V/100 W）采用单相半波可控整流电路供电，请为该电路设计触发电路。对比其经济性、可靠性，并估算移相范围。

15. 调光台灯（220 V/100 W）采用单相交流调压电路供电，请为该电路设计触发电路，并估算移相范围。

16. 在第 6 题的电路参数基础上，设置阻感性负载，串联电感为 1 mH，其余不变，进行 MATLAB 电路仿真，在下图上绘出电源电压和负载电压的波形。测量控制角30°时负载电压的有效值。

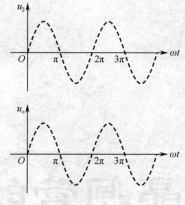

17. 一台调光台灯（220 V/100 W）采用单相交流调功电路供电，请为该电路设计触发电路。使晶闸管导通 0.2 s、断 0.1 s，试计算送到电阻负载上的功率和电压有效值。用 MATLAB 仿真，并观测负载电压波形。

18. 在分析电热器具的调温电路基础上，结合固态开关的概念，从生活中再找出 2~3 个典型应用案例，例如声控开关等。

19. 电动机常用的启动方式有几种？软启动器属于哪一种类型？与变频器的区别是什么？

项目 3

双向晶闸管的应用

3.1 双向晶闸管的工作原理与技术参数

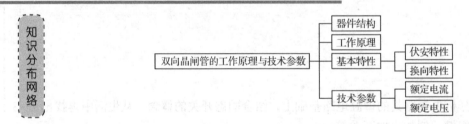

双向晶闸管（Triode AC Semiconductor Switch，TRIAC；或 Bi-directional Controlled Rectifier，BCR），是在普通晶闸管的基础上发展而来的。双向晶闸管不仅能代替两只反极性并联的晶闸管，而且仅用一套触发电路，是目前比较理想的三端双向交流开关。双向晶闸管具有正、反两个方向都能控制导通的特性，同时还具有触发电路简单、工作稳定可靠的优点，在交流调压、灯光调节、温度控制、无触点交流开关电路以及交流电动机调速等领域得到广泛应用。

3.1.1 结构和工作原理

双向晶闸管在外形上与普通晶闸管类似，也有螺栓式、平板式和塑封式等封装形式。常见双向晶闸管的外形如图 3-1 所示，使用时要注意区别不同封装。双向晶闸管在结构和特性上可以看做两个反并联的晶闸管，实际上由 NPNPN 五层半导体形成 4 个 PN 结构成，为有 3 个电极的半导体器件。3 个电极分别为第一主电极 T_1、第二主电极 T_2 和门极 G（也称控制极）。其内部结构、等效电路、电气图形符号如图 3-2 所示。

图 3-1　常见双向晶闸管的外形

一般将双向晶闸管的正向特性（T_1 为正，T_2 为负）画在伏安特性的第 I 象限，简称 I。反之，T_1 为负、T_2 为正时的伏安特性画在第 III 象限，简称 III。双向晶闸管主电极伏安特性如图 3-3 所示。双向晶闸管在主电极正、反两个方向，门极加正、负脉冲都能触发，因此在 I、III 象限特性对称，分为 4 种触发方式，通常称为 I^+ 触发、I^- 触发、III^+ 触发和 III^- 触发。其定义如表 3-1 所示。表中的门极（G）及 T_1 端的极性，都是相对于 T_2 端而言的。

尽管双向晶闸管有 4 种触发方式，但在实际应用中，四种触发方式的触发灵敏度不相同。一般说来，触发灵敏度排序为 $I^+ > III^- > I^- > III^+$，$I^+$ 触发方式的灵敏度最高，III^+ 触发方式的灵敏度最低，使用时要尽量避开 III^+，常采用的触发方式为 I^+ 和 III^-。

双向晶闸管导通后，撤去门极 G 上的电压，晶闸管会继续处于导通状态。在这种情况下，要使双向晶闸管由导通进入截止，可采用以下任意一种方法：

（1）让流过主电极 T_1、T_2 的电流减小至维持电流 I_H 以下。

（2）让主电极 T_1、T_2 之间的电压为 0 或改变两极间电压的极性。

表 3-1　触发特性

相对于 T_2 端的极性		门极（G）	
		+	-
T_1 端的极性	+	I^+	I^-
	-	III^+	III^-

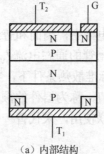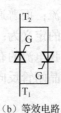

（a）内部结构　　（b）等效电路　　（c）电气图形符号

图 3-2　双向晶闸管的内部结构、等效电路和电气图形符号

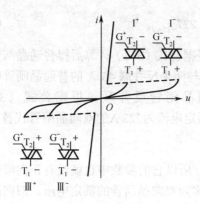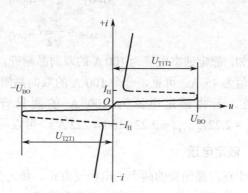

图 3-3　双向晶闸管主电极伏安特性

3.1.2 基本特性

1. 伏安特性

双向晶闸管在主电极的正、反两个方向均可触发导通，在第Ⅰ和第Ⅲ象限有对称的伏安特性，此特性与普通晶闸管的正向特性相同。

2. 换向特性

双向晶闸管可以认为是一对反向并联连接的普通晶闸管集成在一块硅片上，它们之间必然会相互影响，即存在换向问题。由于两个晶闸管并用一个主电极，因而不论是在交流或变换为直流的情况下都将涉及换向问题。换向能力是衡量双向晶闸管的一个特有参数。由于关断时间较长，双向晶闸管只能在低频场合应用。

双向晶闸管的主要缺点是承受电压上升率的能力较低，因而难以用于感性负载。这是因为双向晶闸管在一个方向导通结束时，硅片各层中的载流子还未使管子恢复到截止状态，这时在相反方向加电压就容易造成误导通，因此必须采取相应的保护措施。

为使双向晶闸管可靠运行，必须要求器件具有很强的换向能力。其换向能力常用换向电流临界下降率 $c(\mathrm{d}i/\mathrm{d}t)$ 来表示。标准中将 c 值分为 0.2、0.5、1、2 四个等级，等级高的器件换向能力强。如对 200 A 的器件来说，0.2 级表示 $c = 200 \times 0.2\% = 0.4\,\mathrm{A/\mu s}$。

3.1.3 主要技术参数

1. 额定通态电流

双向晶闸管通常工作在交流电路中，因而和普通晶闸管不同，不是用平均值而是用有效值来表示其额定电流；而普通晶闸管的通态电流 $I_{\mathrm{VT(AV)}}$ 是以正弦半波平均值表示的。双向晶闸管额定通态电流的定义为：在标准散热条件下，当器件的单向导通角 $\geqslant 170°$ 时，允许流过器件的最大交流正弦电流的有效值，称为器件的额定通态电流，用 $I_{\mathrm{VT(RMS)}}$ 表示。

要将两只普通晶闸管反向并联使用，来代替一只双向晶闸管，两种晶闸管的电流参数换算关系式为：

$$I_{\mathrm{VT(AV)}} = \frac{\sqrt{2}}{\pi} I_{\mathrm{VT(RMS)}} \approx 0.45 I_{\mathrm{VT(RMS)}} \tag{3-1}$$

$$I_{\mathrm{VT(RMS)}} = \frac{\pi}{\sqrt{2}} I_{\mathrm{VT(AV)}} \approx 2.22 I_{\mathrm{VT(AV)}} \tag{3-2}$$

例如，额定通态电流为 100 A 的双向晶闸管，根据公式（3-1）计算后得普通晶闸管的电流平均值为 45 A。可见，一个 100 A 的双向晶闸管与两个反并联 45 A 的普通晶闸管电流容量相当。若将额定电流为 100 A 的两只普通晶闸管反并联，根据公式（3-2），$I_{\mathrm{VT(RMS)}} \approx 2.22 I_{\mathrm{VT(AV)}} = 2.22 \times 100 = 222\,\mathrm{A}$，可以用额定电流为 222 A 的双向晶闸管代替。

2. 额定电压

由于双向晶闸管的两个主电极没有正、负之分，所以它的参数中也就没有正向峰值电压与反向峰值电压之分，而只有一个最大峰值电压，称为双向晶闸管的额定电压。双向晶闸管的其他参数则与普通晶闸管相同。

3.2　电阻负载的单相交流调压电路

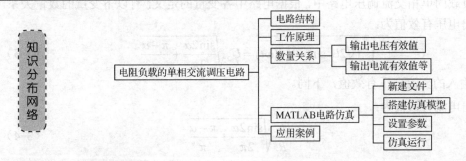

3.2.1　电路结构

　　电阻负载的单相交流调压电路是交流调压中最基本的电路，如图 3-4（a）所示。两只普通晶闸管 VT_1 和 VT_2 分别作电源正、负半周的开关，当晶闸管 VT_1 导通时，它的管压降成为另一个晶闸管 VT_2 的反压并使之阻断，从而实现电网自然换流。

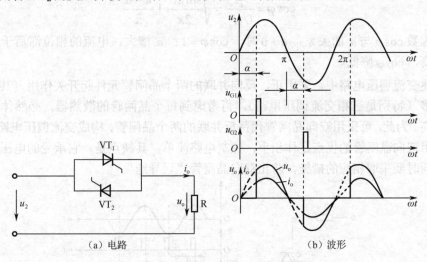

图 3-4　电阻负载的单相交流调压电路及波形

3.2.2　工作原理

　　在电源正半周，控制角为 α 时，晶闸管 VT_1 触发导通，交流电加到负载 R 上，并有电流 i_o 流过；当交流电压为零时，电路中电流也为零，VT_1 关断，负载上无电压和电流。在控制角为 $\pi + \alpha$ 时，VT_2 触发导通，交流电压负半周电压通过 VT_2 加到负载上；当电压再次过零时，VT_2 关断，完成一个周期。如此循环往复得到输出电压 u_o，其波形如图 3-4（b）所示。

　　在 u_2 的正半周和负半周，分别对 VT_1 和 VT_2 的导通角 α 进行控制就可以调节输出电压，从而控制输出电流的大小。负载的电压波形是电源电压波形的一部分，负载电流和负载电压的波形形状相似。

3.2.3 数量关系

在电阻负载的单相交流调压电路中，根据电路中各变量的定义，有以下变量的数量关系。

（1）输出电压有效值为：

$$U_o = \sqrt{\frac{1}{\pi}\int_\alpha^\pi (\sqrt{2}U_2 \sin\omega t)^2 \, d(\omega t)} = U_2\sqrt{\frac{\sin 2\alpha}{2\pi} + \frac{\pi - \alpha}{\pi}} \tag{3-3}$$

式中，U_2 为输入的交流电压有效值，下同。

（2）输出电流有效值为：

$$I_o = \frac{U_2}{R}\sqrt{\frac{\sin 2\alpha}{2\pi} + \frac{\pi - \alpha}{\pi}} \tag{3-4}$$

式中，R 为负载电阻值，下同。

当 $\alpha = 0$ 时，$U_o = U_2$；当 $\alpha = \pi$ 时，$U_o = 0$；当 α 从 $0 \sim \pi$ 变化时，输出电压 U_o 从 U_2 至零变化，从而实现了调压的目的。移相范围为 $0 \leqslant \alpha \leqslant \pi$。

（3）电路功率因数为有功功率与视在功率之比，即

$$\cos\varphi = \frac{U_o I_o}{U_2 I_o} = \sqrt{\frac{\sin 2\alpha}{2\pi} + \frac{\pi - \alpha}{\pi}} \tag{3-5}$$

功率因数 $\cos\varphi$ 与 α 的关系：$\alpha = 0$ 时，$\cos\varphi = 1$；α 增大，电流的相位滞后于电压且波形发生畸变，$\cos\varphi$ 降低。

在上述交流调压电路中，采用正、反向并联的两个晶闸管元件起开关作用，其缺点是，元件数量多（特别是三相交流调压电路），再考虑到每个晶闸管的散热器，必然体积大，且设备成本高。为此，可采用双向晶闸管代替反并联的两个晶闸管，构成交流调压电路如图 3-5 所示。应用双向晶闸管的优点是体积小，控制电路简单；其缺点是，它承受的电压上升率能力较低，同时要采取相应的措施，防止双向晶闸管"误导通"。

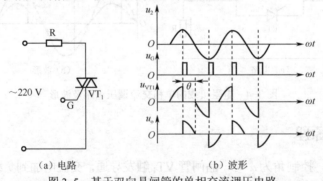

（a）电路 （b）波形

图 3-5 基于双向晶闸管的单相交流调压电路

实例 3.1 一台 220 V/10 kW 的电炉，采用单相交流调压电路，现使其工作在功率为 5 kW 的电路中，试求电路的控制角 α、电流有效值以及功率因数。

解 电炉是纯电阻负载。220 V、10 kW 电炉的电流有效值应为：

$$I_o = \frac{P}{U_o} = \frac{10 \text{ kW}}{220 \text{ V}} \approx 45.5 \text{ A}$$

根据 $P = I_o^2 R = \dfrac{U_o^2}{R}$，当负载 R 值不变时要求输出功率减半，即 I_o^2 值减小 $\dfrac{1}{2}$，故电流有效

值应减小为：

$$I_o = \frac{45.5}{\sqrt{2}} \text{ A} \approx 32.2 \text{ A}$$

要求在输入电压不变的情况下输出功率减半，即 U_o^2 值减小 $\frac{1}{2}$，根据公式（3-3）得 $\frac{\sin 2\alpha}{2\pi} + \frac{\pi - \alpha}{\pi} = \frac{1}{2}$，解得：$\alpha = 90^\circ$。

根据公式（3-5），功率因数为：$\cos\varphi = \frac{U_o I_o}{U_2 I_o} = \frac{U_o}{U_2} = \sqrt{\frac{\sin 2\alpha}{2\pi} + \frac{\pi - \alpha}{\pi}} \approx 0.707$

实例 3.2　一台调光台灯由单相交流调压电路供电，设该台灯可看做纯电阻负载，在 $\alpha = 0^\circ$ 时输出功率为最大值，试求功率为最大输出功率的 80%、50% 时的导通角 α。

解　$\alpha = 0^\circ$ 时，输出电压有效值为最大，根据公式（3-3）为：

$$U_{omax} = \sqrt{\frac{1}{\pi} \int_0^\pi (\sqrt{2} U_2 \sin\omega t)^2 \, d(\omega t)} = U_2$$

此时输出电流有效值为最大：

$$I_{omax} = \frac{U_{omax}}{R} = \frac{U_2}{R}$$

因此最大输出功率为：

$$P_{max} = U_{omax} I_{omax} = \frac{U_2^2}{R}$$

当输出功率为最大输出功率的 80%，有：

$$P = P_{max} \times 80\% = \frac{(\sqrt{0.8} U_2)^2}{R}$$

此时　　　　　　　　　　　$U_o = \sqrt{0.8} U_2$

又由　　　　　　　　　$U_o = U_2 \sqrt{\frac{\sin 2\alpha}{2\pi} + \frac{\pi - \alpha}{\pi}}$

解得：　　　　　　　　　　　$\alpha = 60.54^\circ$

同理，当输出功率为最大输出功率的 50%，有：

$$U_o = \sqrt{0.5} U_2$$

又由　　　　　　　　　$U_o = U_2 \sqrt{\frac{\sin 2\alpha}{2\pi} + \frac{\pi - \alpha}{\pi}}$

解得：$\alpha = 90^\circ$。

电路仿真 5　单相交流调压电路

1. 建立仿真模型

在打开的仿真模型窗口中调出模型库浏览器，在模型库中提取所需的电路元器件模块放到仿真窗口中，再用电路元器件模块按图 3-4 所示电路原理搭建仿真模型。

2. 设置模型参数

采用 Detailed Thyristor 的单相交流调压电路仿真模型如图 3-6 所示。晶闸管 Detailed Thyristor、电压与电流测量、示波器与实时数字显示等均采用默认设置。交流电压源的正弦电压峰值振幅，设置为"311 V"。

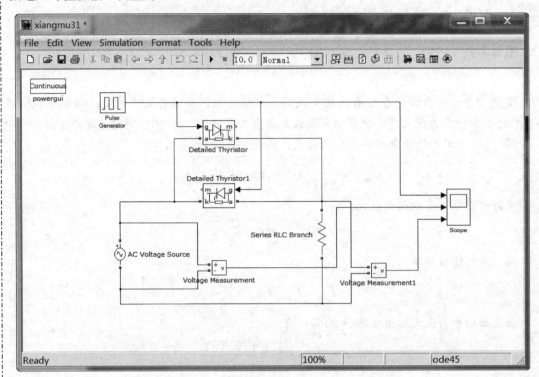

图 3-6 单相交流调压电路 MATLAB 仿真模型

脉冲信号发生器 Pulse Generator 参数设置如下：

（1）"Pulse type"脉冲类型，设置为"Time based" （时间基准）；

（2）"Time（t）"时间，设置为"Use simulation time" （用仿真时间）；

（3）"Amplitude"脉冲幅值，设置为"1"；

（4）"Period（secs）"周期（s），设置为 "0.5"；

（5）"Pulse Width（% of Period）"脉冲宽度（周期的百分数），根据 Thyristor 的开关特性，设置为"5"；

（6）"Phase delay（secs）"相位延迟（s），设置为 "0.167" （$\alpha = 60°$）。

仿真开始时间设置为"0.0"s，停止时间设置为"10.0"s，采用"Ode45"算法，其他参数采用系统默认设置。

3. 仿真波形

仿真波形如图 3-7 所示，自上而下依次为触发脉冲电压、电源电压、负载电压的波形。

当 $\alpha = \dfrac{\pi}{3}$ 时，$U_o \approx 197.3 \text{ V}$。

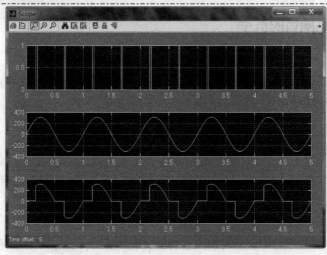

图 3-7　单相交流调压电路 $\alpha = \dfrac{\pi}{3}$ 时的 MATLAB 仿真波形

应用案例 3　无级调温型电热毯电路

双向晶闸管控制的电热毯电路如图 3-8 所示。该电路可以实现无级调温功能。当开关 S 合上时，电源经 L、R_P、R_3 向 C_3 充电，当 C_3 两端电压达到双向触发二极管 VT_2 导通电压时，则 VT_2 导通，触发双向晶闸管 VT_1 导通，则接通市电并使电流通过加热电阻 R。当 C_3 放电，使其两端的电压小于 VT_2 导通电压时，VT_1 关断，没有电流通过电阻 R。通过调节电阻 R_P 的大小，就可以调节晶闸管 VT_1 的导通与关断，从而调节通过电阻 R 中的电流。

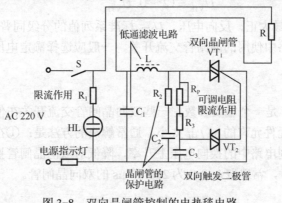

图 3-8　双向晶闸管控制的电热毯电路

3.3　双向晶闸管的选型与检测

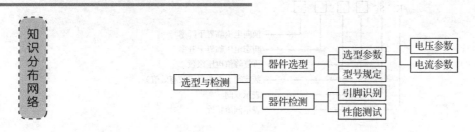

3.3.1 双向晶闸管的选型

1. 选型参数

为了保证交流开关的可靠运行,必须根据开关的工作条件,合理选择双向晶闸管的额定通态电流、断态重复峰值电压(额定电压)及换向电压上升率。

1)额定通态电流 $I_{VT(RMS)}$

在规定的室温和冷却条件下,器件的额定通态电流 $I_{VT(RMS)}$ 大于等于器件在电路中实际可能通过的最大电流有效值 I_m 即可。考虑器件的过载能力,实际选择时应有 1.5~2 倍的安全裕量。计算公式为:

$$I_{VT(RMS)} \geq (1.5\text{~}2) I_m \tag{3-6}$$

式中,有效值 I_m 取器件在电路中实际可能流过的最大电流值。$I_{VT(RMS)}$ 标准系列值分级见表 3-2 中。

双向晶闸管交流开关较多地用于频繁启动和制动。对可逆运转的交流电动机,要考虑启动或反接时的电流峰值,来选取元件的额定通态电流 $I_{VT(RMS)}$。对用于绕线转子电动机的双向晶闸管额定电流选为电动机工作时额定电流的 3~6 倍,对用于笼型电动机的双向晶闸管额定电流则选为 7~10 倍。例如,对于市电供电的 30 kW 的绕线转子电动机和 11 kW 的笼型电动机,控制电路中的双向晶闸管要选用 200 A 的。

2)额定电压 U_{VTn}

与 2.3.1 节中选择普通晶闸管额定电压的原则相同,额定电压为器件在所工作的电路中可能承受的最大正、反向电压 U_{VTM} 的 2~3 倍,即:

$$U_{VTn} = (2\text{~}3) U_{VTM} \tag{3-7}$$

式中,U_{VTM} 为电路中最大正、反向电压。U_{VTn} 标准系列值的分级同普通晶闸管。

在 380 V 供电线路中使用的晶闸管交流开关,一般应选择额定电压 1 000~1 200 V 的双向晶闸管。

3)换向能力

电压上升率 du/dt 是一个重要参数。一些双向晶闸管交流开关在使用中经常发生短路事故,主要原因之一是元件允许的 du/dt 太小。通常解决的方法是:①在交流开关的主电路中串入空心电抗器,抑制电路中的换向电压上升率,降低对双向晶闸管换向能力的要求;②选用 du/dt 值较高的元件,常选取 du/dt 为 200 V/μs 的双向晶闸管。

2. 型号规定

双向晶闸管的型号较多,有 KS 系列、BTB26 系列、DTA 系列、BCR 系列等多种类型。国产双向晶闸管的型号命名及其含义如下:

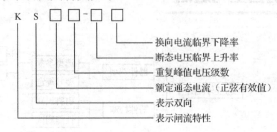

例如：型号 KS5010-51 表示双向晶闸管，它的额定通态电流为 50 A，重复峰值电压为 10 级（1000 V），断态电压临界上升率 du/dt 为 5 级（不小于 500 V/μs），换向电流临界下降率 di/dt 为 1 级（不小于 $1\% I_{VT(RMS)}$）。KS 系列双向晶闸管主要参数如表 3-2 所示。

表 3-2　KS 系列双向晶闸管主要参数

型　号		KS1	KS10	KS20	KS50	KS100	KS200	KS400	KS500
额定通态电流	$I_{VT(RMS)}$/A	1	10	20	50	100	200	400	500
断态重复峰值电压	U_{DRM}/V	100～2 000							
断态电压临界上升率	du/dt(V/μs)	≥20				≥50			
换向电流临界下降率	di/dt(A/μs)	≥0.2%I_{VT}							
门极触发电流	I_{GT}/mA	3～100	5～100	5～200	80～200	10～300	10～400	20～400	20～400
门极触发电压	U_{GT}/V	≤2		≤3			≤4		
通态平均电压	U_{VT}/V	$U_{VT1}+ U_{VT2}$≤2.5，$U_{VT1}-U_{VT2}$≤0.5							
浪涌电流	I_{TSM}/A	8.4	84	170	420	840	1 700	3 400	4 200

3. 选型流程

举例说明双向晶闸管的选型流程。例如，在一个单相交流调压电路中，电源电压为 220 V，电阻负载的阻值为 20 Ω，其双向晶闸管额定电流和额定电压根据公式（3-1）和（3-2）应选取：

$$I_{VT(RMS)} \geq (1.5\sim2)\sqrt{2}I = (1.5\sim2)\times\sqrt{2}\times\frac{220}{20}\approx 23.3\sim31.1(A)$$

$$U_{VTn} = (2\sim3)\sqrt{2}U = (2\sim3)\times\sqrt{2}\times220 \approx 622\sim933(V)$$

查双向晶闸管手册，选取额定电流标准系列值为 50 A、额定电压标准系列值为 900 V，选用型号为 KS509。

3.3.2　双向晶闸管的检测

1. 引脚识别

双向晶闸管的不同引脚排列，一般可先从器件的外形来识别，如图 3-1 所示。多数的小型塑封双向晶闸管，面对印字面，引脚朝下，则从左向右的排列顺序依次为主电极 T_1、主电极 T_2、门极 G。螺栓形双向晶闸管的螺栓一端为主电极 T_2，较细的引线端为门极 G，较粗的引线端为主电极 T_1。

1）判定 T_2 极

用万用表区分双向晶闸管电极的方法是：首先找出主电极 T_2。将万用表置于 $R\times10$ Ω，用黑表笔接双向晶闸管的任一个电极，红表笔分别接双向晶闸管的另外两个电极，如果表针

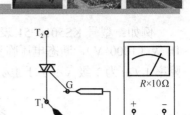

不动，说明黑表笔接的就是主电极 T_2。否则就要把黑表笔再调换到另一个电极上，按上述方法进行测量，直到找出主电极 T_2。另外，采用 TO-220 封装的双向晶闸管，主电极 T_2 通常与小散热板连通，据此亦可确定主电极 T_2。

2）区分 T_1 极和 G 极

在确定 T_2 后，再按下述方法找出 T_1 和 G 极。由图 3-2 可见，T_1 与 G 是由两个 PN 结反向并联的，因设计需要和结构的原因，T_1 与 G 之间的电阻值依然存在正、反向的差别。测量 T_1、G 极间正、反向电阻，读数相对较小的那次

图 3-9 测量门极 G 与主电极 T_1 间的正向电阻

测量的黑表笔所接的引脚为 T_1，红表笔所接引脚为门极 G。用万用表 $R \times 10\,\Omega$ 挡或 $R \times 1\,\Omega$ 挡测 T_1 和 G 之间的正、反向电阻，如一次是 $22\,\Omega$ 左右，一次是 $24\,\Omega$ 左右，则电阻较小的一次（正向电阻）黑表笔接的是主电极 T_1，红表笔接的是门极 G。

2. 性能测试

将万用表置于 $R \times 100\,\Omega$ 挡或 $R \times 1\,\mathrm{k}\Omega$ 挡，测量双向晶闸管的 T_1、T_2 之间的正、反向电阻应近似无穷大（∞），测量 T_2 与 G 之间的正、反向电阻也应近似无穷大（∞）。如果测得的电阻很小，则说明被测双向晶闸管的极间已击穿或漏电短路，性能不良，不宜使用。

将万用表置于 $R \times 1\,\Omega$ 挡或 $R \times 10\,\Omega$ 挡，测量双向晶闸管 T_1 与 G 之间的正、反向电阻，若读数在几十欧至一百欧之间，则为正常，且测量 G、T_1 间正向电阻（如图 3-9 所示）时的读数要比反向电阻稍微小一些。如果测得 G、T_1 间的正、反向电阻均为无穷大（∞），则说明被测晶闸管已开路损坏。

对小功率双向晶闸管，用万用表的电阻 $R \times 1\,\Omega$ 挡，将黑表笔接主电极 T_2，红表笔接 T_1，然后将 T_2 与门极 G 短接，即给 G 极加上正极性触发信号，若测得的阻值由无穷大变为十几欧姆，说明此晶闸管已触发导通；反之，更换万用表黑表笔所接的电极，同样将 T_2 与门极 G 短接，即给 G 极加上负极性触发信号，若测得的阻值由无穷大变为十几欧姆，说明此晶闸管也被触发导通；如果晶闸管导通后断开门极 G，T_1、T_2 的极间维持导通，说明晶闸管有触发导通能力。如果给门极 G 加上正、负极性触发信号，晶闸管仍不导通，说明此晶闸管无触发导通能力，已损坏。

对于中、大功率双向晶闸管，用万用表的电阻 $R \times 1\,\Omega$ 挡测量时，需在黑表笔上串接 3 节 1.5 V 的干电池。

应用案例 4　双向晶闸管的测试

用万用表测量实验室的双向晶闸管性能，将测量结果记录在下表中。

双向晶闸管引脚判别及测试	R_{T1T2}（Ω）	R_{T2T1}（Ω）	R_{T1G}（Ω）	R_{GT1}（Ω）
结论				

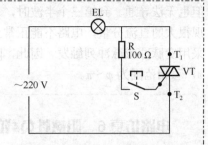

对于耐压为 400 V 以上的双向晶闸管，也可以用 220 V 交流电压来测试其触发能力及性能好坏。测试电路如图 3-10 所示，电路中 EL 为 60 W/220 V 白炽灯泡，VT 为被测双向晶闸管，R 为 100 Ω 限流电阻，S 为按钮开关。

图 3-10　双向晶闸管的测试电路

将电源插头接入市电后，双向晶闸管处于截止状态，灯泡不亮（若此时灯泡正常发光，则说明被测晶闸管的 T_1、T_2 极之间已被击穿短路；若灯泡微亮，则说明被测晶闸管已漏电损坏）。按动一下按钮 S，为晶闸管的门极 G 提供触发电压信号，正常时晶闸管应立即被触发导通，灯泡正常发光。若灯泡不能发光，则说明被测晶闸管内部断路，已被损坏。

3.4　阻感性负载的单相交流调压电路

阻感性负载的单相交流调压电路如图 3-11 所示。它用两只反并联的普通晶闸管或一只双向晶闸管与负载电阻 R、电感 L 串联组成主电路。

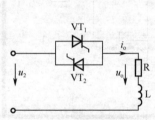

图 3-11　单相交流调压电路
（阻感性负载）

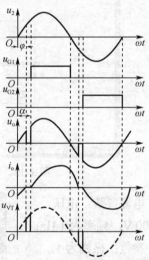

图 3-12　阻感性负载的单相交流调压电路
的电压、电流波形

在电源电压 u_2 的正半周时，晶闸管 VT_1 承受正向电压，但是没有触发脉冲，晶闸管 VT_1 没有导通，在 α 时刻有一个触发脉冲，晶闸管 VT_1 导通，晶闸管 VT_2 在电源电压的正半周时承受反向电压截止，当电源电压反向过零时，由于负载电感产生感应电动势阻止电流变化，故电流不能马上为零，随着电源电流下降过零进入负半周，电路中电感储存的能量释放完毕，电流为零，晶闸管 VT_1 关断。在电源电压 u_2 的负半周时，晶闸管 VT_2 的工作情况同 VT_1。

单相交流调压主电路中，对于阻感性负载，当 $\alpha < \varphi$ 时 $[\varphi = \arctan(\omega L / R)]$，若开始给 VT_1 以触发脉冲，VT_1 导通。如果触发脉冲为窄脉冲，当 u_{G2} 出现时，VT_1 的电流还未到零，VT_1 关不断，VT_2 不能导通。当 VT_1 电流到零关断时，u_{G2} 脉冲已消失，此时 VT_2 虽已受正压，

但也无法导通。到第三个半波时，u_{G1} 又触发 VT_1 导通。这样负载电流只有正半波部分，出现很大的直流分量，电路不能正常工作。因而阻感性负载时，晶闸管不能用窄脉冲触发，可采用宽脉冲或脉冲列触发。因此，阻感性负载的单相交流调压电路中晶闸管的最小控制角为 φ，移相范围为 $\varphi \sim \pi$。

电路仿真 6　阻感性负载的单相交流调压电路

按照图 3-11 所示电路原理，搭建的单相交流调压电路（阻感性负载）的仿真模型如图 3-13 所示。

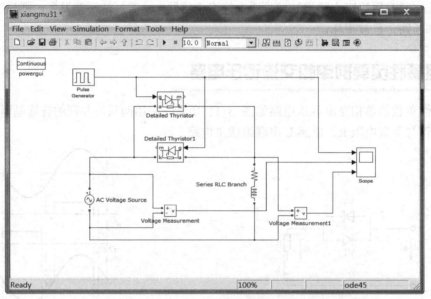

图 3-13　单相交流调压电路（阻感性负载）的仿真模型

电源参数：电压为 100 V，频率为 1 Hz；脉冲参数：振幅为 1，周期为 0.5 s，占空比为 5%，Phase delay 为 0.167 （$\alpha = 60°$）；负载参数：负载类型为 RL，电阻为 100 Ω，电感为 5 H。

当 $\alpha=60°$ 时单相交流调压电路（阻感性负载）的仿真波形如图 3-14 所示，上面波形为

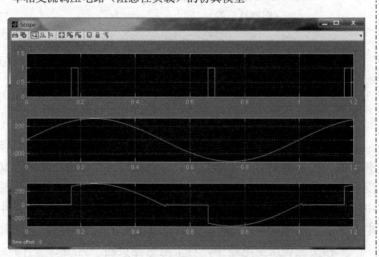

图 3-14　$\alpha=60°$ 单相交流调压电路（阻感性负载）仿真波形

触发脉冲电压波形，中间波形为电源电压波形，下面波形为负载电压波形。

实例 3.3 如右图所示连接市电的单相交流调压
电路，$U_2 = 220$ V，$L = 5.516$ mH，$R = 1\ \Omega$，试求：

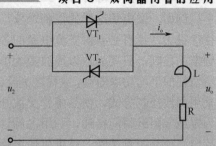

（1）控制角 α 的移相范围；

（2）最大的负载电流有效值；

（3）最大输出功率和功率因数。

解 （1）单相交流调压电路为阻感性负载，其控制
角 α 的移相范围是 $\varphi \sim \pi$，有：

$$\varphi = \arctan \frac{\omega L}{R} = \arctan \frac{2\pi \times 50 \times 5.516 \times 10^{-3}}{1} \approx \frac{\pi}{3}$$

所以控制角 α 的移相范围是 $\frac{\pi}{3} \sim \pi$。

（2）当 $\alpha = \frac{\pi}{3}$ 时，电流为连续状态，此时负载电流最大，其有效值为：

$$I_{\mathrm o} = \frac{U_2}{Z} = \frac{U_2}{\sqrt{R^2 + (2\pi f L)^2}} = \frac{220}{\sqrt{1 + (1.732)^2}} \approx 110\ \mathrm A$$

（3）最大输出功率和功率因数为：

$$P = U_2 I_{\mathrm o} \cos\varphi = U_2 I_{\mathrm o} \cos\alpha = [220 \times 110 \times \cos(\pi/3)]\ \mathrm W = 12.1\ \mathrm{kW}$$

$$\cos\varphi = \cos\alpha = \cos(\pi/3) = 0.5$$

3.5 单相交流调功电路

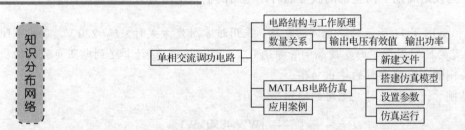

在采用相控方式的交流调压电路中，输出电压波形不是正弦波，使电源和负载中都含有
较大的高次谐波。为了克服这一缺点，在以负载的平均功率为调节对象的交流调功电路中，
采用另一种触发方式即过零触发或称零触发。这种零触发开关使晶闸管在交流电压（或电流）
的过零点触发导通，利用交流电压（或电流）再次过零时自然关断，负载上得到的是完整的
正弦波。

3.5.1 电路结构与工作原理

交流调功电路和交流调压电路在主电路结构形式上完全相同，如图 3-11 所示，只是控
制方式的不同。交流调压是在交流电源的每个周期内作移相控制，交流调功是以交流电的周
期为单位控制晶闸管的通断。基本原理是：在设定的 M 个电源周期内，让双向晶闸管接通 N
个周期，关断 $M - N$ 个周期。通过改变接通周期数 N 和断开周期数 $M - N$ 的比值来调节负载
所消耗的平均功率，如图 3-15 所示。

例如，像电炉这样的控制对象，其时间常数往往很大，没有必要对交流电源的各个周期进行频繁的控制，只要大致以周波数为单位控制负载所消耗的平均功率即可，故称之为交流调功电路。采用周波控制方式，使晶闸管交流开关在端电压为零或零附近瞬间接通，利用晶闸管电流小于维持电流使晶闸管关断，就可以使电路的输出电压波形为正弦整周期形式，这样可以避免高次谐波的产生。这种触发方式称为过零触发或零触发。交流零触发开关对外界的电磁干扰最小，不会对公共电网电压造成谐波污染。

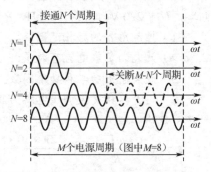

图 3-15　交流调功电路工作示意

3.5.2　数量关系

在设定周期 T（M 个周波）内导通的周波数为 N，每个电源周波的周期为 T_0（$f=50$ Hz，$T_0=20$ ms），$T=MT_0$，则单相交流调功电路的输出电压有效值和输出功率分别为：

$$U_\text{o} = \sqrt{\frac{1}{2M\pi}\int_0^{2N\pi} u_2^2 \mathrm{d}t} = \sqrt{\frac{N}{M}} U_2 = \sqrt{\frac{NT_0}{T}} U_2 \tag{3-8}$$

$$P_\text{o} = \frac{U_\text{o}^2}{R} = \frac{N}{M}\frac{U_2^2}{R} = \frac{N}{M} P \tag{3-9}$$

式中，U_2、P 为设定周期 T 内全部周波导通时，电路的输入电压有效值与输出功率。

实例 3.4　如图 3-11 所示的单相调功电路，采用过零触发方式时，$U_2=220$ V，负载电阻 $R=1\ \Omega$，在设定的控制周期 T 内，使晶闸管导通 0.3 s、断 0.2 s，试计算送到电阻负载的输出功率与假定晶闸管一直导通时的输出功率。

解　在晶闸管一直导通时，电路的输出功率为：

$$P = \frac{U_2^2}{R} = \left(\frac{220^2}{1}\right)\text{W} = 48.4(\text{kW})$$

晶闸管在导通 0.3 s、断开 0.2 s、过零触发方式下，根据公式（3-8）和（3-9）有：

负载的输出功率　$P_\text{o} = \dfrac{0.3}{0.3+0.2} \times 48.4 = 29.04(\text{kW})$

负载的输出电压有效值　$U_\text{o} = \sqrt{\dfrac{0.3}{0.3+0.2}} \times 220 = 170(\text{V})$

电路仿真 7　单相交流调功电路

1．建立仿真模型

参照图 3-11 所示的电路原理，提取 MATLAB 元器件模块，在仿真系统窗口中搭建仿真电路，其仿真模型与如图 3-13 所示电路相同。此电路采用零触发方式控制。

2. 交流电压源的参数设置

打开参数设置对话框，按要求进行参数设置，主要的参数有交流峰值电压和频率。设置交流峰值电压为"100 V"、频率为"10 Hz"。

3. 晶闸管的参数设置

$R_N = 0.001\,\Omega$，$L_{on} = 0\,H$，$U_f = 0.8\,V$，$R_s = 500\,\Omega$，$C_s = 2.50 \times 10^{-9}\,F$。

4. 负载的参数设置

Branch type 设置为 R，$R = 450\,\Omega$。

5. 脉冲发生器模块的参数设置

频率设置为"2.5 Hz"（周期为 0.4 s），脉冲宽度设为"60%"。

6. 仿真波形

单相交流调功电路的 MATLAB 仿真波形如图 3-16 所示。自上而下依次为触发脉冲电压波形、电源电压波形和负载电压波形。

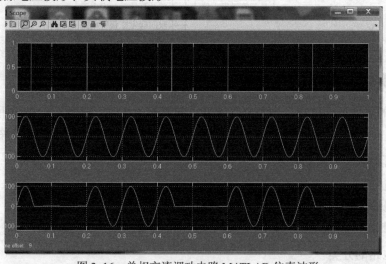

图 3-16　单相交流调功电路 MATLAB 仿真波形

应用案例 5　电热器具的调温电路

图 3-17 所示为一种电热器具的调温电路，电路采用零触发、工作于交流调功模式。主电路由熔断器 FU、双向晶闸管 VT 和电热元件 R_L 组成。控制电路由 NE555 定时器为核心构成，其中通过 R_1、C_1、VD_1、VS 和 C_2 等元件，把 220 V 的交流电经降压、整流、稳压、滤波，变换成约 7.3 V 的直流电作为 NE555 的工作电源。由 R_P、R_2、C_3、C_4、VD_2 和 NE555 等元件组成无稳态多谐振荡器。当 NE555 的 3 端输出高电平时，VT 导通，电热丝 R_L 加热；NE555 的 3 端输出低电平时，VT 关断，电热丝 R_L 停止加热。调节 R_P 滑动端的位置，就可以调节 NE555 的 3 端输出高、低电平的时间比，即可以调节电路的通断比，达到调节温度的目的。调节范围为 0.5% ～ 99.5%。电路的振荡周期约为 3.4 s。

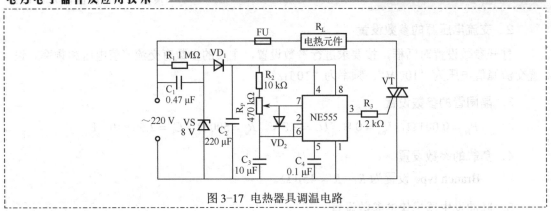

图 3-17 电热器具调温电路

3.6 晶闸管的触发电路

3.6.1 触发电路基本要求

由晶闸管的导通条件可知，当晶闸管承受正向阳极电压时，必须在门极和阴极之间加适当的正向电压，晶闸管才能正向导通。这种控制晶闸管导通的电路称为触发电路。

1. 晶闸管对触发电路的要求

（1）触发脉冲应具有足够的功率和一定的宽度；

（2）触发脉冲与主电路电源电压相位必须同步；

（3）触发脉冲的移相范围应满足变流装置提出的要求。

2. 触发电路的分类

（1）依控制方式可分为相控式、斩控式触发电路；

（2）依控制信号性质可分为模拟式、数字式触发电路；

（3）依同步电压形式可分为正弦波同步、锯齿波同步触发电路；

（4）按组成触发电路的核心器件可分为单结晶体管、双向触发二极管和集成化触发电路等。

3. 常见的触发脉冲电压波形

常见的触发脉冲电压波形如图 3-18 所示。

3.6.2 简易触发电路

图 3-19 所示为普通晶闸管简易触发调压电路。当电源电压 u_2 处于负半周时，通过 VD_2 对

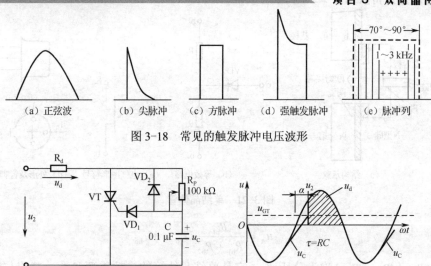

图 3-18 常见的触发脉冲电压波形

（a）正弦波　（b）尖脉冲　（c）方脉冲　（d）强触发脉冲　（e）脉冲列

图 3-19 普通晶闸管简易触发调压电路

电容 C 充电，由于时间常数很小，这时电容电压 u_C 近似等于 u_2 波形。当 u_2 达负的最大值后，电容经 u_2、电位器 R_P 及负载电阻 R_d 放电，然后给电容反充电，当 u_C 上升到 u_{GT} 值时，晶闸管触发导通。改变电位器 R_P 的阻值，可实现 20°～180° 范围内的移相控制。

图 3-20 所示为双向晶闸管简易有级调压电路。当 S 拨至"3"时，VT 在正、负半周分别在 I^+、III^- 触发，R_d 上得到正、负两个半周的电压；当开关 S 拨至"2"时，双向晶闸管 VT 只在 I^+ 触发，负载 R_d 上仅得到正半周电压，因而比 S 置"3"位时电压低，从而达到降低电压的目的。

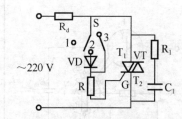

图 3-20 双向晶闸管简易有级调压电路

3.6.3 单结晶体管及触发电路

1. 单结晶体管

单结晶体管又称为双基极管（Unijunction Transistor，UJT）是在一块 N 型硅片一侧的两端各引出一个电极，电极和 N 型基片是欧姆接触，称第一基极 b_1 和第二基极 b_2，所以叫"双"基极管。而在 N 型硅片的另一侧用合金法或扩散法掺入 P 型杂质，形成一个 PN 结，此处引出电极，称为发射极 e。该管仅此一个 PN 结，所以叫做"单结"晶体管。两个基极 b_1 和 b_2 之间的电阻（$R_{b1}+R_{b2}$）是硅片本身的电阻，其阻值为 2～15 kΩ，具有正温度系数。单结晶体管的结构、等效电路、电气图形符号及外形管脚如图 3-21 所示。

国产单结晶体管的典型产品有 BT33 和 BT35 两种。其中，B 表示半导体，T 表示特种管，第一个数字 3 表示有 3 个电极，第二个数字 3（或 5）表示耗散功率 300 mW（或 500 mW）。国外典型产品有 2N2646（美国）、2SH21（日本）等。

如图 3-22（a）所示，当发射极 e 不加电压时，外加电压 U_{bb} 通过 R_{b1} 和 R_{b2} 分压，在 A 点与 b_1 之间的电压为：

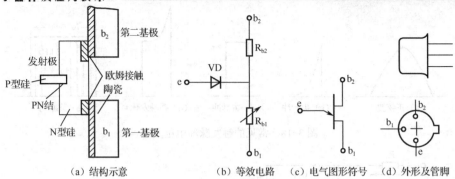

（a）结构示意　　　　（b）等效电路　（c）电气图形符号　（d）外形及管脚

图 3-21　单结晶体管

$$u_A = \frac{R_{b1}}{R_{b1} + R_{b2}} U_{bb} = \eta U_{bb} \tag{3-10}$$

式中，$\eta = R_{b1} / (R_{b1} + R_{b2})$ 称为分压比。它是单结晶体管的一项重要参数，其值与管子的结构有关，一般在 0.3～0.8。

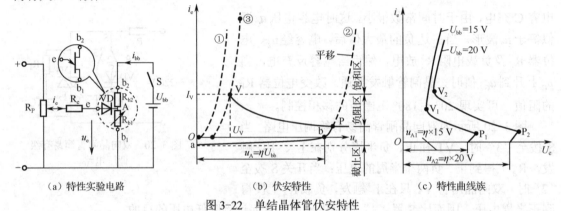

（a）特性实验电路　　　　（b）伏安特性　　　　（c）特性曲线族

图 3-22　单结晶体管伏安特性

单结晶体管的伏安特性分为三个区：截止区、负阻区、饱和区。在图 3-22（a）等效电路发射极 e 上加可变电源 u_e，从零开始逐渐升高，可作出特性曲线如图 3-22（b）所示。当 u_e 小于 u_A 时，PN 结承受反向电压，仅有微小的漏电流通过 PN 结，单结晶体管第一基极 b_1 与发射极 e 间呈现很大的电阻，这时管子处于截止状态。

当 $u_e > u_{VD} + u_A$ 时，（u_{VD} 为二极管 VD 的正向压降），PN 结正向导通。在特性曲线上，P 称为峰点，对应的电压称为峰点电压 U_P，对应的电流称为峰点电流 I_P，为单结晶体管导通所需的最小电流。V 点称为谷点，对应的电压称为谷点电压 U_V，对应的电流称为谷点电流 I_V，谷点电压 U_V 是维持单结晶体管导通的最小电压。当 i_e 增大到谷点 I_V 以后，i_e 不再有很大的变化，管子已进入饱和导通状态，这时与二极管的特性相似。

通常情况下，单结晶体管的谷点电压 U_V 为 1～2.5 V，谷点电流 I_V 为几个 mA，峰点电流 I_P 小于 2 μA。

2. 单结晶体管触发电路

单结晶体管触发普通晶闸管的调压电路结构与电压波形如图 3-23 所示。同步变压器 T 生成梯形波同步电压，改变 R_P 的大小，可改变电容 C 的充电速度，也就改变了第一个脉冲

出现的角度，达到调节 α 角的目的。

通过电阻 R_1 值的大小来调节输出脉冲的幅度及宽度，一般取 R_1 为 $50 \sim 200\ \Omega$。电阻 R_2 起温度补偿作用，用来补偿温度对峰点电压 U_P 的影响，一般取 R_2 的值为 $300 \sim 500\ \Omega$。

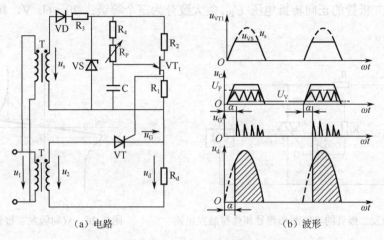

（a）电路　　　　　　　　　　　（b）波形

图 3-23　同步环节单结晶体管触发电路

单结晶体管触发双向晶闸管的交流调压电路如图 3-24 所示。热敏电阻 R_T 用于温度补偿。通过脉冲变压器 TP 输出实现触发电路与主电路的电气隔离。

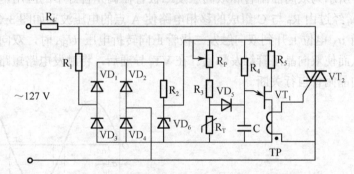

图 3-24　单结晶体管触发的交流调压电路

3.6.4　双向触发二极管电路

双向触发二极管亦称二端交流器件（DIAC），它与双向晶闸管同时问世。其结构简单、价格低廉，常用来触发双向晶闸管，构成过电压保护电路和定时器等。双向触发二极管的电气图形符号和典型触发电路如图 3-25 所示。

双向触发二极管为具有对称性的二端半导体器件，其正、反向伏安特性完全对称，如图 3-26 所示。坐标中的横坐标表示双向二极管两端的电压，纵坐标表示流过双向二极管的电流。

从图中可以看出，当双向触发二极管两端加正向电压时，如果两端电压低于触发电压 U_{BO}，流过的电流很小，双向触发二极管不能导通；一旦两端的正向电压达到 U_{BO}，马上导通，流过的电流增大，同时双向触发二极管两端的电压会略有下降（低于 U_{BO}）。

同样，当双向触发二极管两端加反向电压时，在两端电压低于 U_{BR} 电压时不能导通，只有两端的反向电压达到 U_{BR} 时才能导通，导通后的双向二极管两端的电压会略有下降（低于 U_{BR}）。从图中还可以看出，双向二极管的正、反向特性相同，具有对称性，故双向二极管的极性没有正、负之分。

双向触发二极管的正向转折电压 U_{BO} 值大致分为三个等级：20～60 V、100～150 V、200～250 V。

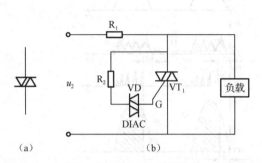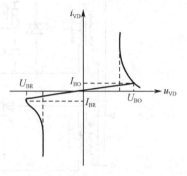

图 3-25　双向触发二极管的电气图形符号和典型触发电路　　图 3-26　双向触发二极管特性曲线

应用案例6　双向晶闸管调光电路

如图 3-27 所示为双向晶闸管和双向触发二极管在调光台灯中的应用电路，合上开关 SA，电源电压 u_i 经过由 R_P 与 C 组成的移相电路使 A 点的电压波形如图 3-28 所示。在电源的正半周，当 u_A 电位上升到双向触发二极管正向转折电压 U_{BO} 时，双向触发二极管突然转折导通，从而使双向晶闸管触发导通。在 VT_1 导通后，将触发电路短路。在电源电压过零瞬间，双向晶闸管自行关断。

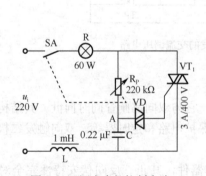

图 3-27　调光台灯控制电路

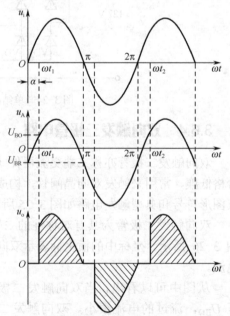

图 3-28　调光台灯控制电路电压波形

在电源负半周，电容 C 反向充电。当电位下降到双向触发二极管的负向转折电压 U_{BR} 时，双向触发二极管突然反向导通。只要改变 R_P 阻值便可改变电容 C 的充电时间常数，从而改变正、负半周控制角 α 的大小，以在负载 R 上得到不同的输出电压 u_o。电感 L 用于消除高次谐波对电网的影响。双向触发二极管 VD 的击穿电压为 20～40 V。

3.6.5　集成化触发电路

集成化晶闸管触发电路已得到广泛应用，举例说明如下。KC 系列的 KC04 移相触发器，主要用于单相或三相全控桥式变流装置。一个用 KC04 触发的典型调压电路如图 3-29 所示。

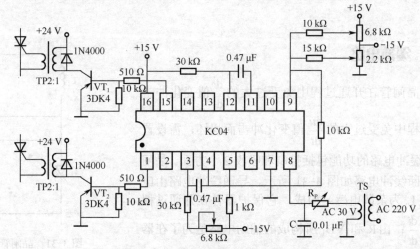

图 3-29　用 KC04 触发的典型调压电路

使用 KC06 集成触发器触发的双向晶闸管调压电路如图 3-30 所示。该触发电路主要适用于交流直接供电的双向晶闸管或反并联普通晶闸管的交流移相控制。由交流电网直接供电，不需要外加同步信号、输出脉冲变压器和外接直流工作电源。R_{P1} 可调节触发电路锯齿波斜率，R_5、C_2 调节脉冲的宽度，R_{P2} 是移相控制电位器。

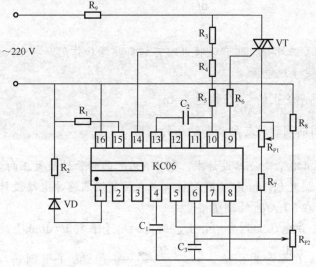

图 3-30　KC06 触发的双向晶闸管调压电路

3.7 双向晶闸管应用基础电路

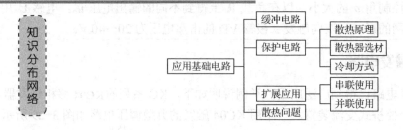

知识分布网络

3.7.1 缓冲电路

为保护晶闸管在开通过程中免受过大的 $\dfrac{di}{dt}$ 值变化冲击

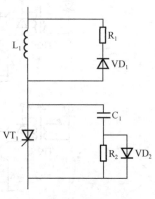

图 3-31 晶闸管开通和关断缓冲电路

和在关断过程中免受过大的 $\dfrac{du}{dt}$ 值变化冲击而损坏，需设置缓冲电路。缓冲电路的功能包括抑制和吸收 2 个方面。晶闸管开通和关断缓冲电路如图 3-31 所示。导通缓冲电路由电感 L_1（一般 L_1 为杂散电感）构成，它保护器件在开通过程免受过大的 $\dfrac{di}{dt}$；由 R_1 和 VD_1 所构成的辅助电路是为了在器件关断时给 L_1 提供放电回路。关断缓冲电路由电阻 R_2 和电容 C_1 构成，它保护器件在关断过程中免受过大的 $\dfrac{du}{dt}$ 值变化。

由 VD_2 和 R_2 构成的辅助电路，可在器件导通时为 C_1 提供放电通路。同时，电容 C_1 和电感 L_1 也限制了在正向阻断状态时晶闸管上的 $\dfrac{du}{dt}$ 值快速变化，电感 L_1 也保护器件免受反向过电流的危害。

实例 3.5 晶闸管二端并接阻容吸收电路可起哪些保护作用？

解 （1）吸收尖峰过电压。

（2）限制加在晶闸管上的 $\dfrac{du}{dt}$ 值快速变化。

（3）在串联应用晶闸管时起到动态均压的作用。

实例 3.6 在某 440 V 变流器设计中，要求所用的晶闸管的最大正向电压为 254 V。其数据手册中规定 di/dt 最大允许值为 100 A/μs。求在该变流器缓冲电路设计中，选用多大的电感才能将 di/dt 限制在 70 A/μs 的期望裕量。

解 如果一个正弦电压加到晶闸管上，所需的用于限制 di/dt 低于最大允许值的最小电感可由微分方程 $u = L\dfrac{di}{dt}$ 导出：$L_{\min} = \dfrac{U_{\text{peak}}}{(di/dt)_{\text{max(allowed)}}}$。为了限制 di/dt 为 70 A/μs，即

$70×10^6$ A/s，可得：

$$L_{\min} = \left[254×\sqrt{2} ÷ (70×10^6) \right] ≈ 5.13×10^{-6} \ \text{H} = 5.13 \ \mu\text{H}$$

实例 3.7 一只电力电子器件在 200 μs 内关断 50 A 电流，而电压从 0 V 升到 110 V，用时 220 μs，求器件上的 di/dt 和 du/dt。

解 首先必须明确变化量的定义。即

$$变化量 \varDelta = （新值 - 旧值）$$

用时 200 μs 关断 50 A 电流意味着： $\varDelta i = 0 - 50 = -50$ A， $\varDelta t = 200$ μs

用时 220 μs 将电压升至 110 V 意味着： $\varDelta u = 110$ V $- 0 = +110$ V， $\varDelta t = 220$ μs；

所以 $di/dt = -50/200 = -0.25$ A/μs

$du/dt = +110/200 = +0.50$ V/μs

3.7.2 保护电路

在如图 3-32 所示的保护电路中，①为硒堆（也可用压敏电阻）交流侧过电压吸收电路，用于吸收持续时间较长、能量较大的尖峰过电压。②为交流侧阻容过电压吸收电路，可接成三角形或星形，用于吸收持续时间短、能量小的尖峰过电压。③为桥臂快速熔断器，主要在过流时保护元件。④为阻容吸收元件，用于吸收晶闸管两端出现过大的尖峰过电压，以防止元件过压击穿。⑤为桥臂电抗器，一般用空心电抗器，

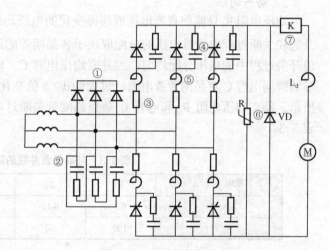

图 3-32　晶闸管的保护电路

限制桥臂出现过大的 $\dfrac{di}{dt}$ 值，防止门极附近电流密度过大而烧坏元件。桥臂电抗器还可以限制短路电流，抑制晶闸管的电压上升率 $\dfrac{du}{dt}$ 值，防止误导通。⑥用做直流侧过电压保护，通常用压敏电阻或硒堆做成。⑦为直流过电流继电器。当直流电流超过设定值时，继电器动作，使电流减小或切断电源。

VD 为续流二极管，作用是在交流电源电压负半周续流时使晶闸管关断。L_d 为平波电抗器，其值足够大时，能使整流电流连续且波形近似为一条水平线。

3.7.3 器件的串联与并联

1. 器件的串联运行

在高压变流装置中，单个整流器件的额定电压达不到要求值时，需要把器件串联起来使用。

1）静态均压

晶闸管串联时，因器件正向（或反向）阻断特性不同，因而承受的电压是不相等的。因此，选用时应注意晶闸管的参数和特性尽量接近，还应对每个晶闸管并联均压电阻 R_1，如图 3-33 所示。如果 R_1 的阻值远小于器件的漏电阻，则电压的分配基本上就取决于 R_1。

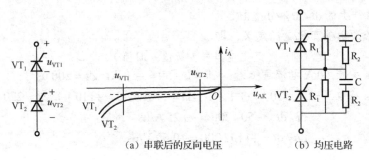

| (a) 串联后的反向电压 | (b) 均压电路 |

图 3-33　晶闸管的串联均压电路

2）动态均压

均压电阻 R_1 只能使直流电压或缓慢变化的电压均匀分配在各串联晶闸管上。但晶闸管在开通和关断过程中瞬时电压的分配取决于各晶闸管的结电容、导通时间和关断时间等。为了使开关过程中的电压分配均匀，应并联均压电容 C，电容值应大于结电容值。为防止晶闸管导通瞬间电容 C 对晶闸管放电造成过大的 di/dt 值变化，还应与电容 C 串接电阻 R_2，如图 3-33 所示。动态均压电阻 R_2 和电容 C 兼作晶闸管关断过电压保护。与晶闸管并联的阻容数据见表 3-3。

表 3-3　与晶闸管并联的阻容数据

晶闸管额定电流 I_{VT}（A）	10	20	50	100	200
$C(\mu F)$	0.1	0.15	0.2	0.25	0.5
$R_2(\Omega)$	100	80	40	20	10

2. 器件的并联运行

在大电流变流装置中，单个整流器件的额定电流达不到要求值时，需要把器件并联起来使用。此时，因器件阳极特性有差异，在导通状态时正向压降大的器件承担较小的负载电流，而正向压降小的器件承担过大的电流，即静态不均流，如图 3-34（a）所示。此外，因各器件开通时间的差异，还存在瞬态电流不均匀分配的问题，并联工作时开通时间短的器件将承担较大的电流上升率，因而可能造成器件的损坏，故需采用均流措施。

图 3-34（b）采用串联电阻均流，图 3-34（c）采用串联互感均流（一般为几匝），图 3-34（d）采用串联空心电感均流，都可抑制器件导通时的电流上升率，并有助于动态均流。

并联晶闸管工作在大电流区时，它们的通态伏安特性的差异会造成并联晶闸管的电流分配不均衡，如图 3-35 所示。因此对并联晶闸管的通态压降值等特性参数要进行严格筛选，并联支路中不选用伏安特性差异大的晶闸管。

在多支并联的大功率变流设备中，并联晶闸管的开通时间不一致不仅造成不均流，而且易使最先导通的晶闸管可能因承受较大的 di/dt 而导致损坏，如图 3-36 所示。只要采用脉冲前沿时差

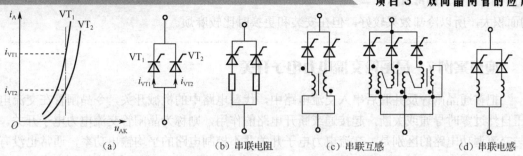

图 3-34　晶闸管的并联均流电路

Δt 小于 1 μs 的门极强触发方式，并选择开通时间参数基本一致的晶闸管，即可改善并联晶闸管开通时间的一致性，也改善了并联晶闸管的均流。

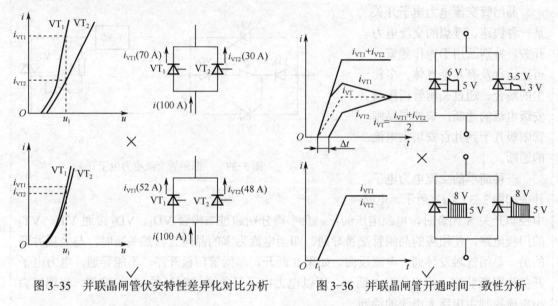

图 3-35　并联晶闸管伏安特性差异化对比分析　　图 3-36　并联晶闸管开通时间一致性分析

3.7.4　器件的散热问题

晶闸管是一个大功率半导体器件，工作过程中 PN 结的电流密度大，所产生的热量也大。但是由于 PN 结的体积小，热容量小，又处于完全密封的状态，热量不易散出，因此，它的散热是一个极为重要的问题。在使用晶闸管时，必须遵守晶闸管规定的冷却条件，以防超出 PN 结的额定结温，导致元件损坏。晶闸管均采用散热器（冷却器）来散热。根据冷却介质的不同，常用的散热器有两种，即空气散热器和液体散热器。

电流为 5 A 以上的晶闸管要安装散热器，并且保证所规定的冷却条件。为保证散热器与晶闸管管芯接触良好，它们之间应涂上一薄层有机硅油或硅脂，以便于良好散热。螺栓式晶闸管是靠阳极（螺栓）拧紧在铝制散热器上进行冷却，在安装和更换时比较方便。但仅有螺栓与散热器接触，因为接触面积较小，所以冷却效果比较差。因此，这种结构仅用于电流为 200 A 以下的情况。

和电力二极管一样，额定电流大于 200 A 的晶闸管采用平板式外形结构和平板型散热器。平板式晶闸管在使用时用两个互相绝缘的散热器将其紧紧地夹在中间。与散热器相接触

的面积大，所以冷却效果较好，但在安装和更换时比较麻烦。

应用案例7　晶闸管交流电力电子开关

把普通晶闸管反并联后串入交流电路中，代替电路中的机械开关，令晶闸管在交流电压自然过零时导通或关断，起接通或断开电路的作用，则称为晶闸管交流电力电子开关。与交流调功电路的区别是，交流电力电子开关并不控制电路的平均输出功率，通常也没有明确的控制周期，只是根据负载的需要来控制交流电路的接通和断开，控制频度通常比交流调功电路低得多。

1. 工作原理与特点

晶闸管交流电力电子开关是一种快速、理想的交流电力开关。特别适用于操作频繁、可逆运行及有易燃气体、多粉尘的场合。通过晶闸管门极毫安级电流的通断，来控制晶闸管阳极几十到几百安培大电流的通断。

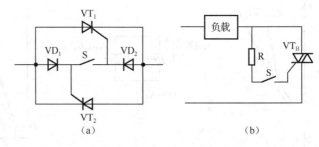

图 3-37　　晶闸管交流电力电子开关

一种简单的交流电力电子开关如图 3-37（a）所示。电路中控制开关 S 闭合时，电源电压的正、负半周分别通过二极管 VD_1、VD_2 接通 VT_1、VT_2 的门极电路，使相应的晶闸管交替导通，即当电流为零的晶闸管自然关断时，与之反并联的另一晶闸管触发导通，电流反向。如果 S 断开，晶闸管门极开路，不能导通，电力电子开关为阻断状态，相当于开关断开。所以电力电子开关通过对开关 S 的操作，实现以微小电流控制主电路大电流的通断。

交流电力电子开关多采用双向晶闸管，如图 3-37（b）所示。在控制开关 S 闭合的情况下，电源正半周，VT_B 以 I^+ 方式触发导通，电源负半周以 III^- 方式触发导通，负载上获得交流电源电压，相当于开关导通状态。如果 S 断开，门极开路，VT_B 不能导通，负载上电压为零，相当于开关断开。

2. 人体感应电子开关电路

图 3-38 是双向晶闸管人体感应开关电路，双向晶闸管工作于交流开关模式。

电路中，红外发射接收传感器采用 TLP947，它是一种反射式红外发射接收一体化的元件，其外形、管脚排列及内部电路如图 3-38（b）所示。电路中 R_1、C_1、VD_1、VD_2、VS 和 C_2 等元件，把 220V 的交流电经降压、整流、滤波、稳压，变换成 12V 的直流电作为 NE555 的工作电源。由 $R_{P1} \sim R_{P3}$、TLP947、C_3、C_4 和 NE555 等元件组成单稳态振荡器。

当人体接近 TLP947 时，其内部发光二极管发射的红外线经人体反射后被光敏晶体管接收，光敏晶体管导通，NE555 的 2 脚电位下降，当下降到电源电压的 1/3 时，3 脚输出

高电平，触发 VT 使其导通，白炽灯 EL 点亮。同时，NE555 内部的放电管关断，7 脚为高阻态，电源通过 R_{P3} 对 C_4 充电。经过一段时间，C_4 上的电压充电到电源电压的 2/3 时，NE555 状态翻转，3 脚输出低电平，VT 关断，白炽灯 EL 熄灭。同时 7 脚内部的放电管导通，C_4 放电，电路复位。白炽灯亮的持续时间，由 R_{P3} 和 C_4 的充电时间常数决定。

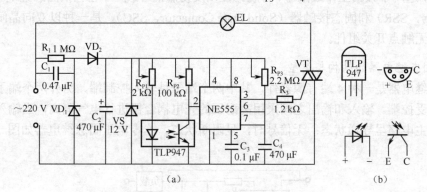

图 3-38　双向晶闸管人体感应开关电路

3. 公用设施指示灯控制电路

城镇公用电话亭、道路指示牌、临时施工工地、小型交通路口等夜间不易识别的场所需要一种指示灯进行提示。该指示灯白天熄灭，晚上当光线暗到一定程度时以一定的节奏闪亮，引起行人注意。公用设施指示灯控制电路如图 3-39 所示。

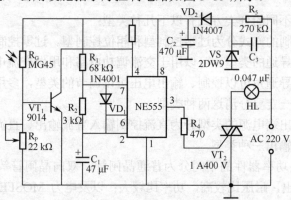

图 3-39　公用设施指示灯控制电路

该电路由环境光强检测电路、超低频多谐振荡器和直流电源电路组成。环境光强检测电路由光敏电阻 R_G、可变电阻 R_P 和三极管 VT_1 组成。超低频多谐振荡器由 R_1、R_2、VD_1、C_1 和 NE555 组成，其工作状态受环境光强检测电路的控制。直流电源电路由 VS、C_2、VD_2 和 R_5、C_3 组成。白天时，由于环境光线较强，R_G 呈低阻，VT_1 导通，NE555 的 3 脚为低电平，双向晶闸管 VT_2 一直关断，指示灯一直不亮。晚上当环境光线暗到一定程度时，R_G 的阻值较大，VT_1 截止，NE555 的 3 脚变为高电平，NE555 输出的正半周信号使双向晶闸管 VT_2 导通，指示灯点亮；NE555 输出为零时晶闸管 VT_2 截止，指示灯熄灭。这样，指示灯就不停地闪亮。调节 R_P 可以改变指示灯开始闪烁的起始光强。

4．固态开关

固态开关也是一种晶闸管交流开关，是近几年迅速发展起来的一种固态无触点开关（SolidState Switch，SSS）。固态开关一般采用环氧树脂封装，具有体积小、工作频率高的特点，适用于频繁工作或潮湿、有腐蚀性以及易燃的环境中。它包括固态继电器（Solid State Relay，SSR）和固态接触器（Solid State Contactor，SSC），是一种以双向晶闸管为基础构成的无触点开关组件。

1）固态继电器的结构与类型

固态继电器是一种 4 端有源器件，其中两个端子是输入控制端，另外两个端子为主电路的输出受控端。输入和输出之间采用高耐压的光电耦合器进行电气隔离，当输入端有信号时，其主电路呈导通状态；无信号时，呈阻断状态。非零电压固态继电器如图 3-40 所示。

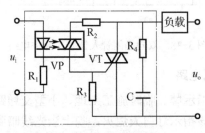

图 3-40　非零电压固态继电器

固态继电器按照不同的分类方式有以下几种类型：

（1）按照触发控制的方式分为过零控制型和相位控制型。过零控制型就是在交流电压的过零点触发晶闸管导通的类型，可以用于交流调功电路和用做交流电力电子开关。相位控制型就是晶闸管的导通角可以控制、输出电压可以调节的类型，多用于交流调压电路。购买固态继电器时，一定要分清这两种类型。

（2）按照输入输出端电源的类型分为直流控制输入直流输出、直流控制输入交流输出和交流控制输入交流输出三种类型。

（3）按组成模块功率器件的不同分为普通晶闸管、双向晶闸管等半控型器件构成的SSR，多数为交流输出，耐压比较高，功率比较大；以及电力 MOSFET、电力 GTR 等全控型器件构成的 SSR，多数为直流输出，有正、负极性，耐压和功率都相对比较小。

（4）按照封装的单元数分为一单元封装、两单元封装、四单元封装和三相 SSR 等类型。

2）固态继电器的工作原理

如图 3-40 所示的非零电压开关，当输入端 u_i 有输入信号时，光电双向晶闸管耦合器VP 导通，由 R_2、VP 形成通路，以（I^+、III）方式触发双向晶闸管 VT 门极。这种电路的输入信号相对于交流电源的任意相位均可同步接通，称为非零电压开关。

图 3-41 是一种具有过零触发电路的固态继电器。双向晶闸管 VT_2 正、负半周均通过 $VD_1 \sim VD_4$ 整流桥和晶闸管 VT_1 获得门极信号，相应为 I^+、III 触发方式。小晶闸管 VT_1 两端为全波整流电压，如果有输入信号 u_i，光耦隔离器 VL 导通，只要适当选取 R_2、R_3 的数值，当交流电压 u_i 在接近零值区域（±25 V）时，使晶体管 VT_3 截止，VT_1 经 R_4 触发导

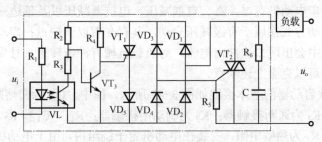

图 3-41　过零触发固态继电器

通,从而使 VT_2 被触发导通,相当于开关闭合。这里 R_2、R_3 和 VT_3 起了零电压检测作用。如 $u_i = 0$,VL 截止,VT_3 管饱和导通,将 VT_1 门极短路无法导通,则 VT_2 处于阻断状态,相当于开关断开。因此,不论管子什么时候加上输入信号,开关只能在电压过零附近使晶闸管 VT_1 导通,也就是双向晶闸管只能在零电压附近开通。

应用案例 8　软启动器

软启动器是一种集电动机软启动、软停车、轻载节能和多种保护功能于一体的鼠笼型异步电动机控制装置。软启动器实际上是一个调压器,只改变输出电压,并没有改变频率。这一点与变频器不同。它的优点是无冲击电流、恒流启动、可自由地无级调压至最佳启动电流及节能等。图 3-42 为软启动器的原理电路。图中 V、W 相方框内的元件同 U 相(此处省略)。

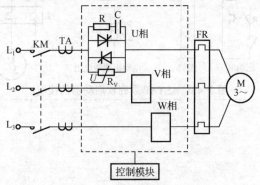

图 3-42　软启动器原理电路

在软启动器中,三相交流电源与被控电动机之间串有三相反并联晶闸管(等效于双向晶闸管)及电子控制电路。利用晶闸管的电子开关特性,通过软启动器中的单片机控制其触发脉冲、触发角的大小来改变反并联晶闸管的导通程度,从而改变加到电动机定子绕组上的三相电压,逐渐加速电动机,直到晶闸管全导通,使电动机工作在额定电压的机械特性上。异步电动机在定子调压下的主要特点是电动机的转矩近似与定子电压的平方成正比。当反并联晶闸管的导通角从 0° 开始上升时,电动机开始启动,随着导通角的增大,晶闸管的输出电压也逐渐增大,电动机便开始加速,直至晶闸管全导通,电动机在额定电压下工作,从而实现平滑启动,减小启动电流,避免启动过电流跳闸等现象。电动机的启动时间和启动电流的最大值可根据负载情况设定。

  传统鼠笼型异步电动机有 Y – △、自耦减压、电抗器减压以及延边三角形减压等多种启动方式。这些启动方式都属于有级减压启动，其存在着以下缺点：启动转矩基本固定、不可调；启动过程中会出现二次冲击电流，对负载机械有冲击转矩，且受电网电压波动的影响。而软启动器可以克服上述缺点。

  ASTAT 系列软启动器的基本接线如图 3-43 所示。图中，**QS** 为带熔断器的隔离开关，也可采用断路器；K_1 为通断接触器；K_2 为制动用接触器；R_1、 C_1 和 R_2、C_2 分别为 K_1 和 K_2 的消火花电路；R_T 为热敏电阻，安装在电动机定子绕组内，用于电动机的过热保护（也可不用）。

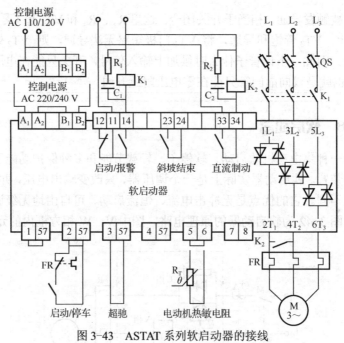

图 3-43　ASTAT 系列软启动器的接线

工作页4

1. GTR 与普通晶体管的结构、工作原理和工作特性很相似。它们都是_____个 PN 结的三层三端半导体器件，三个电极分别为_____、_____、_____；也有 PNP 型和 NPN 型之分。电气图形符号为_____和_____。常用的 GTR 器件有_____、_____、_____三大系列。GTR 属于_____（电压/电流）控制型器件。

2. GTR 的输出特性曲线包含_____、_____、_____和_____四个区域。在电力电子电路中，GTR 一般工作在开关状态，即工作在_____或_____。但在开关切换过程中，还是要经过放大区和准饱和区。

3. GTR 发生二次击穿损坏，必须同时具备三个条件：_____、_____和_____。

4. 将一个固定的直流电压变换成可变的直流电压称之为_____变换，实现这种变换的电路称之为_____。

5. 画出如下图所示的直流稳压电源的原理电路，分析其电路工作原理。其优点是什么，缺点是什么？属于线性/开关中的哪种稳压器？

直流稳压电源

6. 画出如下图所示的直流稳压电源的原理电路，分析其电路工作原理。其优点是什么，缺点是什么？属于线性/开关中的哪种稳压器？

直流稳压电源

7. 画出如下图所示充电宝的原理电路,分析其电路工作原理。用 MATLAB 仿真其工作波形,并通过下面的实验台模拟搭建基本电路。

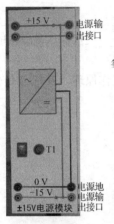

±15V电源模块

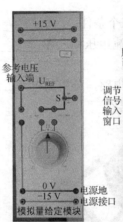

模拟量给定模块

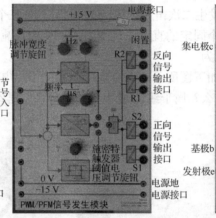

PWM/PFM信号发生模块

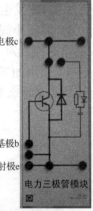

电力三极管模块

二极管模块

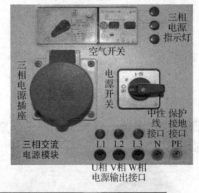

三相交流电源模块

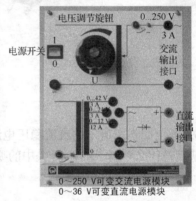

0~250 V可变交流电源模块
0~36 V可变直流电源模块

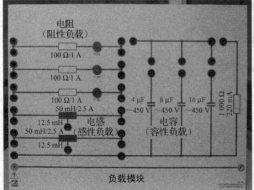

负载模块

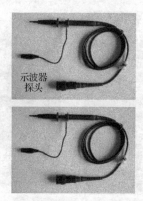

8．画出如下图所示的车载充电器的原理电路，分析其电路工作原理。用 MATLAB 仿真其工作波形，并通过下面的实验台模拟搭建基本电路。

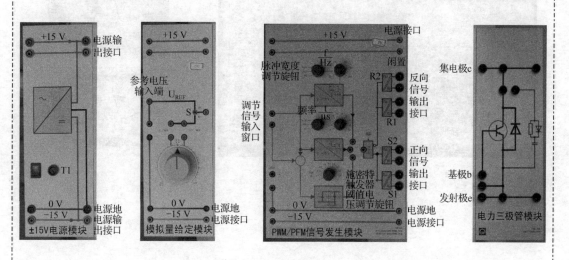

二极管模块

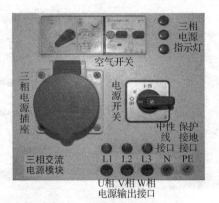

三相电源指示灯

空气开关

三相电源插座

电源开关

中性线接口 保护接地接口

L1 L2 L3 N PE
U相 V相 W相
电源输出接口

三相交流电源模块

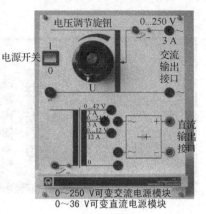

电压调节旋钮

电源开关

0...250 V
3 A
交流输出接口

直流输出接口

0～250 V可变交流电源模块
0～36 V可变直流电源模块

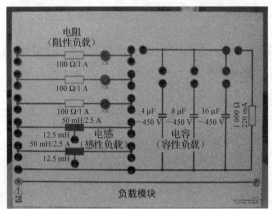

电阻（阻性负载）

100 Ω/1 A
100 Ω/1 A
100 Ω/1 A
50 mH/2.5 A
12.5 mH 电感
50 mH/2.5 A （感性负载）
12.5 mH

4 μF ～450 V
8 μF ～450 V
16 μF ～450 V

电容（容性负载）

1 000 Ω 220 mA

负载模块

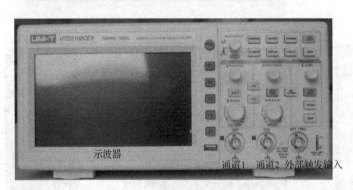

示波器

通道1 通道2 外部触发输入

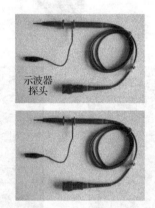

示波器探头

9. 分析如下图所示电路的工作原理。

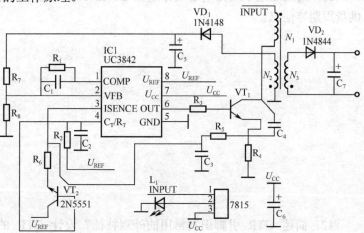

10. 分析如下图所示电路的工作原理。

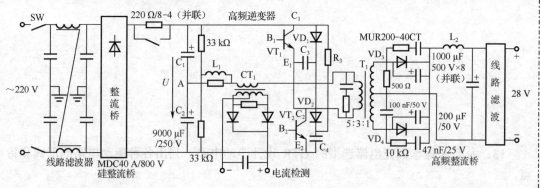

11．为第 8 题车载充电器设计选型 GTR，列出规格型号、制造商、单价、包装形式、供货周期等信息。

12．简述 GTR 引脚识别常用的外观特征？设计 GTR 的检测方案，对实验室的几只 GTR 进行性能检测并记录在下表中。判断 GTR 好坏的标准是什么？选用的检测设备类型是什么？

	1	2	3	4	5	6
结论						

13．为第 8 题车载充电器选型的 GTR 设计驱动电路，列出各种驱动电路的形式和特点。

14．为第 8 题车载充电器选型的 GTR 设计缓冲电路和散热电路。

15. 为第 8 题车载充电器设计选型的 GTR 设计 PWM 控制电路。

16. 在第 8 题搭建电路的基础上，设计软开关方案，降低器件损耗。

17. 在电力电子设备中，整流器占有较大比例，并且整流器是主要的谐波发生源之一。抑制整流器产生的谐波是减轻电网谐波污染的重要途径。这要求降低整流器输出中的谐波分量，提高电网侧的功率因数。通常采用的方法有哪几种？

項目 **4**

电力晶体管的应用

4.1 电力晶体管的工作原理与技术参数

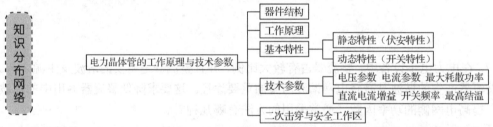

电力晶体管（Giant Transistor，GTR）是一种耐高电压、大电流的双极型晶体管（Bipolar Junction Transistor，BJT），也称 Power BJT。它是一种电流控制型全控电力电子器件，电子和空穴同时参与导电，具有控制方便、开关时间短、高频特性好、价格低廉等优点。20 世纪 80 年代以来，GTR 经历了双极单个晶体管、达林顿管和 GTR 模块等发展阶段。目前 GTR 的容量已达 400 A/1200 V、1000 A/400 V，已在中小功率范围内的不间断电源、中频电源和变流电动机调速等电力交流装置中取代晶闸管而得到广泛应用。

4.1.1 结构与工作原理

GTR 与普通晶体管的结构、工作原理和工作特性很相似。它们都是两个 PN 结的三层三端半导体器件，三个电极分别为 B（基极）、C（集电极）、E（发射极），也有 PNP 型和 NPN 型之分。GTR 的结构和电气图形符号如图 4-1 所示。

1. 结构

一个 GTR 器件包含有大量的并联晶体管单元，这些晶体管单元共用一个大面积集电极，而各发射极和基极是多个并联的。对 GTR 器件应用来说，主要考虑的指标是高电压、大电流和优良的开关特性。而用于信息处理的普通晶体管则更注重单管的电流放大系数、线性度、频率响应以及噪声和温漂等性能参数。

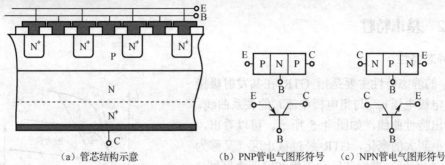

（a）管芯结构示意　　　　（b）PNP管电气图形符号　　（c）NPN管电气图形符号

图 4-1　GTR 的结构和电气图形符号

目前常用的 GTR 器件有单管、达林顿管和模块三大系列。单个 GTR 的电流放大倍数比较小，通常采用至少由两个晶体管组成的达林顿结构，如图 4-2 所示。采用达林顿结构可增大电流放大倍数和加快器件关断速度，将达林顿结构晶体管进行封装，可制成单管、四管和六管等模块结构的器件，如图 4-3 所示。

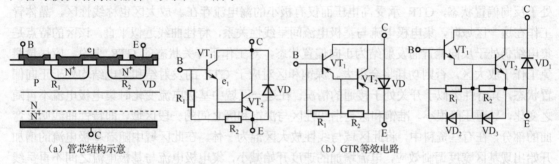

（a）管芯结构示意　　　　　　　　　　　（b）GTR等效电路

图 4-2　GTR 达林顿结构及电路

2．工作原理

GTR 作为电力电子器件，一般采用共发射极接法，处于开关状态，如图 4-4 所示。外加偏置电压 u_{BE}、u_{CE} 使发射结 J_1 正偏、集电结 J_2 反偏，基极电流 i_B 就能实现对集电极电流 i_C 的控制。当 $u_{BE} < 0.7$ V 或为负电压时，GTR 处于关断状态，i_C 为零；当 $u_{BE} \geqslant 0.7$ V 时，GTR 处于开通状态，i_C 为最大值（饱和电流）。i_C 与 i_B 之比定义为 GTR 的电流放大系数 β：

$$\beta = \frac{i_C}{i_B} \qquad (4-1)$$

β 反映了基极电流对集电极电流的控制能力。单管 GTR 的 β 值比小功率晶体管小得多，通常小于 10。采用达林顿结构可有效增大电流增益。

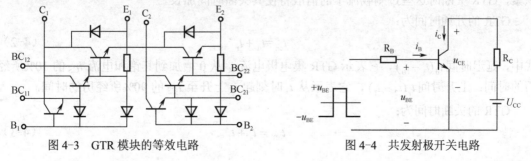

图 4-3　GTR 模块的等效电路　　　　　　图 4-4　共发射极开关电路

4.1.2 基本特性

1. 静态特性

GTR 的静态特性主要是指 GTR 在共发射极接法时的集电极电压 u_{CE} 与集电极电流 i_C 的关系曲线，也称为输出特性曲线，如图 4-5 所示。可以看出，随着 i_B 从小到大的变化，GTR 经过截止区（又称为阻断区）、放大区、准饱和区和深饱和区四个区域。在电力电子电路中，GTR 一般工作在开关状态，即工作在截止区或深饱和。但在开关切换过程中，还是要经过放大区和准饱和区的。

截止区的特性类似于开关处于关断状态的情况，该区对应基极电流 i_B 为零的时候，发射结和集电结均

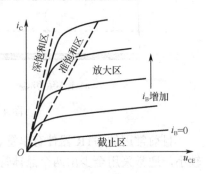

图 4-5 共射电路的输出特性曲线

处于反向偏置状态，GTR 承受高电压而仅有极小的漏电流存在。放大区也称线性区，晶体管工作在这一区域时，集电极电流与基极电流间呈线性关系，特性曲线近似平直。该区的特点是集电结仍处于反向偏置而发射结为正向偏置状态，对工作于开关状态的 GTR 来说，应尽量避免工作于放大区，否则功耗将会很大。深饱和区对应于 GTR 的发射结和集电结均处于正向偏置状态，其特性类似于开关处于接通的情况。在这一区域中基极电流变化时集电极电流不再随之变化，导通压降很小。准饱和区是指线性区与深饱和区之间的一段区域，即特性曲线明显弯曲的部分，在有些资料中，将此区域与线性放大区混为一体。在此区域中随着基极电流的增加开始出现基区宽度调制效应，电流增加的速度开始减小，集电极电流与基极电流之间不再呈线性关系，但仍保持着集电结反向偏置、发射结正向偏置的特点。

2. 动态特性

动态特性是指描述 GTR 开关过程的瞬态性能，也称开关特性。为了讨论开关特性，必须对 GTR 开关的全过程有所了解。如图 4-6（a）所示，给 GTR 基极施加脉冲电流，则集电极电流的波形如图 4-6（b）所示，而集电极电压波形在很大程度上取决于负载电路，因而不能用它来表示晶体管的开关特性。

由于 PN 结之间有势垒电容和扩散电容等结电容存在，因此在稳态时这些电容对 GTR 的工作特性没有影响；而在瞬态时，电容的充放电作用会影响 GTR 的开关特性。另外，由于常采用过电流驱动方法来减小 GTR 导通时的功率损耗，结果造成基区有大量过剩载流子的积累，GTR 关断时这些过剩载流子的消散将使其关断时间加长。

GTR 的开通时间为：

$$t_{on} = t_d + t_r \tag{4-2}$$

式中，延迟时间 $t_d(t_1 - t_0)$，它表示 GTR 集电极电流 i_C 从 0 增加到其饱和电流 I_{CS} 的 10%所经历的时间；上升时间 $t_r(t_2 - t_1)$，它表示从 t_1 时刻起 i_C 上升至 I_{CS} 的 90%所经历的时间。

GTR 的关断时间为：

$$t_{off} = t_s + t_f \tag{4-3}$$

式中，存储时间 $t_s(t_4-t_3)$，它表示在负基极电流 i_{B2} 的作用下，从 t_3 时刻起 i_C 保持一段时间后开始下降，到 t_4 时刻 i_C 已减小到 I_{CS} 的 90%；下降时间 $t_f(t_5-t_4)$，它表示从 t_4 时刻起到 i_C 下降到 I_{CS} 的 10% 所经历的时间。

一般开通时间为纳秒数量级，关断时间为微秒数量级，开通时间比关断时间要小得多。在开通与关断状态的转换过程中，GTR 的工作点应尽量避开或尽快通过其伏安特性的线性工作区，以减小功耗。因此，为缩短开关时间，常采用的措施有：

（1）选择电流增益小的器件，防止深饱和，增加反向驱动电流等；

（2）增大驱动电流 i_B，加快充电可以减小 t_d 与 t_r，但 i_B 太大会使关断存储时间增长；

（3）在关断 GTR 时加反向基极电压有助于势垒电容上电荷的释放，即可以减小 t_s 和 t_f；但反向基极电压不能过大，否则会击穿发射结并使下次导通时延迟时间增长。

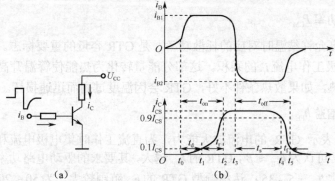

图 4-6　GTR 开关过程电流变化动态过程

4.1.3　主要技术参数

1. 电压参数

电压参数体现了 GTR 的耐压能力。击穿电压不仅和 GTR 的本身特性有关，还和外部电路的接法有关。

（1）集-基极击穿电压 $U_{(BR)CBO}$：当发射极开路时，集电极和基极的反向击穿电压。

（2）集-射极击穿电压 $U_{(BR)CEO}$：当基极开路时，集电极和发射极间能承受的最高电压。

为确保安全，实际应用时的最高工作电压 $U_{TM}=\left(\dfrac{1}{3}\sim\dfrac{1}{2}\right)U_{(BR)CEO}$。

（3）饱和压降 U_{CES}：GTR 工作在深饱和区时集-射极间的电压值。由 GTR 的饱和压降特性曲线可知，U_{CES} 随 i_C 的增加而增加。在 i_C 不变时，U_{CES} 随管壳温度 T_C 的增加而增加，如图 4-7 所示。

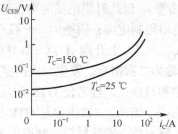

图 4-7　GTR 的饱和压降特性曲线

2．电流参数

1）集电极电流最大值 I_{CM}

对 I_{CM} 的规定有两种情况：一种是以 β 值下降到额定值的 $\frac{1}{2} \sim \frac{1}{3}$ 时的 i_C 值定义为 I_{CM}；另一种是以结温和耗散功率为指标来确定 I_{CM}。超过这些最大值时将导致 GTR 内部结构烧毁。实际应用时要留有较大的安全裕量，一般只能用到 I_{CM} 的一半左右。

2）基极电流最大值 I_{BM}

为 GTR 管内引线允许通过的最大电流，通常取 $I_{BM} = \left(\frac{1}{6} \sim \frac{1}{2} \right) I_{CM}$。

3．最大耗散功率 P_{CM}

即 GTR 在最高允许结温时对应的耗散功率，是 GTR 容量的重要标志。它等于集电极工作电压 u_{CE} 与集电极工作电流 i_C 的乘积。这部分能量转化为热能使管温升高，在使用中要特别注意 GTR 的散热，如果散热条件不好，GTR 会因温度过高而迅速损坏。

4．直流电流增益 h_{FE}

直流电流增益表示 GTR 的电流放大能力，为直流工作时集电极电流和基极电流之比，即 $h_{FE} = i_C / i_B$。通常可认为 $h_{FE} \approx \beta$，GTR 的 h_{FE} 越大，其要求的驱动电路功率越小。单管 GTR 的 h_{FE} 值较小，通常 $h_{FE} = 5 \sim 35$；达林顿型 GTR 的 h_{FE} 范围较大，为 $50 \sim 20000$。

5．开关频率

在很多情况下，GTR 工作在开关状态，因此开关频率是一个重要参数。应用时，总是希望 GTR 的开通时间 t_{on} 和关断时间 t_{off} 越小越好。

6．最高结温 T_{JM}

GTR 的最高结温由半导体材料性质、器件制造工艺、封装质量及可靠性等因素决定。一般情况下，塑料封装的硅管结温 T_{JM} 为 $125 \sim 150$ ℃；金属封装的硅管结温 T_{JM} 为 $150 \sim 175$ ℃。高可靠平面管结温 T_{JM} 为 $175 \sim 200$ ℃。

4.1.4 二次击穿和安全工作区

1．二次击穿

处于工作状态的 GTR，当其集电极电压 u_{CE} 逐渐增大到集-射极击穿电压 $U_{(BR)CEO}$ 时，集电极电流 i_C 急剧增大（雪崩击穿），但此时集电结的电压基本保持不变，这称为一次击穿。发生一次击穿时，如果有外接电阻限制电流 i_C 的增大，一般不会引起 GTR 的特性变坏。如果不限制 i_C 的增长，继续增大 u_{CE}，当 i_C 上升到 A 点（临界值）时，u_{CE} 突然下降，而 i_C 继续增大（负阻效应），这一现象称为二次击穿。发生二次击穿后，在 ns～μs 数量级的时间内，器件的内部出现明显的电流集中和过热点，轻者使 GTR 耐压降低、特性变差；重者使 C 结和 E 结熔通，造成 GTR 永久性损坏。因此，二次击穿是 GTR 突然损坏的主要原因之一。GTR 的负载性质、触发脉冲宽度、电路参数、器件材料、制造工艺以及基极驱动电流的形式等都

会影响其二次击穿损坏。

如图4-8所示，A点对应的电压U_{SB}和电流I_{SB}称为二次击穿的临界电压和临界电流，其乘积称为二次击穿临界功率P_{SB}：

$$P_{SB} = U_{SB}I_{SB} \tag{4-4}$$

GTR发生二次击穿损坏，必须同时具备三个条件：高电压、大电流和持续时间。

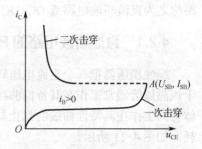

图4-8 GTR的二次击穿特性

2. 安全工作区

为了确保GTR在开关过程中能安全可靠地长期工作，其开关动态轨迹必须限定在特定的安全范围内，该范围称为GTR的安全工作区（Safe Operating Area，SOA）。它一般由电压极限参数U_{CEM}、电流极限参数I_{CM}、耗散功率P_{CM}及二次击穿功率P_{SB}所构成的曲线组成。GTR工作时，最大集电极电流、集电极电压、耗散功率不能超过I_{CM}、U_{CEM}、P_{CM}，同时耗散功率也不能超过P_{SB}，这些限制条件规定了GTR的安全工作区，如图4-9所示。在低压范围内，$P_{SB} > P_{CM}$，在高压范围内，$P_{CM} > P_{SB}$。因此，低压范围内由P_{CM}来限定；高压范围内由P_{SB}来限定。

安全工作区为选用器件提供了重要的依据，为使器件工作在最佳状态，工作点不仅应在安全区内，还应根据使用条件和器件抗二次击穿的能力留有安全裕量。

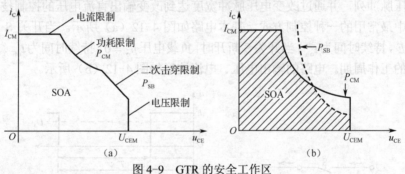

图4-9 GTR的安全工作区

4.2 直流斩波电路

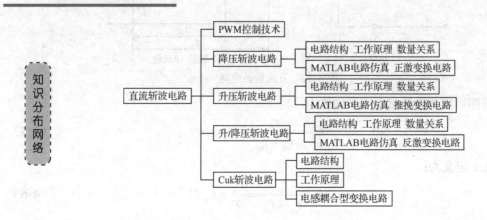

将一个固定的直流电压变换成可变的直流电压称之为 DC-DC 变换。实现这种变换的电路称之为直流斩波电路或 DC-DC 变流电路，也简称为斩波器、变换器或变流器。

4.2.1 直流斩波电路的 PWM 控制

线性稳压器把一个直流电压转换到另一个直流电压，通常用一个串联晶体管来实现。由于该晶体管通常工作在其特性曲线的放大区域，如图 4-10 所示。而对于开关式稳压器，晶体管只工作在其特性曲线的截止与饱和区域，因此在导通状态下该器件表现出较低的传导损耗，如图 4-11 所示。

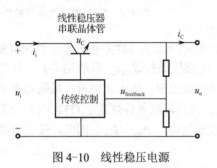

图 4-10　线性稳压电源

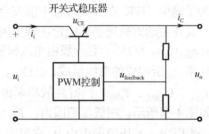

图 4-11　PWM 开关式稳压器

直流 PWM 控制技术，是指利用电力电子开关器件（图中用开关 S 模拟），把恒定直流电压变换成电压脉冲列，并通过改变电压脉冲宽度达到改变输出直流电压的控制技术。它是直流变换电路中最常用的一种控制方式，基本电路如图 4-12（a）所示。当开关 S 闭合时，负载电压 $u_o = E$，持续时间为 t_{on}；当开关 S 断开时，负载电压 $u_o = 0$，持续时间为 t_{off}。$T = t_{on} + t_{off}$ 为斩波电路的工作周期。电路的输出电压、电流波形如图 4-12（b）所示。

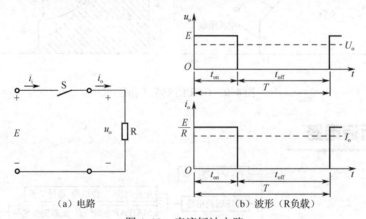

（a）电路　　　　　　　　（b）波形（R负载）

图 4-12　直流斩波电路

由波形图可得负载输出电压平均值为：

$$U_o = \frac{t_{on}}{t_{on} + t_{off}} E \tag{4-5}$$

占空比 k 定义为：

$$k = \frac{t_{on}}{t_{on} + t_{off}} = \frac{t_{on}}{T} = t_{on} f \tag{4-6}$$

式中，t_{on} 和 T 分别为开关 S 的导通时间和周期；f 为开关频率（$f=1/T$）。

占空比 k 的改变可以通过改变 t_{on} 或 t_{off} 来实现，通常斩波电路的工作方式有如下两种。

（1）脉宽调制工作方式：维持 T 不变，改变 t_{on}。

（2）频率调制工作方式：维持 t_{on} 不变，改变 T。

通常情况下，多采用脉宽调制工作方式，因为采用频率调制工作方式容易产生谐波干扰，而且滤波器设计也比较困难。

4.2.2 降压斩波电路

1．电路结构

直流降压斩波电路（Buck Chopper）也称降压变换器，是一种输出电压平均值低于输入电压的电路，主要用于直流稳压电源和直流电机的调速。降压斩波电路原理如图 4-13 所示。输入采用恒压直流电源供电，VT 为晶体管开关，L、R、电动机 M 为负载，续流二极管 VD 在晶体管 VT 关断时给负载中的电感电流提供通道。

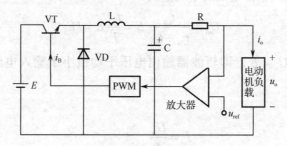

图 4-13 降压斩波电路原理

2．工作原理

降压斩波电路在开关导通和关断期间的工作原理如图 4-14 所示。$t=0$ 时刻，驱动晶体管 VT 导通，直流电源向负载供电，忽略 VT 的导通压降，负载电压 $u_o = E$，负载电流按指数规律上升。$t=t_1$ 时刻，撤去 VT 的驱动电流使其关断，负载电压 $u_o = 0$。因感性负载电流不能突变，负载电流通过续流二极管 VD 续流，忽略 VD 导通压降，负载电流按指数规律下降，电路工作波形如图 4-15（a）所示。为使负载电流连续且脉动小，一般需要串联较大的电感 L，L 也称为平波电感。当平波电感 L 值较小时，在 VT 关断后，未到 t_2 时刻，负载电流已下降到零，负载电流发生断续。负载电流断续时，其波形如图 4-15（b）所示，其中 e_L 为直流电动机的反电动势。

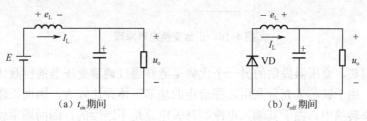

（a）t_{on} 期间　　　　　　　　　　（b）t_{off} 期间

图 4-14 降压斩波电路在开关导通和关断期间的工作原理

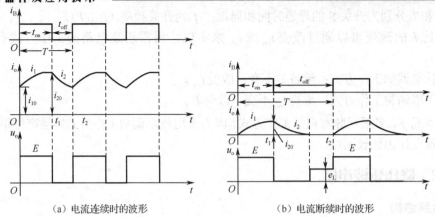

|（a）电流连续时的波形|（b）电流断续时的波形|

图 4-15　直流降压斩波电路的电压、电流波形

3. 数量关系

在直流斩波电路中，输出电压的平均值为：

$$U_o = \frac{t_{on}}{t_{on} + t_{off}} E = \frac{t_{on}}{T} E = kE \qquad (4\text{-}7)$$

由于 $k < 1$，所以 $U_o < E$，即斩波器输出电压平均值小于输入电压，故称为降压斩波电路。

负载平均电流为：

$$I_o = \frac{U_o}{R} \qquad (4\text{-}8)$$

4. 正激变换电路

降压斩波电路只有一个电感，没有变压器，输入与输出不能隔离。这就存在一个危险，一旦功率开关损坏，输入电压将直接加到负载电路。正激变换电路是用变压器将降压斩波电路隔离开来，电路原理如图 4-16 所示。

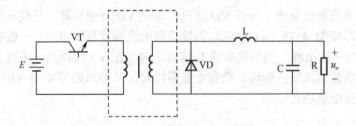

图 4-16　正激变换电路原理

除了电气隔离，变压器提供的另一个优势是能够通过调整变压器的匝数比来进一步放大或者减小电压。由于铁芯未充分利用，在给定的功率下体积比较大，因而正激变换电路通常只使用在低功率转换中。由于其输入电流即开关电流是不连续的，因而通常使用一个输入滤波器，以减少电源中的纹波和谐波分量。

实例 4.1 某降压变换电路工作在 50 Hz 的开关频率下，导通时间 $t_{on} = 5$ ms，求负载电流为 40 A 时的平均输入电流。

解 在降压变换电路中开关周期 $T = 1 / 50$ Hz $= 0.02$ s $= 20$ ms。

占空比：$k = 5 / 20 = 0.25$。

根据公式（4-8）和（4-7）可得平均输入电流为： 40 A/0.25 $= 160$ A。

实例 4.2 斩波电路中开关器件的最小有效导通时间是 42 μs。直流电源的额定电压是 1000 V。

（1）如果斩波电路输出电压必须能被调节到 20 V，斩波电路的最高频率是多少？

（2）如果斩波电路频率增加至 500 Hz，最小输出电压是多少？

解：（1）根据公式（4-7），$20 = k \times 1000$，得：$k = \dfrac{20}{1000} = 0.02$

已知 $t_{on(min)} = 42 \times 10^{-6}$ s，由公式（4-6）得：

$$T = \frac{t_{on}}{k} = \frac{42 \times 10^{-6}}{0.02} = 2100 \times 10^{-6} \text{ s}$$

斩波电路的最高频率为：

$$f = \frac{1}{T} = \frac{10^6}{2100} \approx 476.2 \text{ Hz}$$

（2）当 $f = 500$ Hz 时，有：

$$T = \frac{1}{f} = 0.002 \text{ s} = 2000 \text{ μs}$$

如果 t_{on} 保持为 42 μs，最小占空比为：

$$k = \frac{t_{on}}{T} = \frac{42}{2000} = 0.021$$

由式（4-7）可得输出电压为：

$$U_o = 0.021 \times 1000 = 21 \text{ V}$$

电路仿真 8 直流降压斩波电路

设直流降压斩波电路的电源电压 $E = 100$ V，电阻负载 $R = 10\ \Omega$，要求输出电压 $U_o = 30$ V。GTR 开关频率为 10 kHz。储能电感 $L = 1$ mH，二极管 Diode 提供续流通路。

1. 电路搭建

直流降压斩波电路的 MATLAB 仿真模型如图 4-17 所示。

2. 设置模块参数

1）设置直流电压源参数

直流电源电压 $E = 100$ V；GTR、Diode 采用默认设置。

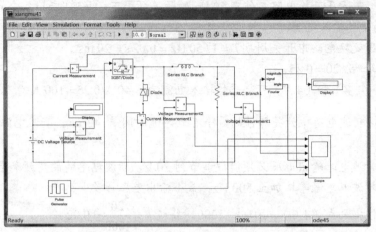

图4-17　直流降压斩波电路的MATLAB仿真模型

2）设置脉冲信号发生器参数

打开脉冲信号发生器（Pulse Generator）参数设置对话框，"Pulse type"脉冲类型设置为"Time based"（时间基准）。"Time（t）"时间设置为"Use simulation time"（用仿真时间）。"Amplitude"脉冲幅值设置为"1.1"。"Period（secs）"周期（s）设置为"1e-4"，对应着GTR的开关频率为10 kHz。"Pulse Width（% of Period）"脉冲宽度（周期的百分数），根据GTR的开关特性，设置为"30"，可得输出电压30 V；"Phase delay（secs）"相位延迟（s），设置为"0.001e-3"。

3）设置傅里叶分析模块参数

打开傅里叶（Fourier）分析模块参数设置对话框，如图4-18所示。"Fundamental-frequency f1"项输入"10000"；"Harmonic n"谐波分量输入"0"，即选择直流分量。

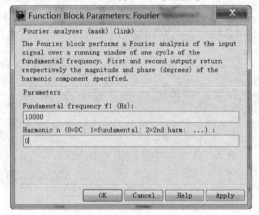

图4-18　傅里叶分析模块参数设置对话框

3. 观测仿真结果

仿真波形如图4-19所示。设u_B为基极正脉冲（脉冲发生器发出）、u_{VD}为二极管两端电压（分压器U_{o1}发出）、u_o为降压变流输出电压（分压器U_o发出）、u_{DC}为输出电压直流分量（Fourier分析器发出）、i_{GTR}为GTR的电流（分流器A发出）、i_{VD}为二极管的电流（分流器A_1发出），图中仿真波形自上而下依次为u_B、u_{VD}、u_o、u_{DC}、i_{GTR}、i_{VD}的波形。将检测的各波形用一个示波器显示是为了使横坐标对齐，以便更清楚地说明电路的工作原理并观察波形。

由图4-19可见，u_B波形对应脉冲发生器的脉冲宽度（周期的百分数），设置为"30"；u_{VD}波形在u_B的脉冲宽度内，$u_{VD}=100$ V；在二极管续流时$u_{VD}=0$ V；变流输出电压瞬时波形u_o振荡走高；输出电压直流分量瞬时波形u_{DC}逐步趋近并等于30 V；流过GTR的电

流 i_{GTR} 波形与电阻负载的输出电压 u_o 的相应段相同；流过二极管的续流电流 i_{VD} 与电阻负载的输出电压 u_o 的相应段相同。

实时数字显示器 Display 测出直流电源电压为 100 V，显示器 Display1 测出直流输出电压为 29.15 V（应为 30 V，这是因采用傅里叶分析模块的运算误差所致）。

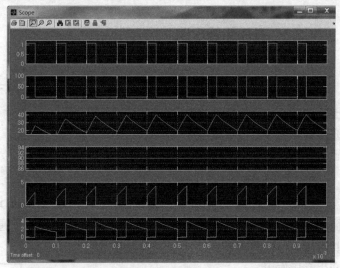

图 4-19　u_B、u_{VD}、u_o、u_{DC}、i_{GTR}、i_{VD} 仿真波形

应用案例 9　单端输出式降压电源电路

采用 TL494 构成的单端输出式降压电源电路如图 4-20 所示，其效率大约为 71%。采用外接 PNP 功率晶体管 Tip32A，输出电流可达 1 A。当输出电压 U_o 高于基准电压 $U_{ref} = 5$ V 时，误差放大器的输出增加，产生的 PWM 脉冲的占空比下降，TL494 内部的输出晶体管 VT_1 和 VT_2 的导通时间变短，使输出电压 U_o 下降，保持输出电压稳定，反之亦然。

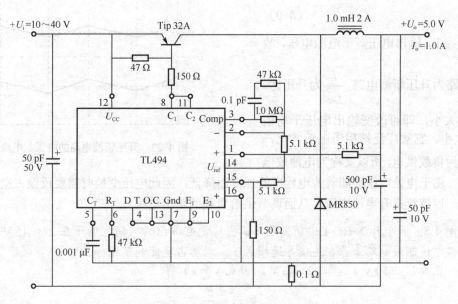

图 4-20　单端输出式降压电源电路

4.2.3 升压斩波电路

1. 电路结构

升压斩波电路（Boost）如图 4-21 所示。升压斩波电路与降压斩波电路最大的不同点是，斩波控制开关 VT 与负载呈并联形式连接，储能电感与负载呈串联形式连接。

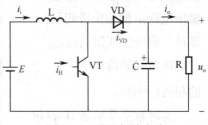

图 4-21　升压斩波电路

2. 工作原理

当 VT 导通时（t_{on} 期间），能量储存在 L 中。由于 VD 截止，所以 t_{on} 期间负载电流由储能电容 C 供给。在 t_{off} 期间，VT 截止，储存在 L 中的能量通过 VD 传送到负载和储能电容 C，其电压的极性与 E 相同，且与 E 相串联，产生升压作用。

如图 4-22 所示，升压斩波电路的输入电流连续，输出电流断续，效率可达 92% 以上。

3. 数量关系

在升压斩波电路中，如果忽略损耗和开关器件上的电压降，则输出电压平均值为：

$$U_o = \frac{t_{on} + t_{off}}{t_{off}} E = \frac{T}{t_{off}} E = \frac{1}{1-k} E$$

（4-9）

式中 $\frac{T}{t_{off}} \geqslant 1$，输出电压高于电源电压，故

称该电路为升压斩波电路，$\frac{T}{t_{off}}$ 为升压比。

调节其大小，即可改变输出电压平均值 U_o 的大小。它被广泛地用于电池放电，以常压为负载供电，所以又称为电池放电

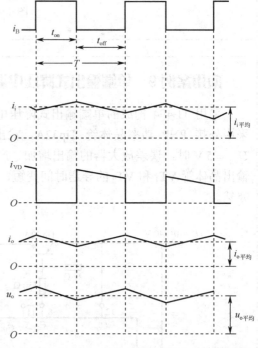

图 4-22　升压斩波电路的电压、电流波形

变换器。由于电池电压会随着放电程度的加深而降低，因此电压变换时需要反馈占空比来进行控制，以持续提升电池电压，从而调节供给负载的输出电压。

实例 4.3　一个升压 DC-DC 斩波电路输出稳定电压 50 V，输入电压在 22～45 V 范围内变化。假定该斩波电路工作在连续导通模式下，求其占空比的范围。

解　已知 $U_o = 50$ V，$E = 22～45$ V，由式（4-9）得：

$$k = 1 - \frac{E}{U_o}$$

如果 $E = 22\text{ V}$，则有：

$$k = 1 - \frac{22}{50} = 1 - 0.44 = 0.56$$

如果 $E = 45\text{ V}$，则有：

$$k = 1 - \frac{45}{50} = 1 - 0.9 = 0.1$$

占空比范围为 $0.1 \sim 0.56$。

实例 4.4 一个升压斩波电路给 $4\ \Omega$ 电阻和 1 mH 电感负载供电，其输入电压为 60 V，负载输出电压为 80 V，如果导通时间为 2 ms，求输入电流和输出电流。

解 由式（4-9）得：$k = 1 - \dfrac{E}{U_\text{o}} = 1 - \dfrac{60}{80} = 0.25$。

由式（4-6）得：$t_\text{on} = kT$，代入参数得 $T = 8\text{ ms}$。

开关频率：$f = 1/T = 1/(8 \times 10^{-3})\text{ Hz} = 125\text{ Hz}$。

根据欧姆定律得输出电流：$I_\text{o} = 80\text{ V}/4\ \Omega = 20\text{ A}$。

根据公式（4-9），输入电流：$I_\text{i} = I_\text{o}(1-k) = 20 \times (1-0.25) = 15\text{ A}$。

电路仿真 9 升压斩波电路

设如图 4-21 所示的升压斩波电路中电源电压 $E = 100\text{ V}$，电阻负载 $R = 10\ \Omega$，滤波电容 $C = 200\ \mu\text{F}$，升压储能电感 $L = 0.1\text{ mH}$，二极管 VD 用来阻断 GTR 导通时电容 C 的放电通路。要求：输出电压平均值 $U_\text{o} = 200\text{ V}$，GTR 的开关频率为 5 kHz，创建仿真模型并对其进行仿真，用示波器观察各电压、电流波形。

1. 电路搭建

搭建升压斩波电路的 MATLAB 仿真模型如图 4-23 所示。

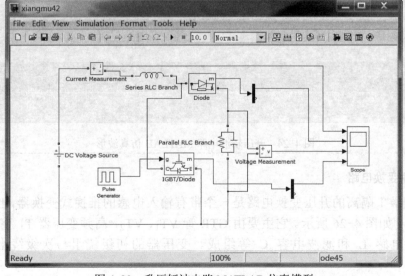

图 4-23 升压斩波电路 MATLAB 仿真模型

2. 设置模块参数

打开脉冲信号发生器（Pulse Generator）参数设置对话框，具体参数的设置如下：

"Pulse type"脉冲类型，设置为"Time based"。

"Time（t）"时间，设置为"Use simulation time"。

"Amplitude"脉冲幅值，设置为"1.1"。

"Period（secs）"周期，设置为"0.2e−3"，对应着 GTR 的开关频率为 5 kHz。

"Pulse Width（% of Period）"脉冲宽度（周期的百分数），根据 GTR 的开关特性，设置为"50"，即 $t_{off} = \dfrac{T}{2}$，可得输出电压 $U_o = \dfrac{T}{t_{off}} = 200 \text{ V}$。

"Phase delay（secs）"相位延迟，设置为"0.001e−3"。

3. 观测仿真结果

升压斩波电路的 MATLAB 仿真波形如图 4-24 所示，自上而下为电源电压、基极触发脉冲电压、输出电压、电感电流的波形。u_B 波形对应脉冲发生器的脉冲宽度（周期的百分数），设置为"50"；升压变流输出电压瞬时波形 u_o 振荡走高后逐步趋近并等于 200 V（直流）；i_L 为流经电感的电流（分流器 A 发出），由两个分量组成，从波形图看到 $i_L = i_{GTR} + i_{VD}$（请注意波形图纵坐标的不同刻度）。

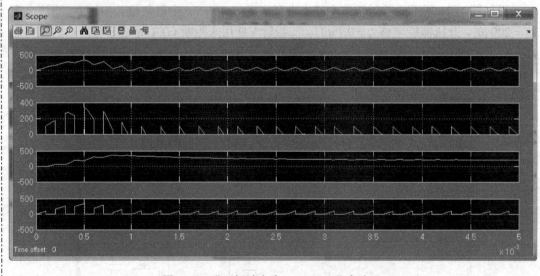

图 4-24　升压斩波电路 MATLAB 仿真波形

4. 推挽变换电路

由变压器 T 隔离的升压变换电路是一个带有输入电感的推挽式变换器，也被称为电流型变换器，如图 4-26 所示。它主要由 GTR 管 VT_1、VT_2，高频变压器 T，整流管 VD_1、VD_2，滤波电感 L 和滤波电容 C 等组成。变压器的初级绕组与次级绕组的匝数比 $n = N_{p1}/N_{s1}$。

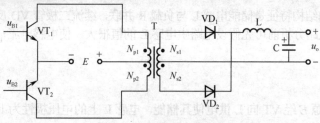

图 4-26 推挽式变换电路

方波电压 u_{B1} 和 u_{B2} 交替加到 VT_1 和 VT_2 的基极，在每个周期 T 内，每只 GTR 管导通半个周期，关断半个周期。在 $0 \sim T/2$ 内，VT_1 饱和导通，VT_2 关断，电流从 E 正极经过变压器初级绕组 N_{p1}、功率管 VT_1 返回到 E 的负极。GTR 管的饱和压降通常可以忽略不计，因此高频变压器初级绕组 N_{p1} 的两端电压为 E。由于 N_{p1} 和 N_{p2} 的匝数相等，所以 N_{p2} 的两端电压也为 E。VT_1 导通期间，VT_2 关断，电源电压 E 与 N_{p2} 两端电压串联后加到 VT_2 两端，因此 VT_2 承受的电压为电源电压的 2 倍。

VT_1 导通期间，初级绕组两端电压为 E，因此变压器次级绕组 N_{s1} 两端电压应为 $(N_{p1}/N_{s1})E$。由于绕组 N_{s1} 和 N_{s2} 匝数相等，绕向相反，所以 N_{s2} 两端电压应为 $-(N_{p1}/N_{s1})E$。次级电压经 VD_1 和 VD_2 整流并经 L 和 C 滤波后，加到负载两端。

在 $T/2 \sim T$ 之间，GTR 管 VT_1 关断，VT_2 饱和导通，工作过程与上述过程相同。该变换器中，高频变压器次级电路与不隔离型降压变换器相似，只要用变压器次级电压 $E/(N_{p1}/N_{s1})$ 代替降压变换器中的电源电压，可得到推挽式变换器的输出电压平均值，为：

$$U_o = \frac{t_{on}}{T} \times \frac{E}{n}$$

TL494 控制的推挽式输出小功率开关稳压电源电路如图 4-27 所示，其效率约为 72%。

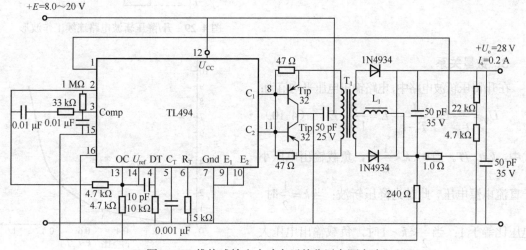

图 4-27 推挽式输出小功率开关稳压电源电路

4.2.4 升/降压斩波电路

1. 电路结构

升/降压斩波电路（Buck-Boost）可以得到高于或低于输入电压的输出电压，其电路原理如图

4-28 所示。该电路的结构特征是储能电感 L 与负载 R 并联，续流二极管 VD 反向串联在储能电感 L 与负载 R 之间。电路分析前可先假设电路中电感 L 的值很大，使电感电流 i_L 和电容电压及负载电压 u_o 基本稳定。

2. 工作原理

VT 导通时，电源 E 经 VT 向 L 供电使其储能，电感 L 上的电压极性为上正下负。此时二极管 VD 反偏，流过 VT 的电流为 $i_1(i_{VT})$。由于 VD 反偏截止，储能电容 C 向负载 R 提供能量并维持输出电压基本稳定，负载 R 及电容 C 上的电压极性为上负下正，与电源电压极性相反。VT 关断时，电感 L 极性变反，VD 正偏导通，流过 VD 的电流为 i_2。L 中储存的能量通过 VD 向负载释放，同时电容 C 被充电储能，流过电感 L 的电流为 i_L。负载电压极性为上负下正，与电源电压极性相反，该电路也称做反极性斩波电路。升/降压斩波电路连续工作波形如图 4-29 所示。

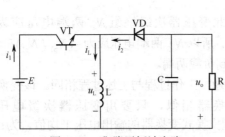

图 4-28　升/降压斩波电路

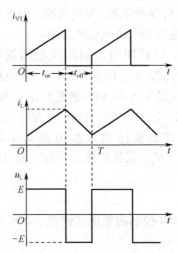

图 4-29　升/降压斩波电路连续工作波形

3. 数量关系

在升/降压斩波电路中，电路输出电压平均值为：

$$U_o = \frac{t_{on}}{t_{off}}E = \frac{t_{on}}{T - t_{on}}E = \frac{k}{1-k}E \qquad (4-10)$$

式中，$k = t_{on}/T$。当 $0 < k < \frac{1}{2}$ 时，负载输出电压小于直流电源电压，此时为降压斩波；当 $k = \frac{1}{2}$ 时，电压比等于 1；当 $\frac{1}{2} < k < 1$ 时，负载输出电压大于直流电源电压，此时为升压斩波。如图 4-30 所示，输出电压随占空比 k 的变化而变化，使得它既可以降压，也可以升压，这是它的主要优点。

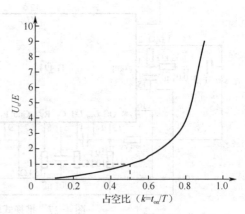

图 4-30　升/降压斩波电路电压比与占空比之间的关系

假设电路所有元件无损耗，则输入功率 P_i 就等于输出功率 P_o，即：

$$EI_i = U_oI_o$$

得

$$\frac{I_o}{I_i} = \frac{E}{U_o} = \frac{1-k}{k}$$ （4-11）

实例 4.5 一个升/降压斩波电路由电池供电，电池电压 $E = 100\,V$，工作在连续电流模式，供电给一个负载电阻 $R = 70\,\Omega$。计算占空比 k 是 0.25、0.5 和 0.75 的负载电压和电流以及输入电流。

解 由公式（4-10）得：

$$I_o = \frac{U_o}{R} = \frac{k}{1-k}\frac{E}{R}$$ （4-12）

因负载的电压极性与电源电压极性相反，以下计算中 E 的数值用负号表示。

当 $k = 0.25$ 时，有：

$$I_o = \frac{0.25}{0.75} \times \frac{-100}{70} \approx -0.476\,A$$

$$U_o = I_o R \approx -33.32\,V$$

当 $k = 0.5$ 时，有：

$$I_o = \frac{0.5}{0.5} \times \frac{-100}{70} \approx -1.43\,A$$

$$U_o = I_o R \approx -100.1\,V$$

当 $k = 0.75$ 时，有：

$$I_o = \frac{0.75}{0.25} \times \frac{-100}{70} \approx -4.286\,A$$

$$U_o = I_o R \approx -300\,V$$

由公式（4-11）得：

$$I_i = \frac{k}{1-k} I_o$$

将该式与公式（4-12）合并得：

$$I_i = \frac{k}{1-k}\frac{k}{1-k}\frac{E}{R} = \left(\frac{k}{1-k}\right)^2 \frac{E}{R}$$ （4-13）

（1）当 $k = 0.25$ 时，有：

$$I_i = \left(\frac{0.25}{0.75}\right)^2 \times \frac{100}{70} = 0.16\,A$$

（2）当 $k = 0.5$ 时，有：

$$I_i = \left(\frac{0.5}{0.5}\right)^2 \times \frac{100}{70} \approx 1.43\,A$$

（3）当 $k = 0.75$ 时，有：

$$I_i = \left(\frac{0.75}{0.25}\right)^2 \times \frac{100}{70} = \frac{9 \times 100}{70} \approx 12.86\,A$$

电路仿真 10　升/降压斩波电路

设如图 4-28 所示的升/降压斩波电路中电源电压 $E = 100$ V，电阻负载 $R = 10$ Ω，滤波电容 $C = 100\,\mu\text{F}$，储能电感 $L = 0.35$ mH，二极管（Diode）为 L 向电容 C 放电时提供通路，开关频率为 10 kHz。创建 MATLAB 仿真模型并对输出电压有效值为 $U_o = 150$ V 时进行仿真，用示波器观察各电压、电流波形。

1. 电路搭建

升/降压斩波电路的 MATLAB 仿真模型如图 4-31 所示。

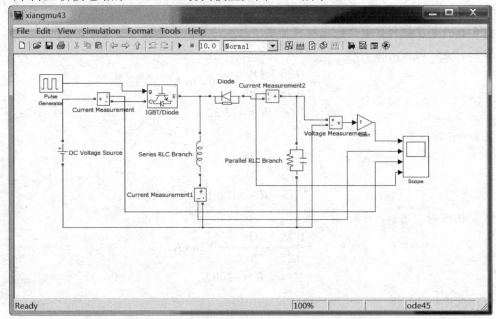

图 4-31　升/降压斩波电路 MATLAB 仿真模型

2. 设置模块参数

脉冲信号发生器（Pulse Generator）参数设置同升压斩波电路。根据仿真要求，"Period（secs）"周期（s）设置为"0.1e-3"，对应 GTR 的开关频率为 10 kHz。

"Pulse Width（% of Period）"脉冲宽度（周期的百分数），设置为"60"（$k = 0.6$），此时输出电压 $U_o = \dfrac{k}{1-k}E = 150$ V。

增益模块 Gain，设置"Gain = -1"，这是因为负载电压为上负下正。为使示波器曲线在横坐标上方，使负载电压再颠倒一下极性。

3. 仿真波形

当设置脉冲宽度为 60 时，仿真波形如图 4-32 所示。u_o 为输出电压（由分压器 U_o 发出），i_{GTR} 为 GTR 导通时电源向电感储能的充电电流（由分流器 A_1 发出），i_{VD} 为 GTR 关断时电感通过二极管向负载释放电能的电流（由分流器 A_2 发出），i_L 为流经电感的电流（由分流器 A 发出）。输出电压瞬时波形 u_o 振荡走高后逐步趋近并等于 150 V，这就是升压变换。

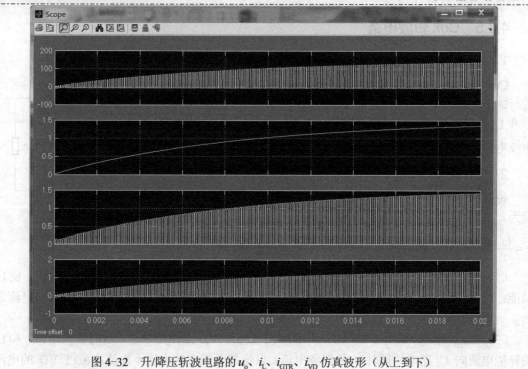

图4-32　升/降压斩波电路的 u_o、i_L、i_{GTR}、i_{VD} 仿真波形（从上到下）

4. 反激变换电路

带有隔离变压器的升/降压变换电路称为反激变换电路，如图4-33所示，变压器绕组作为反激变换电路的电感。

反激变换电路利用匝数比为 N_i / N_o 的双绕组电感，一方面可以像变压器那样升压或降压，另一方面又可以像电感那样储存能量。在开关导通期间，能量存储在变压器的一次侧。而当开关关断时，一次侧能量感应变换到二次侧，并经由二极管传递给负载。两个线圈的极性符号是该电路的关键。由于变压器铁芯材料只工作在迟滞曲线的第一象限，故反激变换器通常只用于小功率变流领域。

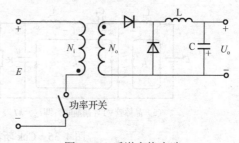

图4-33　反激变换电路

反激变换器的电压比等于占空比和匝数比的级联，即：

$$\frac{U_o}{E} = k\left(\frac{N_o}{N_i}\right) \tag{4-14}$$

这就使得输出电压非常灵活，突破了占空比 k 的限制。根据匝数比小于或大于1，该变换器可以降压或升压。

与传统的升/降压变换电路相比，反激变换电路的一个显著优点是实现了输入和输出两侧的电气隔离，从而减小电磁干扰（EMI）传导，并增强了安全性。此外，它还能在存储感性能量的同时根据需要升高或降低输入电压。

4.2.5 Cuk 斩波电路

1. 电路结构

Cuk 斩波电路（常称为斩波器）是由升压与降压电路串接而成的，如图 4-34 所示。L_1 和 L_2 为储能电感，C_1 是耦合电容，C_2 是滤波电容。

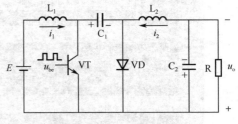

图 4-34 Cuk 斩波电路

2. 工作原理

设晶体管 VT 的开关周期为 T，导通时间为 $t_{on} = kT$，截止时间为 $t_{off} = (1-k)T$，$k = \dfrac{t_{on}}{T}$ 为占空比。当经过若干开关周期进入稳态后，有：

（1）在 t_{on} 期间，如图 4-35（a）所示，VT 导通，VD 反偏而截止，这时输入电流 i_1 使 L_1 储能；C_1 的放电电流 i_2 使 L_2 储能，并供电给负载；VT 中流过的电流为输入、输出电流之和。

（2）在 t_{off} 期间，如图 4-35（b）所示，VT 截止，VD 正偏而导通，这时输入电流 i_1 和 L_1 的释能电流向 C_1 充电，同时 L_2 的释能电流 i_2 以维持负载中的电流不断流；流过 VD 的电流也为输入、输出电流之和。

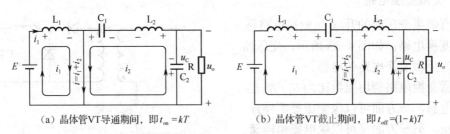

（a）晶体管VT导通期间，即 $t_{on} = kT$　　　　（b）晶体管VT截止期间，即 $t_{off} = (1-k)T$

图 4-35 Cuk 斩波电路中电流和电压的分配

由此可见，这个电路无论在 t_{on} 还是 t_{off} 期间，都从输入向输出传递功率。只要输入、输出电感 L_1、L_2 及耦合电容 C_1 足够大，L_1、L_2 中的电流基本上就是恒定的。在 t_{off} 期间，输入电流 i_1 使 C_1 充电储能；在 t_{on} 期间，C_1 向负载放电释能。因此，C_1 是个能量的传递元件。

与 Buck 和 Boost 变流电路相比较，Cuk 斩波电路有一个明显的优点，即其电源输入电流和负载输出电流都是连续的，且脉动很小，有利于对输入、输出进行滤波，适合于对输出电压纹波有较高要求的应用场合。

Cuk 斩波电路的缺点是电路需要双电感，结构变得复杂，成本也增加，同时效率降低。

3. 电感耦合型变流电路

电感耦合型变流电路也被称为 Cuk 变流电路。前面提及的所有变流电路都需要一个电

感–电容（L–C）滤波器来抑制输出电压中的纹波。降压变流电路需要比升压变流电路更大的滤波器。由于纹波在变流电路的输入和输出两侧都存在，可利用匹配电感去耦合两侧的纹波电流斜坡来消除纹波，如图 4-36 所示。耦合电容 C 是必需的，与传统降压变流电路中的电容值大致相同。在输出侧，由于绕组电阻的存在，一些纹波可能残留下来，而输入侧的纹波与没有耦合电感时相同，负载电流的变化不会影响纹波消除问题。

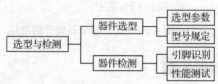

图 4-36　带耦合电感的 Cuk 变流电路

4.3　电力晶体管的选型与检测

4.3.1　电力晶体管的选型

1. 选型参数

在确保满足晶体管最高耐压、最大工作电流和功率的条件下，对于大功率晶体管的选型，重点考虑它的工作特点与要求。如果用在"开关"控制场合，应着重考虑晶体管的饱和导通电阻，导通电阻越小越好。如果用在"线性"放大场合，应着重考虑晶体管的散热，接触面积越大，散热越快。如果用在"射频"场合，应着重考虑晶体管的最高工作频率。

开关电源中大部分采用电力晶体管作为开关管。由于开关管的工作电压高、电流大、发热多，所以是最易损坏的元件之一。选择电源开关中常用的晶体管，应注意以下条件：

（1）开关性能要好。在开关过程中电流上升时间和下降时间均应小于 1 μs。

（2）耐压要足够高。

（3）反向漏电流要小。

（4）饱和压降要小。

（5）功率足够大。

常见电力晶体管的主要技术参数见表 4-1。

表 4-1　常见电力晶体管的主要技术参数

型　号	$U_{(BR)CEO}/V$	I_{CM}/A	P_{CM}/W
BU208A	1 500	5	50
BU508A	1 500	8	125

续表

型　号	$U_{(BR)CEO}/V$	I_{CM}/A	P_{CM}/W
C1875	1 500	3.5	50
C3481	1 500	5	120

2. 型号规定

以瑞萨功率晶体管型号的识读为例，如图 4-37 所示。

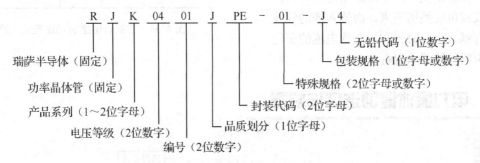

图 4-37　瑞萨功率晶体管的型号

4.3.2　电力晶体管的检测

1. 引脚识别

通常把最大集电极电流 $I_{CM} > 2\,A$ 或最大耗散功率 $P_{CM} > 2\,W$ 的晶体管称为大功率晶体管，常见的外形及引脚排列如图 4-38 所示。电力晶体管一般分为金属壳封装和塑料封装两种。

对于金属壳封装方式的管子，通常金属外壳即为集电极 C。对于塑料封装的管子，其集电极 C 通常与自带的散热片相通。大功率晶体管工作在大电流状态下，使用时应按要求加适当的散热片。

2. 性能测试

大功率晶体管的型号很多，分为 NPN型和 PNP 型两种，且有不同的检测方法。利用万用表检测中小功率晶体管的极性、管型和性能的各种方法，对检测大功率晶体管原则上都适用。

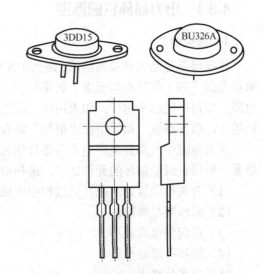

图 4-38　大功率晶体管的外形及引脚排列

由于晶体管的工作电流比较大，因而其 PN 结的面积也较大，故反向饱和电流也必然增大。测量晶体管时若使用万用表的 $R \times 1\,k\Omega$ 挡，会使测得的电阻值较小，容易造成误判。应选用万用表的 $R \times 10\,\Omega$ 挡或 $R \times 1\,\Omega$ 挡来测量大功率晶体管，测量时的刻度电流较大。

大功率晶体管常用于功率放大，其饱和压降 U_{CES} 的大小对电路的影响很大。通常晶体管的 U_{CES} 约为 0.5 V，锗管比硅管更小一些。

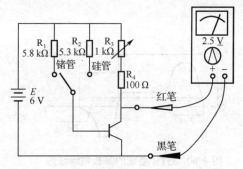

电力晶体管饱和压降的测试电路如图 4-39 所示。当按图接好电路后，万用表的指示值即为晶体管的 U_{CES}。若测试的 U_{CES} 太大，应检测晶体管是否进入了饱和状态。饱和状态的标志是晶体管的发射结和集电结均为正向偏置。对饱和压降大的晶体管，不宜作末级功率输出用。

图 4-39　电力晶体管饱和压降测试电路

4.4　电力晶体管应用基础电路

4.4.1　驱动电路

1. GTR 的驱动信号

驱动信号对 GTR 正常工作起着极其重要的作用，器件的工作状态及特性都随基极驱动条件的变化而变化。为了减小开关损耗，提高开关速度，GTR 要求的基极电流波形如图 4-40 所示。

2. GTR 的驱动电路

基极驱动电流的各项参数直接影响 GTR 的开关性能，因此根据主电路的需要正确选择或设计 GTR 的驱动电路非常重要。

1）简单的双电源驱动电路

双电源驱动电路如图 4-41 所示，驱动电路与 GTR 直接耦合，控制电路用光耦实现电气隔离，由正负电源（$+U_{CC2}$ 和 $-U_{CC3}$）供电。当输入端 S 为低电平时，$VT_1 \sim VT_3$ 导通，VT_4、VT_5 截止，B 点电压为负，给 GTR 基极提供反向基极电流，此时 GTR 关断。当 S 端为高电平，$VT_1 \sim VT_3$ 截止，VT_4、VT_5 导通，GTR 流过正向基极电流，此时 GTR 导通。

为了减小存储时间，常用反偏驱动方法迅速抽出基区的过剩载流子，加速 GTR 的关断过程。一种固定反偏互补驱动电路如图 4-42 所示。当 u_i 为高电平时，晶体管 VT_1 和 VT_2 导通，正电源 $+U_{CC}$ 经过电阻 R_3 及 VT_2 向 GTR 提供正向基极电流，使 GTR 导通。当 u_i 为低电平时，晶体管 VT_1 和 VT_2 截止，而 VT_3 导通，负电源 $-U_{CC}$ 加于 GTR 的发射结上，GTR 基区

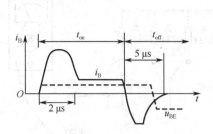

图 4-40　GTR 要求的基极电流波形

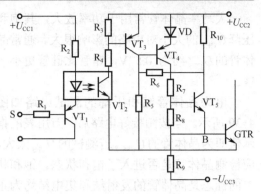

图 4-41　双电源驱动电路

中的过剩载流子被迅速抽出，GTR 迅速关断。

2）集成基极驱动电路

如图 4-43 所示，UAA4002 集成基极驱动电路可对 GTR 实现基极电流优化驱动和自身保护，它对 GTR 基极的正向驱动能力为 0.5 A，反向驱动能力为-3 A。也可以通过外接晶体管扩大驱动能力，不需要隔离环节。UAA4002 可对被驱动的 GTR 实现过流保护、退饱和保护、最小导通时间限制（$t_{on(min)}=1\sim2$ μs）、最大导通时间限制、正反向驱动电源电压监控以及自身过热保护等功能。

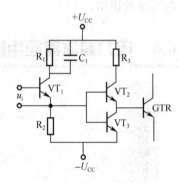

图 4-42　固定反偏互补驱动电路

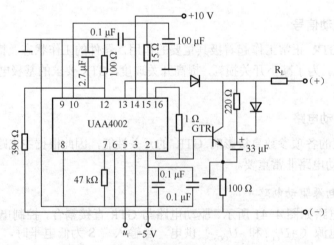

图 4-43　UAA4002 集成基极驱动电路

4.4.2　保护电路

由于 GTR 存在二次击穿问题，而且二次击穿过程很快，远小于快速熔断器的熔断时间；GTR 承受过电流的能力很差，若在工作过程中因为过载超过所规定的结温，或者在关断过程中超过集电极最大可关断电流而使电流局部集中，都有可能造成 GTR 的损

坏。因此，诸如快速熔断器之类的过电流保护方法对 GTR 类电力电子设备来说是无用的，GTR 可能先行烧毁。GTR 的过电流保护要依赖于驱动和特殊的保护电路，如图 4-44 所示。

LEM 模块是一种磁场平衡式霍尔电流传感器，其反应速度为 1 μs，一次、二次侧绝缘性能达 2 kV，由于它无惯性、线性度好、装置又简单，因此成为自关断器件过电流保护的首选者。

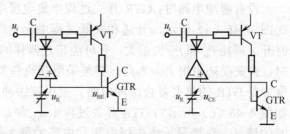

图 4-44　GTR 的过载和短路保护

具有过电流、过电压保护的基极驱动电路如图 4-45 所示。该电路的主要特点是利用 555 时基电路对驱动脉冲进行整形，以提高脉冲前后沿的陡度，并利用其封锁电位实现过电流及过电压保护。当流过 GTR 的电流超过规定值时，LEM 模块输出信号使晶闸管 VT_2 导通，R_A 上的压降变为低电平，通过 555 的 4 脚封锁了加到 GTR 上的控制信号，使 GTR 关断，实现了过电流保护的目的。过电压保护的原理：当 GTR 集电结承受的电压高于规定值时，二极管 VD_A 截止，使 555 的 6 脚为高电平，同样阻止控制信号的传递，即封锁了加到 GTR 上的驱动信号，也使 GTR 关断。

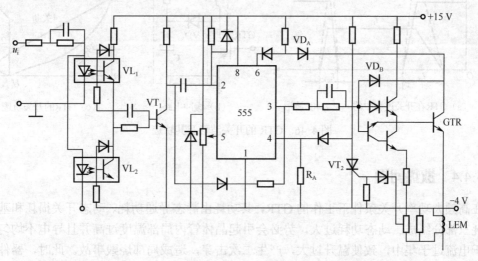

图 4-45　具有过电流、过电压保护的基极驱动电路

4.4.3　缓冲电路

GTR 在工作中有导通、通态、关断、断态四种工作状态。断态时承受高电压，通态时承受大电流，而导通和关断过程中 GTR 可能同时承受过压、过流、过大的 di/dt 和 du/dt 以及过大的瞬时功率。在开关过程中，电流在芯片中的不均匀分布会导致器件局部过流、过热，特别在开关转换的瞬间，电路中各种储能元件能量的释放使器件受到很大的冲击，容易使器件损坏。因此，电力电子开关器件常设置开关过程的保护电路（也称为缓冲电路、吸收电路），就是为避免器件流过过大的电流和在其上出现过高的电压，或为错开同时出现的电压、电流

的峰值区而设置的。关断缓冲电路，吸收器件的关断过电压和换相过电压，抑制 du/dt 过大，减小关断损耗；开通缓冲电路，抑制器件导通时的电流过冲和过大的 di/dt，减小器件的导通损耗。

没有缓冲电路时，GTR 开关过程中集电极电压 u_{CE} 和集电极电流 i_C 以及功率 P 的波形如图 4-46（a）所示，开通和关断过程中会出现 u_{CE} 和 i_C 同时达到最大值的时刻，此时瞬时开关损耗 P_{on} 和 P_{off} 也最大，有可能超过器件的安全工作区使器件损坏，而且在高频工作时，开关损耗也很大。为此，必须采用开通和关断缓冲电路，如图 4-46（b）所示，虚线框中是 GTR 的典型复合缓冲电路。采用该缓冲电路后，明显地改变了 GTR 的开关轨迹。如图 4-46（c）所示为 GTR 开关过程中 u_{CE} 和 i_C 的轨迹，其中轨迹 1 和 2 是没有缓冲电路时的情况，轨迹显示集电极电压和电流的最大值会同时出现，而且电压和电流都产生超调现象。在这种情况下，瞬时功耗很大，极易产生局部热点，并导致二次击穿使器件损坏。加上缓冲电路后，GTR 的开通与关断轨迹分别如图中曲线 3 和 4 所示，其轨迹不再是矩形，不会出现电压和电流同时达到最大值的情况，大大地降低了开关损耗，从而能最大限度地利用 GTR 的电气性能。

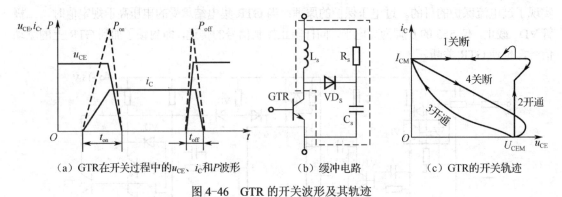

（a）GTR 在开关过程中的 u_{CE}、i_C 和 P 波形　　（b）缓冲电路　　（c）GTR 的开关轨迹

图 4-46　GTR 的开关波形及其轨迹

4.4.4　散热问题

在高频大功率开关条件下工作的 GTR，其功耗由静态导通功耗、动态开关损耗和基极驱动功耗三部分组成。动态功耗过大，势必会引起晶体管内局部温度过高并且导电不均匀，同时由于电流过于集中，致使温升过大，产生二次击穿，造成局部烧毁事故。此时，器件的壳温不一定很高，但是晶体管性能已经失效。

GTR 的集电结是晶体管内部温度最高的地方，最高结温一般规定为 150 ℃。当实际温度超过此规定值时，晶体管的许多参数都会发生变化。例如，当 GTR 的结温从室温变化到 100 ℃时，其功率增益会下降 30%，输出功率下降 16%；当从室温变化到 200 ℃时，其功率增益会下降 50%，输出功率下降 33%。如果结温过高，功耗过大并超过 P_{CM} 时，GTR 就会因为急剧发热而烧毁。因此，必须采取有效散热措施，选配适当的散热器，根据容量等级采用自然冷却、风冷或液冷等冷却方式，确保 GTR 不超过规定的结温最大值。

4.5 直流 PWM 控制技术

知识分布网络

4.5.1 基本工作原理

在采样控制理论中有一个非常重要的结论：冲量相等而形状不同的窄脉冲加在具有惯性的环节上时，其效果基本相同。冲量是指窄脉冲的面积，而效果基本相同是指环节的输出响应波形基本相同，在低频段非常接近，仅在高频段略有差异。

如图 4-47 所示的四种电压波形，分别是方波、三角波、正弦波和单位脉冲。若其与横坐标包围的面积（冲量）均相等，将这四种电压窄脉冲分别加在同一负载（RL 电路）上，如图 4-48（a）所示，对应不同窄脉冲时的输出电流波形 $i(t)$ 如图 4-48（b）所示。从波形可以看出，在 $i(t)$ 的上升段，形状略有不同，但其下降段几乎完全相同，且脉冲越窄，$i(t)$ 波形的差异也越小。如果周期性地施加上述脉冲，则 $i(t)$ 的波形也是周期性的。

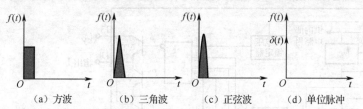

图 4-47　形状不同而冲量相同的各种窄脉冲

如果将一个直流电压分成 N 等份，并把每一等份所包围的面积都用一个与其面积相等的等幅矩形脉冲来代替，得到的脉冲列就是 PWM 波形。在大多数情况下，常采用曲线与等腰三角波相交的办法来确定各矩形脉冲的宽度。等腰三角波的腰间宽度与高度呈线性关系且左右

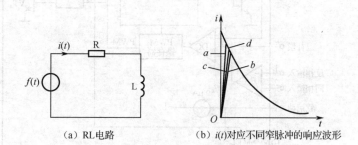

（a）RL电路　　　（b）$i(t)$对应不同窄脉冲的响应波形

图 4-48　形状不同而冲量相同的各种脉冲加在
同一负载上的效果

对称，当它与任何一个光滑曲线相交时，即得到一组等幅而脉冲宽度正比于该曲线函数值的矩形脉冲，这种方法称为调制方法。定义光滑曲线（希望输出的信号）为调制信号 u_r，把接受调制的三角波称为载波 u_c。当调制信号是直流时，所得到的便是与直流调制信号等效的直流 PWM 波形 u_G，如图 4-49 所示。从图可知，只要调节直流调制信号 u_r 的大小，就可以改

变 PWM 波形脉冲的宽度。

直流 PWM 控制方式就是用 u_G 对直流变换电路开关器件的通断进行控制，使输出端得到一系列幅值相等的脉冲。如果这些脉冲的频率不变而宽度变化，经过滤波器后就能得到大小可调的直流电压。当然，三角载波 u_c 的频率越高，开关器件的通断频率也越高，就越容易得到纹波小的直流电压。

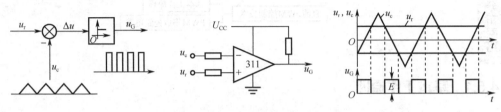

图 4-49　PWM 波形调制方式

4.5.2　PWM 集成控制电路

SG1525/2525/3525 集成 PWM 控制器是频率固定的单片集成脉宽调制控制器的一个系列（其中，1525 使用温度为 $-55 \sim +125\ ℃$，2525 为 $-25 \sim +85\ ℃$，3525 为 $0 \sim +70\ ℃$）。类似的单片集成 PWM 控制器还有 TL494 等多种。SG1525 内部原理和引脚分布如图 4-50 所示。SG1525 内部由基准电压 U_{ref}、振荡器 OSC、误差放大器 EA、比较器 DC 及 PWM 锁存器、触发器、欠电压锁定器、输出级、软启动及关闭电路等组成。

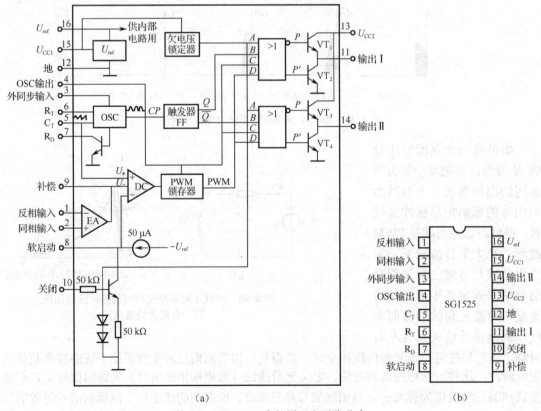

图 4-50　SG1525 内部原理和引脚分布

输入电压 U_{CC1} 可以在 $8\sim35\,V$ 范围变化，通常用 $+15\,V$。 U_{ref} 是一个标准的三端稳压器，有温度补偿，精度可达 $5.1\,V$。它既是内部电路的供电电源，也可为芯片外围电路提供基准电压 U_{ref}，输出电流可达 $40\,mA$，有过电流保护功能。

振荡器 OSC 由一个双门限比较器、一个恒流电源及电容充放电电路构成。 C_T 为恒流充电，产生一锯齿波电压，锯齿波的峰点电压为 $3.3\,V$，谷点电压为 $0.9\,V$，此两值由双门限比较器决定。锯齿波的上升边对应 C_T 充电，充电时间 t_1 决定于 $R_T C_T$；锯齿波下降边对应 C_T 放电，放电时间 t_2 决定于 $R_D C_T$。锯齿波的频率为：

$$f=\frac{1}{t_1+t_2}=\frac{1}{C_T(0.67R_T+1.3R_D)} \tag{4-15}$$

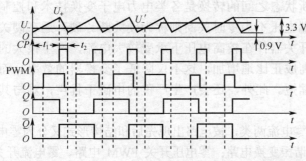

(a) 比较器DC输入电压波形

(b) 振荡器OSC输出波形

(c) PWM锁存器输出波形

(d) 触发器 Q 端输出波形

(e) 触发器 $\overline{Q}$ 端输出波形

图 4-51 SG1525 各点波形

SG1525 的单端驱动应用电路如图 4-52 所示，13 脚输出 PWM 控制信号， R_2 是限流电阻。SG1525 输出级能提供的最大静态驱动电流为 $100\,mA$。

SG1525 的推挽驱动应用电路如图 4-53 所示。电阻 R_2、 R_3 决定于电力晶体管 VT_1 和 VT_2 所需的基极驱动电流。

SG1525 的半桥驱动应用电路如图 4-54 所示。输出端 11 脚和 14 脚直接连接至驱动变压器 T 的原边绕组。由于对应 11 脚和 14 脚输出的信号电压 u_A 和 u_B 交替出现正脉冲，故变压器被交替磁化。

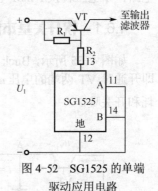

图 4-52 SG1525 的单端驱动应用电路

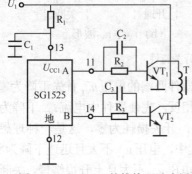

图 4-53 SG1525 的推挽驱动应用电路

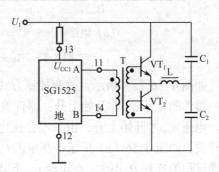

图 4-54 SG1525 的半桥驱动应用电路

4.6 软开关技术

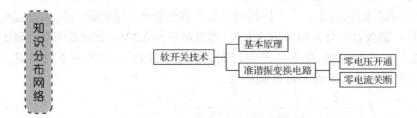

　　电力电子器件的导通和关断状态之间的转换是各类电力电子变换技术和控制技术的关键问题。如果开关器件在其端电压不为零时关断则称为硬关断。硬开通、硬关断统称为硬开关。在硬开关过程中，开关器件在较高电压下承受较大电流，产生很大的开关损耗。开关损耗随开关频率的升高成正比地增加，这不仅降低了变换器的效率，而且严重的发热温升能使开关寿命急剧缩短。此外，还会产生严重的电磁干扰声，难与其他敏感电子设备共同使用。

　　软开关电路主要有零电压和零电流两类，按电路出现先后和结构形式又分为零电压开关准谐振变换电路、零电流开关准谐振变换电路；零电压开关 PWM 电路、零电流开关 PWM 电路；零电压转换 PWM 电路、零电流转换 PWM 电路。

4.6.1 软开关基本原理

　　如图 4-55 所示，Buck 直流变换电路的晶体管 VT 开通和关断时存在电压和电流的交叠，即开通时 VT 两端的电压 u_{VT} 很大，关断时流过 VT 的电流 i_{VT} 很大，从而产生较大的开关损耗和开关噪声。

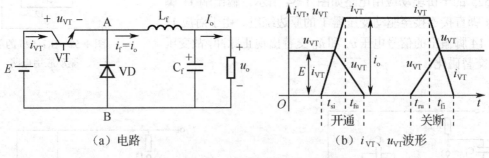

(a) 电路　　　　　　　　　　　　　　(b) i_{VT}、u_{VT} 波形

图 4-55 Buck 直流变换电路的硬开关特性

　　如图 4-56（a）所示，改变控制方式使 VT 开通时，器件两端的电压 u_{VT} 首先下降为零，然后器件的电流 i_{VT} 才开始上升；器件关断时，过程正好相反，先使器件中电流 i_{VT} 下降为零后，电压 u_{VT} 才开始上升。由于不存在电压和电流的交叠，开关损耗为零，这是一种理想的软开关。如图 4-56（b）所示，在电流 i_{VT} 上升的开通过程中，电压 u_{VT} 不大且迅速下降为零，开通过程的损耗 P_{on} 不大；在电流 i_{VT} 下降的关断过程中，电压 u_{VT} 不大且上升很缓慢，关断过程的损耗 P_{off} 也不大。

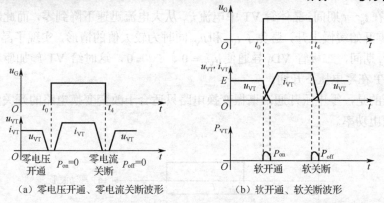

(a) 零电压开通、零电流关断波形　　　　(b) 软开通、软关断波形

图 4-56 软开关特性

如果开关器件是在零电压、零电流条件下完成开关过程的，那么开关损耗减小为零。准谐振开关电路（QRC）即可实现上述要求。根据是在零电流条件下的开通或关断，还是在零电压下的开通或关断，分为零电流开关（Zero Current Switch，ZCS）和零电压开关（Zero Voltage Switch，ZVS）两类，统称零谐振开关。零谐振开关是由电力半导体开关 S 及辅助谐振元件 L 和 C 组成的单元电路，如图 4-57 所示。

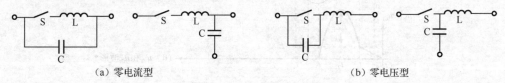

　　　　（a）零电流型　　　　　　　　　　　　　（b）零电压型

图 4-57 零谐振开关

4.6.2 准谐振变换电路

准谐振变换电路分为零电压开关准谐振变换电路（ZVS QRC）与零电流开关准谐振变换电路（ZCS QRC）。这类变换电路中谐振元件只参与能量变换的某一阶段而不是全过程，且只能改善变换电路中一个开关元件（如晶体管 VT 或二极管 VD）的开关特性，电路中电压或电流的波形近似为正弦半波，因此称为准谐振。准谐振变换电路中谐振周期随输入电压、负载的变化而改变，只能采用脉冲频率调制（PFM）调控输出电压和输出功率。以 DC-DC 降压变换电路为例来分析其工作原理。

1. 零电压开关准谐振变换电路

零电压开关准谐振变换电路如图 4-58 所示。其中晶体管 VT 与谐振电容 C_r 并联，谐振电感 L_r 与 VT 串联。如果滤波电感 L_f 值足够大，则负载输出电流为恒定值 i_o。假定当 $t<0$ 时，$u_G>0$，晶体管 VT 处于通态，$i_{VT}=i_L=i_o$，$u_{VT}=u_{Cr}=0$，续流二极管 VD_2 截止。当 $t=0$ 时撤除 VT 的驱动信号 u_G，通过分析，可画出一个开关周期 T 内电路的电压、电流波形，如图 4-59 所示。从波形

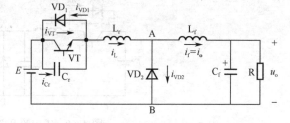

图 4-58 零电压开关准谐振变换电路

图可以看出：在 $t_0 \sim t_1$ 期间，晶体管 VT 中电流 i_{VT} 从大电流迅速下降到零，而此时晶体管两端的电压 u_{VT} 从零开始缓慢上升，避免了 i_{VT} 和 u_{VT} 同时为较大值的情形，实现了晶体管 VT 的软关断；在 $t_3 \sim t_4$ 期间，二极管 VD_1 导通使 $u_{VT}=0$、$i_{VT}=0$，这时给 VT 施加驱动信号，就可以使晶体管 VT 在零电压下开通。

需要说明的是，零电压开通准谐振变换电路只适合于改变变换电路的开关频率 f 来调控输出电压和输出功率。

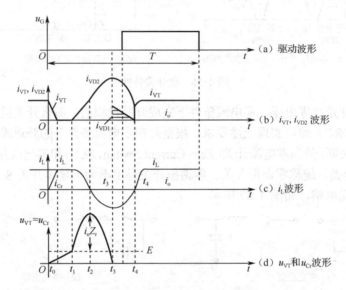

图 4-59　一个开关周期 T 内电路中的电压、电流波形

2. 零电流开关准谐振变换电路

零电流开关准谐振变换电路如图 4-60 所示。其中晶体管 VT 与谐振电感 L_r 串联，谐振电容 C_r 与续流二极管 VD_2 并联。滤波电容 C_f 足够大，在一个开关周期 T 中负载输出电流 i_o 和输出电压 u_o 都恒定不变。如果滤波电感 L_f 足够大，则在一个开关周期 T 中 $i_f = i_o$ 恒定不变。假定当 $t<0$ 时，$u_G=0$，晶体管 VT 处于断态，VD_2 续流，$i_{VT}=i_L=0$，$i_{VD2}=i_f=i_o$，$u_{VT}=E$，$u_{Cr}=0$。当 $t=0$ 时对 VT 施加驱动信号 u_G，通过分析，可画出一个开关周期 T 内电路的电压、电流波形，如图 4-61 所示。从波形图可以看出：在 $t=0$ 时 VT 在施加驱动信号 u_G 后导通，i_{VT} 从零上升，由于电感 L_f 上的感应电动势为左正右负，所以使 VT 上的电压 u_{VT} 减小，如果电感 L_f 足够大，则有可能使 $u_{VT}=0$，实现软开通；在 $t_2 \sim t_3$ 期间，二极管 VD_1 导通，$u_{VT}=0$，

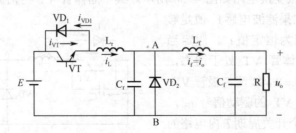

图 4-60　零电流开关准谐振变换电路

若此时撤除驱动信号 u_G，VT 可以在零电流下关断，实现软关断。

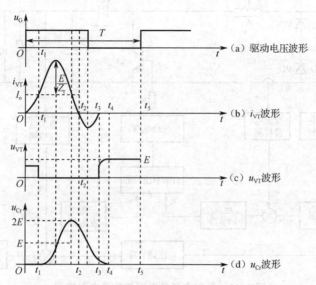

图 4-61　一个开关周期 T 内电路的电压、电流波形

应用案例 10　有源功率因数校正

在电力电子设备中，整流器占有较大的比例，并且整流器是主要的谐波发生源之一，抑制整流器产生的谐波是减轻电网谐波污染的重要途径。这要求降低整流器输出中的谐波分量，提高电网侧的功率因数。通常采用的方法有以下几种。

（1）在整流电路中增置无源滤波器：无源滤波器通常也称为 LC 滤波器，是应用最早的滤波装置，因其具有结构简单、运行可靠和维护方便等优点，获得广泛应用。

（2）采用多相整流技术：多相整流是采用增加整流相数来减小输入 / 输出电流中谐波的方法。但是多相整流，如 12 脉波整流器在直流侧会产生 12 次谐波，必须采用其他的滤波方法来滤除谐波。另外，多相整流设备的价格高、体积大，也影响了它的应用。

（3）有源功率因数校正技术（Active Power Factor Correction，APFC）：有源功率因数校正电路是在整流器和滤波电容之间增加一个 DC-DC 开关变换器。主要原理为：选择输入电压为参考信号，使输入电流跟踪参考信号，实现输入电流的低频分量与输入电压为一近似同频同相的波形，以提高功率因数和抑制谐波，同时采用电压反馈，使输出电压为近似平滑的直流输出电压。有源功率因数校正的主要优点是：可得到较高的功率因数、较低的总谐波畸变，可在较宽的输入电压范围内工作，体积小，重量轻，输出电压恒定。

（4）PWM 整流技术：PWM 整流技术可得到同相的电网电压和电流，电流的波形近似于正弦波，是一种单相功率因数变流器。

单相有源功率因数校正电路框图如图 4-62 所示，在二极管整流桥和滤波电容之间增加了由电感 L、二极管 VD$_5$ 和晶体管 VT 构成的升压斩波电路（Boost 变换器）。加入升

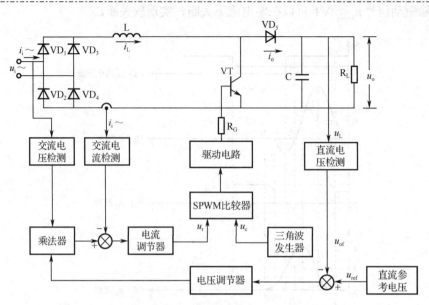

图 4-62　单相有源功率因数校正电路框图

压斩波电路后，不管交流电压 u_i 处于任何相位，只要晶体管 VT 导通，电感 L 中就会有电流 i_L 流过，并且在电感 L 中储存能量。VT 关断后，交流电源和 L 中的储存能量一起通过二极管 VD_5 向滤波电容 C 充电并提供负载电流。这样通过对晶体管 VT 的控制，交流电压处于任何相位时都会有电流流过，对晶体管 VT 的恰当控制可以使交流电流 i_i 为正弦波，并且和电源电压 u_i 同相位，功率因数近似为 1。

根据升压斩波电路的工作原理可知，升压电感 L 中的电流有连续工作模式和临界连续工作模式。因此，电流环中驱动晶体管的 PWM 信号就有两种产生的方式，一种是电感电流临界连续的控制方式，另一种是电感电流连续的控制方式。这两种控制方式下的电压、电流波形如图 4-63 所示。

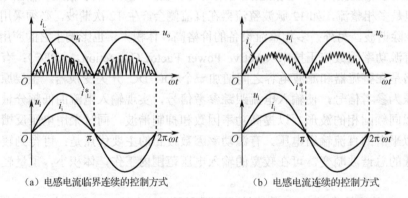

（a）电感电流临界连续的控制方式　　　（b）电感电流连续的控制方式

图 4-63　单相有源功率因数校正电路波形

由图 4-63（a）的波形可知，晶体管 VT 截止时，电感电流 i_L 刚好降到零，晶体管导通时，i_L 从零开始上升，i_L 的峰值刚好等于给定电流 i_L^*。即晶体管导通时电感电流从零

上升，晶体管截止时电感电流降到零，电感电流 i_L 的峰值包络线就是 i_L^*。因此这种电感电流临界连续的控制方式又叫峰值电流控制方式。从图 4-63（b）的波形可知，它是采用电流滞环控制使电感电流 i_L 逼近给定电流 i_L^*，因为 i_L 反映的是电流平均值，因此这种电感电流连续的控制方式又叫平均值电流控制方式。电感电流 i_L 经过 C 滤波后，得到与输入电压 u_i 同频率的基波电流 i_i。在相同的输出功率下，峰值电流控制的晶体管电流容量要比平均值电流控制的大一倍。平均值电流控制时，在正弦半波内，电感电流不为零，每次晶体管 VT 开通之前，电感 L 和二极管 VD_5 中都有电流，因此 VT 开通的瞬间，L 中的电流、二极管 VD_5 中的反向恢复电流，对晶体管和二极管影响较大，所以元件选择时要特别注意。而峰值电流控制时没有这一缺点，对晶体管要求较低，通过检测电感 L 的电流下降变化率，当电流过零时就允许 VT 开通，检测电流的峰值用一个串联在 VT 和地之间的限流电阻就能实现，既廉价又可靠，适合在小功率范围内大量应用。

应用案例 11 APFC 集成控制电路

UC3854 是美国 Unitrode 集成电路公司生产的 APFC 控制专用集成电路。其内部集成了 APFC 控制电路需要的所有功能，应用时只需添加少量的外围电路，便可构成完整的 APFC 控制电路。

控制芯片 UC3854 适用的功率范围比较宽，5 kW 以下的单相 Boost APFC 电路均可以采用该芯片作为控制器。图 4-64 为输出功率为 250 W 由 UC3854 构成的 APFC 电路原理。输出功率不同时，只需改变电路中的电感 L_1 和电流检测电阻 R_s、控制电路中的电流控制环参数。输出电压有效值 U_o 的大小一般选取为 380～400 V。

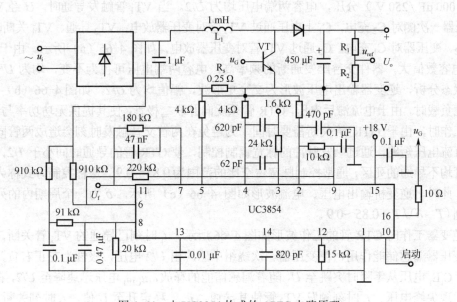

图 4-64 由 UC3854 构成的 APFC 电路原理

应用案例 12 开关电源电路

开关电源主电路如图 4-65 所示。220 V 交流输入，经联动开关 SW、电源滤波器与硅整流桥（MDC40 A / 800 V）整流滤波，变换为 280 V 左右的恒定直流，再经限流电阻（200 Ω / 8 W）输入主功率变换（高频逆变器）。逆变器为电压源半桥式，由两只 GTR 管（VT_1、VT_2）、电容（C_1、C_2）以及高频变压器 T_1 组成。它将直流电变换为 20 kHz 的正、负矩形波电压。该高频电压经高频变压器 T_1 降压（电压比约为 5:3:1），送至高频整流桥全波整流与滤波，得到稳定的 28 V 直流电压。

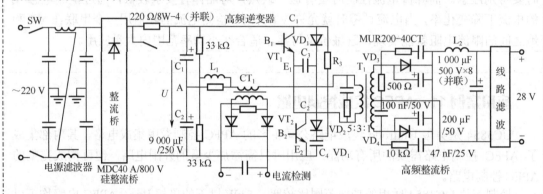

图 4-65 开关电源主电路

电压源半桥式逆变器的工作原理如下：

电源采用二管结构的开关管模块。当两只 GTR 管均处于截止状态时，通过电容 C_1、C_2（9 000 μF / 250 V）分压，电容两端电压均为 $U/2$。当 VT_1 管触发导通时，U 经 VT_1 高频变压器一次侧对 C_2 充电，C_1 上电压通过 VT_1 管对变压器放电；VT_2 导通、VT_1 关断时，U 经 VT_2、变压器对 C_1 充电，C_2 通过 VT_2 管对变压器放电，如图 4-66（a）所示。由于 C_1、C_2 的电容数值大，器件交替触发通断的频率高，电容两端电压可视为不变，均为 $U/2$。从理想状态分析，逆变器输出电压波形为交变矩形波，幅值均为 $U/2$，如图 4-66（b）所示。电感性负载时，由于电流滞后电压，GTR 管须反向并联二极管，使其提供无功功率与续流。实际工作时，由于 GTR 管关断需要时间，为避免在两管交替触发时刻会造成两管同时导通使直流电压短路，通过触发脉冲的脉宽调制控制，使 GTR 管的导通时间小于 $T/2$，即出现两管均不导通的死区，通常控制脉宽占空比的范围为 0.85～0.9，这种控制方式称为死区控制。此时，逆变桥输出电压、电流波形如图 4-66（c）所示，δ 为一个周期内的死区时间，则 $(T-\delta)/T = 0.85～0.9$。

逆变器工作时 GTR 管的工作波形如图 4-66 所示。t_1 时刻已导通的 VT_1 管关断，由于高频变压器漏感储能作用，使变压器一次绕组中感应出 $U/2$ 电压，极性为左正右负，因此 VT_1 管 C_1E_1 电压从零瞬时突跳至 U，随着漏感储能的释放，u_{C1E1} 电压迅速降至 $U/2$，在 VT_1 两端出现尖峰电压。t_2 时刻触发 VT_2 管使其导通，u_{C1E1} 稳定升至 U 值，t_3 时刻关断 VT_2，变压器一次侧感应出左负右正电压，大小近似为 $U/2$，致使 u_{C1E1} 瞬时降为零，待漏感储能消失后恢复至 $U/2$，t_4 时刻 VT_1 导通，t_5 时刻 VT_1 重复关断。

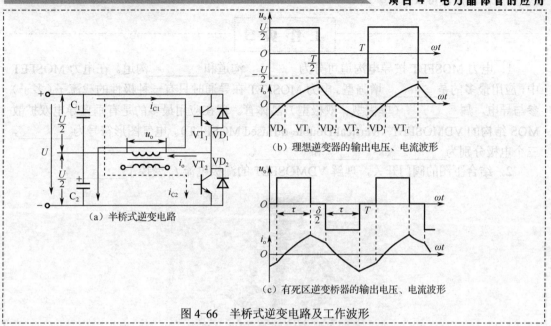

（a）半桥式逆变电路

（b）理想逆变器的输出电压、电流波形

（c）有死区逆变桥器的输出电压、电流波形

图 4-66　半桥式逆变电路及工作波形

工作页 5

1. 电力 MOSFET 按导电沟道可分为_____沟道和_____沟道。在电力 MOSFET 中,应用最多的是_____增强型。电力 MOSFET 在导通时只有一种极性的载流子(多子)参与导电,属_____(单极型、双极型)晶体管。现在应用最多的是有垂直导电双扩散 MOS 结构的 VDMOSFET(Vertical Double-diffused MOSFET)。电气图形符号为_____,三个电极分别为_____、_____和_____。

2. 结合下图的阀门开关,理解 VDMOSFET 的漏极电流 I_D 受控于_____。

3. 以栅极电压 u_{GS} 为参变量,反映漏极电流 i_D 与漏极电压 u_{DS} 间关系的曲线簇,称为电力 MOSFET 的输出特性,输出特性可划分为_____、_____、_____和_____四个区域。当电力 MOSFET 用做电子开关,导通时它必须工作在_____;否则,其通态压降太大,功耗也大。电力 MOSFET 的_____为漏极电流提供了一个反向通路,故电力 MOSFET 无反向阻断能力,加反向电压时器件导通。

4. 需要将_____变成_____,这种电流变换过程称为逆变。把直流电逆变成交流电的电路称为_____。如果将逆变电路的交流侧接到交流电网上,把直流电逆变成同频率的交流电反送到电网去,称为_____。试结合下图举例说明。

控制器
Controller

逆变器
Inverter

交流负载
AC loads

直流负载
DC loads

光伏组件
PV modules

蓄电池组
Batteries

5. 如果逆变电路的交流侧不与电网连接,而是直接接负载,即将直流电逆变成某一频率或可变频率的交流电供给负载,则称为_____。试结合下图举例说明。

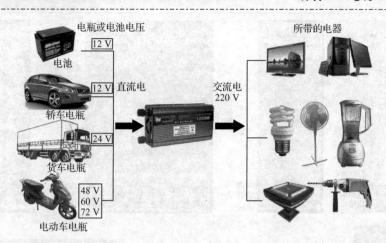

6. 如下图所示停电宝，请画出其原理电路，分析其工作原理。它属于有源/无源逆变器中的哪种？

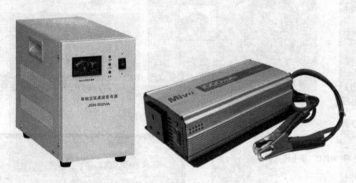

7. 在单相桥式逆变电路中，逆变电路输出电压为方波，已知 $U_d = 110$ V，逆变频率为 $f = 100$ Hz，负载为 $R = 10 \ \Omega$ 与 $L = 0.02$ H 的串联。求：

（1）输出电压的基波分量有效值 U_{o1}。

（2）输出电流的基波分量有效值 I_{o1}。

（3）输出电流的有效值。

（4）输出功率 P_o。

8. 基于第 7 题电路参数，用 MATLAB 进行仿真，观测仿真波形。在以下实验台上模拟搭建基本电路。

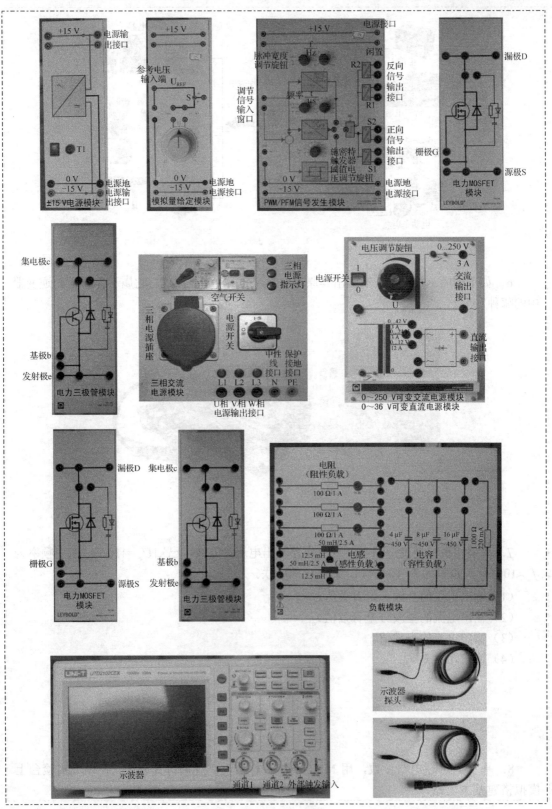

9. 为第 6 题停电宝电路设计选型电力 MOSFET，列出规格型号、制造商、单价、包装形式、供货周期等信息。

10. 简述电力 MOSFET 引脚识别常用的外观特征？设计电力 MOSFET 的检测方案，对实验室的几只电力 MOSFET 进行性能检测并记录在下表中。判断电力 MOSFET 好坏的标准是什么？选用什么检测设备类型？

	1	2	3	4	5	6
结论						

11. 为第 6 题电路选型的电力 MOSFET 设计驱动电路，列出各种驱动电路的形式和特点。

12. 为第 6 题电路选型的电力 MOSFET 设计缓冲电路和散热装置。

13. 为第 6 题电路设计 SPWM 控制器。

14. 参考下图为自己的家庭规划一个光伏电站，重点分析工作过程。

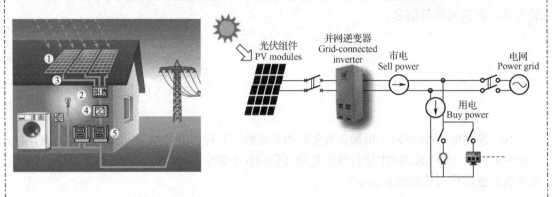

15. 为自己的手机设计一款无线充电装置，重点分析其工作原理。

16. 针对下图的荧光灯电子镇流器，试分析其类型、工作原理和优缺点。

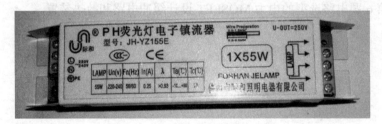

项目 **5**

电力 MOSFET 的应用

5.1 电力 MOSFET 的工作原理与技术参数

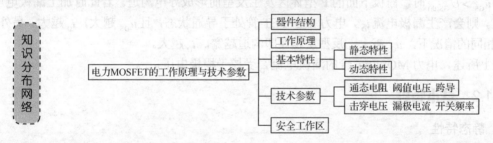

电力 MOSFET（Power Metal Oxide Semiconductor Field Effect Transistor，Power MOSFET），简称 P-MOSFET，是近年来发展最快的全控型电力电子器件之一。它显著的特点是用栅极电压来控制漏极电流，属于电压控制型，所需驱动功率小、驱动电路简单。又由于它是靠多数载流子导电，没有少数载流子导电所需的存储时间，是目前开关速度最快的电力电子器件，在小功率电力电子装置中应用最为广泛。

5.1.1 结构与工作原理

1. 结构

P-MOSFET 与电子电路中应用的 MOSFET 类似，按导电沟道可分为 P 沟道和 N 沟道，在电力电子电路中，应用最多的是绝缘栅 N 沟道增强型。P-MOSFET 在导通时只有一种极性的载流子（多子）参与导电，属单极型晶体管。与小功率 MOSFET 管不同的是，P-MOSFET 的结构大都采用垂直导电结构，以提高器件的耐压和通流能力。现在应用最多的是有垂直导电双扩散 MOS 结构的 VDMOSFET（Vertical Double-diffused MOSFET），如图 5-1 所示，它的三个电极分别为栅极 G、源极 S 和漏极 D，其电气图形符号如图 5-2 所示。图 5-2 中虚线部分所示

为寄生二极管，称为体二极管。它是由电力 MOSFET 源极 S 的 P 区和漏极 D 的 N 区形成的寄生二极管，是电力 MOSFET 不可分割的整体。体二极管使电力 MOSFET 无反向阻断能力。

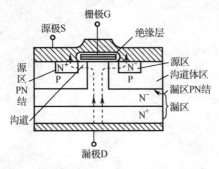

图 5-1　电力 MOSFET 的结构示意

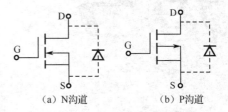

图 5-2　电力 MOSFET 的电气图形符号

2．工作原理

当栅极电压 $u_{GS} \leqslant 0$ 时，由于表面电场效应，栅极下面的 P 型体区表面呈多子（空穴）的堆积状态，不可能出现反型层，因而无导电沟道形成，栅极 D 与源极 S 间相当于两个反向串联的二极管。

当 $0 < u_{GS} \leqslant U_{GS(th)}$（$U_{GS(th)}$ 为开启电压，又称为阈值电压）时，栅极下面的 P 型体区表面呈耗尽状态，不会出现反型层也不会形成导电沟道。

在上述两种情况下，即使加上漏极电压 u_{DS}，也没有漏极电流 i_D 出现，电力 MOSFET 管处于截止状态。

当 $u_{GS} > U_{GS(th)}$ 时，栅极下面的 P 型体区发生反型而形成导电沟道。若此时加上漏极电压 $u_{DS} > 0$，则会产生漏极电流 i_D，电力 MOSFET 管处于导通状态，且 u_{DS} 越大，i_D 越大。另外，在 u_{DS} 相同的情况下，u_{GS} 越大，反型层越厚即沟道越宽，i_D 越大。

综上所述，电力 MOSFET 管的漏极电流 i_D 受控于栅极电压 u_{GS}。

5.1.2　基本特性

1．静态特性

静态特性主要指电力 MOSFET 的转移特性和输出特性。

1）转移特性

栅极电压 u_{GS} 与漏极电流 i_D 之间的关系称为转移特性，如图 5-3 所示。特性曲线的斜率 di_D / du_{GS} 表示功率场效应管的放大能力，用跨导 g_m 表示。

2）输出特性

以栅极电压 u_{GS} 为参变量，反映漏极电流 i_D 与漏极电压 u_{DS} 间关系的曲线簇，称为电力 MOSFET 的输出特性，如图 5-4 所示。输出特性划分为四个区域：非饱和区、饱和区、截止区、雪崩区。在非饱和区 u_{DS} 较小，当 u_{GS} 为常数时，i_D 与 u_{DS} 几乎呈线性关系。在饱和区，u_{GS} 对 i_D 的控制力增强，i_D 随 u_{GS} 的增大而增大，而 u_{DS} 对漏极电流 i_D 的影响甚微。当 u_{DS} 大于一定的电压值后，漏极 PN 结发生雪崩击穿，进入雪崩区，漏极电流 i_D 突然增大。器件在使用时应避免出现这种情况，否则会使器件损坏。

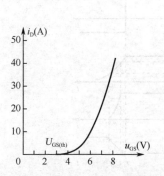

图 5-3　电力 MOSFET 的转移特性

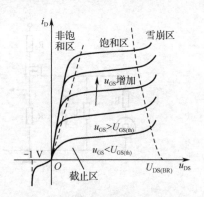

图 5-4　电力 MOSFET 的输出特性

电力 MOSFET 常用做电子开关,导通时它必须工作在第 I 象限非饱和区,如图 5-4 所示,否则其通态压降太大,功耗也大。电力 MOSFET 的体二极管为漏极电流提供了一个反向通路,故电力 MOSFET 无反向阻断能力,加反向电压时器件导通。

虽然电力 MOSFET 管中的体二极管有适当的电流和开关速度,但在某些要求使用快速二极管作用的电力电子应用中,需要反并联一个外部快恢复二极管来满足应用要求,使慢速的体二极管失去作用,如图 5-5 所示。

2. 动态特性

动态特性又称开关特性。电力 MOSFET 的动态特性示意曲线如图 5-6 所示。开关速度一般在纳秒数量级,典型值为 20 ns。

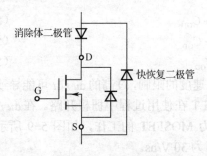

图 5-5　电力 MOSFET 快速体二极管的实现

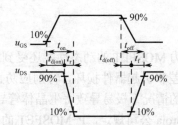

图 5-6　电力 MOSFET 的动态特性曲线

定义开通时间 t_{on} 为从栅极电压波形上升到其幅值的 10%时刻开始,到漏极电压下降到其幅值的 10%时刻为止所需的时间;定义关断时间 t_{off} 为从栅极电压波形下降到其幅值的 90%时刻开始,到漏极电压上升到其幅值的 90%时刻为止所需的时间。开通时间 t_{on} 与电力 MOSFET 的开启电压、栅源间电容 C_{GS} 和栅漏间电容 C_{GD} 有关,也受信号源的上升时间和内阻的影响。关断时间 t_{off} 由电力 MOSFET 的漏源电容 C_{DS} 和负载电阻 R_d 来决定。

电力 MOSFET 的开关特性测试电路及其开关过程波形如图 5-7 所示。图中 u_P 为矩形脉冲电压信号源,$u_{GS(th)}$ 为器件的开启电压,u_{GSP} 为器件处于非饱和区状态时的栅极电压,U_{CC} 为漏极外加直流电压,R_S 为信号源内阻,R_G 为栅极电阻($R_G \gg R_S$),R_d 为漏极负载电阻,R_F 用于检测漏极电流。

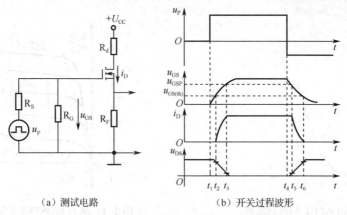

（a）测试电路　　　　　　　（b）开关过程波形

图 5-7　电力 MOSFET 的开关过程

电力 MOSFET 的开通时间 t_{on} 为开通延迟时间 $t_{d(on)} = t_2 - t_1$ 和上升时间 $t_r = t_3 - t_2$ 之和，关断时间 t_{off} 为关断延迟时间 $t_{d(off)} = t_5 - t_4$ 和下降时间 $t_f = t_6 - t_5$ 之和。

电力 MOSFET 的开关速度与其输入电容 C_i 的充、放电速度有很大关系。使用者虽无法降低 C_i 的值，但可降低栅极驱动信号源的内阻 R_s，从而减少栅极回路的充放电时间常数，加快开关速度。电力 MOSFET 的工作频率可达 $100\ kHz$ 以上。尽管电力 MOSFET 的栅极绝缘，且为电压控制型器件，但在开关状态，驱动信号要给输入电容 C_i 提供充电电流，因此需要驱动电路提供一定的功率，开关频率越高，驱动功率就越大。

电力 MOSFET 的三个电极之间分别存在极间电容 C_{GS}、C_{GD} 和 C_{DS}，如图 5-8 所示。电容值是非线性的，它是器件结构、几何尺寸和偏置电压的函数。输入电容 C_i、输出电容 C_o 和反馈电容 C_r 的数值间有如下关系：

$$C_i = C_{GS} + C_{GD} \tag{5-1}$$
$$C_o = C_{DS} + C_{GD} \tag{5-2}$$
$$C_r = C_{GD} \tag{5-3}$$

电力 MOSFET 的动态性能还受到漏极电压变化速度的限制，过高的 du/dt 可能导致电路性能变差和引起器件损坏，特别应防止电力 MOSFET 在使用过程中栅极开路。在 du/dt 快速变化的情况下极易导致寄生晶体管导通，破坏电力 MOSFET 的工作，如图 5-9 所示。例如 Motorola 公司规定，P-MOSFET 的 du/dt 最大值为 $30\ V/ns$。

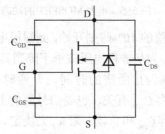

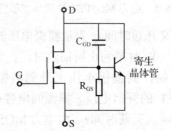

图 5-8　电力 MOSFET 的极间电容　　　　　图 5-9　寄生晶体管的等效电路

5.1.3　主要技术参数

电力 MOSFET 管的参数很多，包括直流参数、交流参数和极限参数等，主要参数如下。

1. 通态电阻 R_{on}

在确定的栅极电压 u_{GS} 下，电力 MOSFET 进入饱和区时漏极至源极间的直流电阻称为通态电阻 R_{on}。它是与输出特性密切相关的参数，也是影响最大输出功率的重要参数。在相同条件下，耐压等级越高的器件其 R_{on} 值越大，这也是器件耐压等级难以提高的原因之一。理论和实践证明，器件的耐压越高，R_{on} 随温度的变化越显著。另外 R_{on} 随 i_D 的增加而增加，随 u_{GS} 的增加而减小。

2. 开启电压（阈值电压）$U_{GS(th)}$

器件沟道体区表面发生强反型所需的最低栅极电压称为开启电压 $U_{GS(th)}$，$U_{GS(th)} = 2\sim4\,V$。当 $u_{GS} > U_{GS(th)}$ 时，漏源之间构成导电沟道。实际应用时通常取 $u_{GS} = (1.5\sim2.5)U_{GS(th)}$，以利于获得较小的沟道压降。$U_{GS(th)}$ 还与结温 T_J 有关，T_J 升高，$U_{GS(th)}$ 将下降（大约 T_J 每增加 $45\,℃$，$U_{GS(th)}$ 下降10%，其温度系数为 $-6.7\,mV/℃$）。

3. 跨导 g_m

跨导 g_m 定义为：

$$g_m = \frac{di_D}{du_{GS}} \tag{5-4}$$

它表示栅极电压 u_{GS} 对漏极电流 i_D 的控制能力大小。跨导 g_m 是衡量器件放大能力的重要参数。

4. 漏源击穿电压 $U_{DS(BR)}$

$U_{DS(BR)}$ 决定了器件的最高工作电压，也表示为电力 MOSFET 的耐压极限。它是为避免器件进入雪崩区而设立的极限参数。

5. 栅源击穿电压 $U_{GS(BR)}$

$U_{GS(BR)}$ 是为防止绝缘栅层因栅源间电压过高发生电击穿而设立的参数，表示为栅源间能承受的最高正、反向电压，一般取 $U_{GS(BR)} = \pm20\,V$。栅源间的绝缘层很薄，$|u_{GS}|>20\,V$ 将导致绝缘层击穿，造成器件的永久性失效。

6. 漏极连续电流 I_D 和漏极峰值电流 I_{DM}

当 $u_{GS} = 10\,V$，u_{DS} 为某一数值时，在器件内部温度不超过最高工作温度时，电力 MOSFET 允许通过的最大漏极连续电流和脉冲电流称为漏极连续电流 I_D 和漏极峰值电流 I_{DM}。它们是电力 MOSFET 的额定电流参数。

7. 最高开关频率 f_m

最高开关频率 f_m 的定义为：

$$f_m = \frac{g_m}{2\pi C_i} \tag{5-5}$$

式中，C_i 为器件的输入电容。

5.1.4 安全工作区

电力 MOSFET 是单极型器件，几乎没有二次击穿问题，因此其安全工作区非常宽。考虑

到其开关频率高,常处于动态过程,它的安全工作区分为以下三种情况。

1. 正向偏置安全工作区(FBSOA)

正向偏置安全工作区如图 5-10(a)所示。它由漏源通态电阻限制线 I(由于通态电阻 R_{on} 大,因此器件在低压段工作时要受自身功耗的限制)、最大漏极电流限制线 II、最大功耗限制线III和最大漏源电压限制线IV所决定。图中还画出了对应于不同导通时间的最大功耗限制线,很明显导通时间越短,最大功耗值越高。

2. 开关安全工作区(SSOA)

开关安全工作区如图 5-10(b)所示。它由最大峰值漏极电流 I_{DM}、最小漏源击穿电压 $U_{DS(BR)}$ 和最高结温 T_{JM} 所决定,反映器件在关断过程中的参数极限范围。曲线的应用条件是:结温 $T_J < 150\,℃$,t_{on} 与 t_{off} 均小于 1 μs。

3. 换向安全工作区(CSOA)

换向安全工作区如图 5-10(c)所示。它由漏极正向电压 u_{DS}(即二极管反向电压)和漏极连续电流 I_D(即二极管正向电流的安全运行极限值)来决定,也就是器件寄生二极管或集成二极管反向恢复性能所决定的极限工作范围。

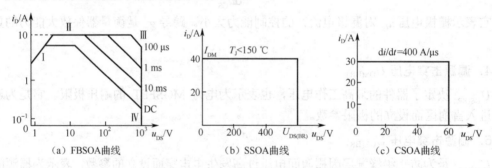

(a)FBSOA曲线   (b)SSOA曲线   (c)CSOA曲线

图 5-10 电力 MOSFET 安全工作区

5.2 单相逆变电路

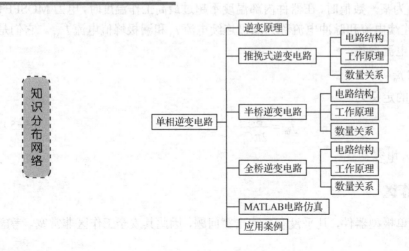

5.2.2　单相推挽式逆变电路

1．电路结构与工作原理

如图 5-13 所示，单相推挽式逆变电路由直流电源 U_d、输出变压器、电力 MOSFET 管 VT_1 和 VT_2 以及两个二极管 VD_1 和 VD_2 组成。变压器两个一次绕组和一个二次绕组的匝数通常取 $N_1 = N_2 = N_3$。

设电力 MOSFET 管 VT_1 和 VT_2 的栅极分别加上如图 5-14 所示的控制电压 u_{G1} 和 u_{G2}，则在 $t_1 \sim t_2$ 期间，VT_1 导通、VT_2 截止。忽略 VT_1 的管压降，则变压器一次侧的电压为 $u_{12} = -U_d$，即"1"端为负、"2"端为正，变压器二次侧的电压为 $u_{45} = -N_3 U_d / N_1$，VT_2 承受的电压为 $2U_d$。在 t_2 时刻，VT_1 关断，一次绕组的等效电感要维持原电流不变，因而导致一次绕组的电压极性与 VT_1 导通时相反，即 N_1 绕组的"1"端为正、"2"端为负，N_2 绕组的"2"端为正、"3"端为负。等效电感的能量通过 VD_2 向直流电源 U_d 反馈。

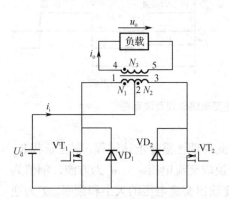

图 5-13　单相推挽式逆变电路

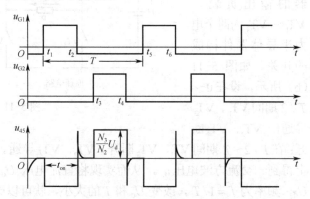

图 5-14　推挽式逆变电路的控制电压及输出电压波形

在 $t_3 \sim t_4$ 期间，VT_1 截止、VT_2 导通。变压器一次绕组电压为 $u_{23} = u_{12} = U_d$，变压器的二次侧的电压为 $u_{45} = N_3 U_d / N_2$，VT_1 承受的电压为 $2U_d$。在 t_4 时刻，VT_2 关断，一次绕组的等效串联电感的能量通过 VD_1 向直流电源 U_d 反馈。

电路在每个逆变周期 T 内按此规律周而复始地工作，则可在变压器二次侧获得交变的输出电压，从而实现在负载上输出变交电压 u_o 的功能。

2．数量关系

在单相电压型推挽式逆变电路中，根据电路中各变量的定义，有以下变量关系。

（1）从电路波形图可知输出电压有效值为：

$$U_o = \sqrt{\frac{2}{T} \int_0^{T/2} U_d^2 \mathrm{d}t} = U_d \qquad (5\text{-}6)$$

（2）由傅里叶分析得输出电压瞬时值为：

$$u_o = \frac{4U_d}{\pi}\left(\sin \omega t + \frac{1}{3}\sin \omega t + \frac{1}{5}\sin \omega t + \cdots\right) \qquad (5\text{-}7)$$

式中，$\omega = 2\pi f$ 为输出电压角频率，下同。

（3）由公式（5-7）可得输出电压基波分量的幅值为：

$$U_{\text{o1m}} = 4U_d/\pi \approx 1.27U_d \tag{5-8}$$

（4）输出电压基波分量的有效值为：

$$U_{\text{o1}} = \frac{2\sqrt{2}U_d}{\pi} \approx 0.9U_d \tag{5-9}$$

5.2.3　单相半桥逆变电路

1．结构和工作原理

如图 5-15 所示，单相半桥逆变电路由两个导电臂构成，每个导电臂由一个 P-MOSFET 和一个反向并联二极管组成。在直流侧接有两个互相串联的数值足够大的电容 C_1 和 C_2，且满足 $C_1 = C_2$。

在一个逆变周期 T 内，电力 MOSFET 管 VT_1 和 VT_2 的基极信号各有半周正偏、半周反偏，且互补。输出电压 u_o 是周期为 T 的矩形波，其幅值为 $U_d/2$。当负载为电阻 R_d 时，电流 $i_o = \dfrac{u_o}{R_d}$，电流的波形和周期与 u_o 的一样。输出电压、电流波形如图 5-16 所示。

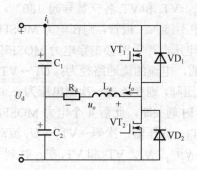
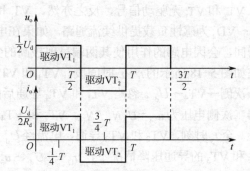

图 5-15　单相半桥逆变电路　　　图 5-16　单相半桥逆变电路的输出电压、电流波形

当 VT_1 或 VT_2 导通时，负载电流与电压同方向，直流侧向负载提供能量；而当 VD_1 或 VD_2 导通时，负载电流和电压反方向，负载中电感的能量向直流侧反馈，即负载将其吸收的无功能量反馈回直流侧。返回的能量暂时储存在直流侧的电容中，直流侧电容起着缓冲这种无功能量的作用。

改变 MOSFET 管的驱动信号的频率，输出电压的频率随之改变。为保证电路正常工作，VT_1 和 VT_2 两个器件不能同时导通，否则将出现直流短路。在实际应用中为避免上、下器件直通，每个器件的开通信号应略滞后于另一器件的关断信号，即"先断后通"。关断信号与开通信号之间的间隔时间称为死区时间，在死区时间中 VT_1 和 VT_2 均无驱动信号。

2．数量关系

在单相电压型半桥逆变电路中，根据电路中各变量的定义，有以下变量关系。

（1）从电路波形图可知输出电压有效值为：

$$U_o = \sqrt{\frac{2}{T}\int_0^{T/2}\left(\frac{U_d}{2}\right)^2 dt} = \frac{U_d}{2} \tag{5-10}$$

（2）由傅里叶分析得电路输出电压瞬时值为：

$$u_o = \frac{2U_d}{\pi}\left(\sin\omega t + \frac{1}{3}\sin 3\omega t + \frac{1}{5}\sin 5\omega t + \dots\right) \qquad (5-11)$$

（3）由式（5-11）可得输出电压基波分量的幅值为：

$$U_{o1m} = \frac{2U_d}{\pi} \approx 0.637U_d \qquad (5-12)$$

（4）输出电压基波分量的有效值为：

$$U_{o1} = \frac{\sqrt{2}U_d}{\pi} \approx 0.45U_d \qquad (5-13)$$

5.2.4 单相全桥逆变电路

1. 结构和工作原理

如图 5-17 所示，单相全桥逆变电路由直流电源 U_d、输出变压器、4 个电力 MOSFET 管和二极管组成。变压器一次绕组和二次绕组的匝数通常取 $N_1=N_2$。VT_1 和 VT_4 构成一对桥臂，VT_2 和 VT_3 构成一对桥臂。VT_1、VT_4 与 VT_2、VT_3 的驱动信号互补，即 VT_1 和 VT_4 有驱动信号时，VT_2 和 VT_3 无驱动信号，反之亦然，VT_1 和 VT_4、VT_2 和 VT_3 各交替导通 180°。二极管 $VD_1\sim VD_4$ 为感性负载提供续流通路。如果在电路中不接入二极管，则在电力 MOSFET 管关断瞬间，会因电感的作用使其两端呈现极高的尖峰电压，严重时会击穿电力 MOSFET 管。

在如图 5-18 所示的 $t_1\sim t_2$ 时间段。VT_1 和 VT_4 导通，电流的流通路径为：$U_d^+ \rightarrow VT_1 \rightarrow$ 变压器一次侧 $\rightarrow VT_4 \rightarrow U_d^-$。忽略 VT_1 和 VT_4 导通后的管压降，则变压器一次侧电压为 $u_{12}=U_d$，变压器二次侧电压为 $u_{34}=U_d N_2/N_1$。VT_1 和 VT_4 在 t_2 时刻关断，此后 4 个电力 MOSFET 管均截止。至 t_3 时刻，VT_2 和 VT_3 导通，电流经 $U_d^+ \rightarrow VT_3 \rightarrow$ 变压器一次侧 $\rightarrow VT_2 \rightarrow U_d^-$ 流动。忽略 VT_2 和 VT_3 的导通压降情况下，$u_{12}=-U_d$、$u_{34}=-N_2U_d/N_1$。VT_2 和 VT_3 在 t_4 时刻关断。

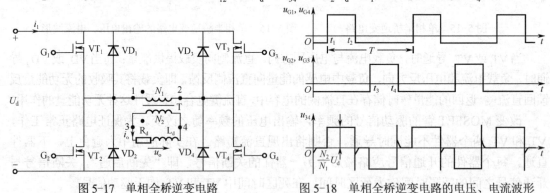

图 5-17 单相全桥逆变电路　　　图 5-18 单相全桥逆变电路的电压、电流波形

若电路在每个逆变周期 T 内按上述方式周而复始地工作，则可在变压器二次侧获得交变电压，从而实现在负载上输出变交电压 u_o 的功能。

如图 5-18 所示控制电压及变压器二次侧电压的波形中，t_2 时刻所对应输出电压的反向尖峰电压是等效串联电感通过二极管释放能量所产生的。

2. 数量关系

在单相电压型全桥逆变电路中，根据电路中各变量的定义，有以下变量关系。

（1）从电路波形图可知输出电压有效值为：

$$U_o = \sqrt{\frac{2}{T}\int_0^{T/2} U_d^2 \mathrm{d}t} = U_d \qquad (5\text{-}14)$$

（2）将幅值为 U_d 的交变矩形波 u_o 展开成傅里叶级数得：

$$u_o = \frac{4U_d}{\pi}\left(\sin\omega t + \frac{1}{3}\sin 3\omega t + \frac{1}{5}\sin 5\omega t + \cdots\right) \qquad (5\text{-}15)$$

（3）由式（5-15）可得输出电压基波分量的幅值为：

$$U_{o1m} = \frac{4U_d}{\pi} \approx 1.27 U_d \qquad (5\text{-}16)$$

（4）输出电压基波分量的有效值为：

$$U_{o1} = \frac{2\sqrt{2}U_d}{\pi} \approx 0.9 U_d \qquad (5\text{-}17)$$

（5）当负载为阻感性负载（R–L）时，可求得瞬时负载电流 i_o 为：

$$i_o = \sum_n \frac{U_{1m}}{nZ_n}\sin(n\omega t - \varphi_n) \quad (n = 2k+1,\ k = 0,1,2\ldots) \qquad (5\text{-}18)$$

式中，$Z_n = \sqrt{R_d^2 + (n\omega L_d)^2}$；$\varphi_n = \arctan\left(\dfrac{n\omega L_d}{R_d}\right)$。

单相电压型全桥逆变电路与单相电压型推挽式逆变电路相比，它多用一倍数量的开关器件，但每个器件上承受的电压值减小一半；当两者的电源与负载参数相同时，其输出电压和电流的波形与幅值都相同。

一般地说，衡量逆变电路的性能指标如下：

（1）谐波系数 HF（Harmonic Factor）：谐波系数 HF 定义为谐波分量有效值同基波分量有效值之比，即有：

$$\mathrm{HF} = \frac{U_n}{U_1} \qquad (5\text{-}19)$$

式中，n=1,2,3,……，表示谐波次数，n=1 时为基波。

（2）总谐波系数 THD（Total Harmonic Distortion）：总谐波系数 THD 表示一个实际波形同其基波的接近程度，为：

$$\mathrm{THD} = \frac{1}{U_1}\sqrt{\sum_{n=2}^{\infty} U_n^2} \qquad (5\text{-}20)$$

根据上述定义，若逆变电路输出为理想正弦波时 THD 为零。

实例 5.1　单相全桥逆变电路如图 5-17 所示，逆变电路输出电压为方波，已知 U_d =110 V，逆变频率为 f =100 Hz，负载 R_d=10 Ω，L_d=0.02 H。求：

（1）输出电压基波分量有效值 U_{o1}。

（2）输出电流基波分量有效值 I_{o1}。

（3）输出电流有效值。

（4）输出功率 P_o。

解　（1）根据逆变电路输出电压为方波，由式（5-15）可得：

$$u_o = \sum \frac{4U_d}{n\pi} \sin n\omega t \quad (n=1,3,\cdots)$$

其中输出电压基波分量为:

$$u_{o1} = \frac{4U_d}{\pi} \sin \omega t$$

输出电压基波分量的有效值,由式(5-17)得:

$$U_{o1} = \frac{2\sqrt{2}U_d}{\pi} \approx 0.9U_d = 0.9 \times 110 = 99 \text{ V}$$

(2)基波阻抗根据公式(5-18)得:

$$Z_1 = \sqrt{R_d^2 + (\omega L_d)^2} = \sqrt{10^2 + (2\pi \times 100 \times 0.02)^2} \approx 18.59 \ \Omega$$

输出电流基波分量的有效值为:

$$I_{o1} = \frac{U_{o1}}{Z_1} \approx \frac{99}{18.59} \approx 5.33 \text{ A}$$

(3)根据公式(5-18)有:$Z_3 = \sqrt{R_d^2 + (3\omega L_d)^2} = \sqrt{10^2 + (3 \times 2\pi \times 100 \times 0.02)^2} \approx 39 \ \Omega$

$$Z_5 = \sqrt{R_d^2 + (5\omega L_d)^2} = \sqrt{10^2 + (5 \times 2\pi \times 100 \times 0.02)^2} \approx 63.6 \ \Omega$$

$$Z_7 = \sqrt{R_d^2 + (7\omega L_d)^2} = \sqrt{10^2 + (7 \times 2\pi \times 100 \times 0.02)^2} \approx 88.56 \ \Omega$$

$$Z_9 = \sqrt{R_d^2 + (9\omega L_d)^2} = \sqrt{10^2 + (9 \times 2\pi \times 100 \times 0.02)^2} \approx 113.54 \ \Omega$$

根据输出电压谐波分量公式及电压有效值的定义得:

$$U_{o3} = \frac{U_{o1}}{3}, \quad U_{o5} = \frac{U_{o1}}{5}, \quad U_{o7} = \frac{U_{o1}}{7}, \quad U_{o9} = \frac{U_{o1}}{9}$$

9次以上的谐波电压很小,可以忽略,所以有:

$$I_{o3} = \frac{U_{o3}}{Z_3} \approx \frac{99}{3 \times 39} \approx 0.85 \text{ A}$$

$$I_{o5} = \frac{U_{o5}}{Z_5} \approx \frac{99}{5 \times 63.6} \approx 0.31 \text{ A}$$

$$I_{o7} = \frac{U_{o7}}{Z_7} \approx \frac{99}{7 \times 88.56} \approx 0.16 \text{ A}$$

$$I_{o9} = \frac{U_{o9}}{Z_9} \approx \frac{99}{9 \times 113.54} \approx 0.097 \text{ A}$$

输出电流有效值为:

$$I_o = \sqrt{I_{o1}^2 + I_{o3}^2 + I_{o5}^2 + I_{o7}^2 + I_{o9}^2} \approx 5.41 \text{ A}$$

(4)根据定义得电路的输出功率为:

$$P_o = I_o^2 R_d \approx 5.41^2 \times 10 \approx 292.7 \text{ W}$$

电路仿真 11 单相全桥逆变电路

1. 电路搭建

如图 5-17 所示单相全桥逆变电路的 MATLAB 仿真模型如图 5-19 所示。

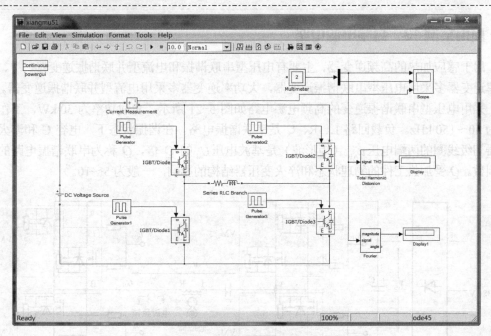

图 5-19　单相全桥逆变电路仿真模型

2．设置模块参数

设置直流电压为"300 V"，带阻感负载，电阻、电感参数分别设为"1 Ω"和"2 mH"。选择四个"Pulse Generator"，其中两个触发脉冲的幅值设为"1"，周期设为"0.02 s"，即频率为 50 Hz，占空比设为"50%"，另外两个的滞后设为"0.01 s"，其他的相同。

3．设置仿真参数

仿真时间设为"0.1 s"，选择仿真算法为"ode45"，将绝对误差设为"1e-5"。

4．观测仿真结果

逆变器输出仿真波形为方波，交流基波电压幅值为 369.7 V，交流电压 THD 为 57.6%，阻感性负载的两端电压 u_o、电流 i_o 及输入电流 i_i 的仿真波形自上而下如图 5-20 所示。

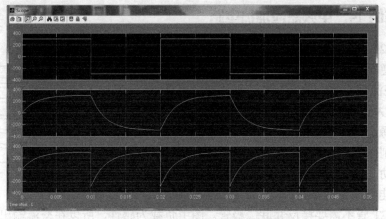

图 5-20　单相全桥逆变电路仿真波形

应用案例 13　高频电源电路

用于感应加热的高频逆变器，主要有电压型串联谐振和电流型并联谐振逆变器。中、小功率逆变器多采用电压型串联谐振逆变器，大功率逆变器多采用电流型并联谐振逆变器。

采用电压型串联谐振逆变的高频电源电路如图 5-21 所示，负载功率为 30 kW，工作频率为 50～150 kHz。负载回路 L、R、C 是串联谐振电路。在谐振状态下，电容 C 和淬火变压器初级线圈的两端电压 u_{AB}（矩形波）是基波电压 U_d 的 Q 倍，Q 称为串联谐振电路的品质因数。Q 受加热工件的物理状态和淬火变压器结构的影响，一般为 5～10。

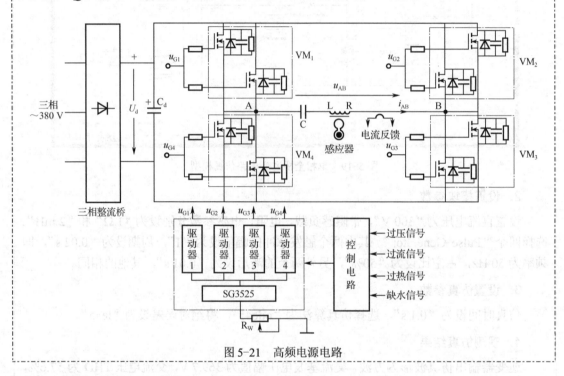

图 5-21　高频电源电路

应用案例 14　中频感应加热电路

如图 5-22 所示，单相桥式电流型逆变器的直流电压 U_d 可由整流器获得，直流侧串联有大电感 L_d，从而构成电流源逆变器。因为电流源的抑制作用，电流不可能反向流动，与电压型逆变器相比，电流型逆变器的电力 MOSFET 管不需要接反并联二极管。图中负载为感性，所以在交流输出端并联了电

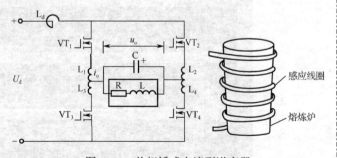

图 5-22　单相桥式电流型逆变器

容 C，以便在换流时为感性负载电流提供通路、吸收负载电感的储能，这是电流型逆变器必不可少的组成部分。电流型逆变器的重要用途之一是中频感应加热。感应加热是使一个中频交流电流流过线圈，通过电磁感应在另一个导体中感生出一个电流，用该电流产生的耗能加热物体。$L_1 \sim L_4$ 为 4 只电感量很小的桥臂电感，用于限制电流上升率 $\mathrm{d}i / \mathrm{d}t$。感应线圈 L、电阻 R 和电容 C 并联组成负载谐振电路，负载电路的功率因数接近 1 且有最小的谐波阻抗。

5.3 电力 MOSFET 的选型与检测

知识分布网络

```
选型与检测 ─┬─ 器件选型 ─┬─ 选型参数
           │          └─ 型号规定
           └─ 器件检测 ─┬─ 引脚识别
                       └─ 性能测试
```

5.3.1 电力 MOSFET 的选型

1. 选型参数

参见 4.3.1 节电力晶体管的选型部分。

2. 命名规则

命名规则见图 5-23。例如，3DJ6D 是 P 沟道结型场效应管，3DO6C 是 P 沟道绝缘栅型场效应管。

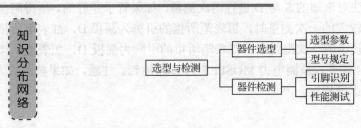

图 5-23 场效应管的命名规则

3. 选型流程

1）选择沟道

负载的连接方式决定了所选 MOSFET 的类型，这是出于对驱动电压的考虑。当负载接地时，采用 P 沟道 MOSFET；当负载连接电源电压时，选择 N 沟道 MOSFET。

2）确定额定电压

器件在工作过程中的额定电压应大于电路中可能出现的浪涌电压，而且必须留出一定的安全裕量。

3）确定额定电流

器件在工作过程中的额定电流应大于电路中可能出现的峰值电流的 2 倍。

5.3.2 电力 MOSFET 的检测

1. 引脚识别

1）判定栅极 G

测试方法如图 5-24 所示，将万用表置于 $R \times 1\,\mathrm{k}\Omega$ 挡，分别测量三个引脚之间的电阻值。

如果测得某个引脚与其余两个引脚之间的电阻值均为∞，且调换表笔测量时阻值仍为∞，则此引脚即是栅极 G。因为从结构上看，栅极 G 与其余两个电极是绝缘的。但要注意，此种测法仅对管内无保护二极管的电力 MOSFET 适用。

2）判定源极 S 和漏极 D

由于上一步已经将被测管的栅极 G 测出，余下的两个引脚即源极 S 与漏极 D。测试方法如图 5-25 所示，将万用表置于 $R\times1\,\text{k}\Omega$ 挡，先用一支表笔将被测电力 MOSFET 三个电极短接一下，然后用交换表笔的方法对未知的 S 与 D 进行两次测量，如果管子是好的，所得阻值必定是一大一小。其中在阻值较大的一次测量时，黑表笔所接的引脚为漏极 D，红表笔所接的引脚则是源极 S。而在阻值较小的一次测量时，红表笔所接的引脚为漏极 D，黑表笔所接的引脚则是源极 S。这种规律还证明，被测电力 MOSFET 为 N 沟道管。注意，如果被测管为 P 沟道管，则两支表笔的接法正好相反。

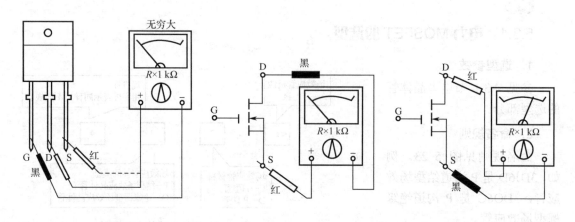

图 5-24 判断栅极 G   图 5-25 判断源极 S 和漏极 D

2. 性能测试

检测漏源通态电阻 $R_{\text{DS(ON)}}$。以检测 N 沟道管为例，如图 5-26 所示。将栅极 G 与源极 S 短接，万用表选用 $R\times1\,\text{k}\Omega$ 挡，红表笔接漏极 D，黑表笔接源极 S，所测得的正常阻值应为零点几欧至十几欧。实测数据表明，采用上述方法所测得的漏源通态电阻 $R_{\text{DS(ON)}}$ 值的离散性是比较大的。主要原因是被测管的型号不同或所使用万用表的型号不同都会引起测量结果有所差异。但只要测量值在零点几欧至十几欧范围内，就可认为是正常的。

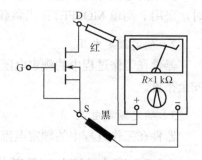

图 5-26 测量漏源通态电阻 $R_{\text{DS(ON)}}$

测试 P 沟道管时，只要将红、黑表笔对调即可。

5.4　电力 MOSFET 应用基础电路

知识分布网络

应用基础电路 —— 驱动电路
　　　　　　 —— 保护电路
　　　　　　 —— 缓冲电路
　　　　　　 —— 静电防护措施

电力 MOSFET 的应用基础电路包括栅极驱动电路、静电防护及运行保护电路等。电力 MOSFET 为单极型器件，没有少数载流子的存储效应，输入阻抗高，因而开关速度较高，驱动功率小，电路简单。但是，电力 MOSFET 的极间电容较大，因而工作速度与驱动源内阻抗有关。和 GTR 相似，电力 MOSFET 的栅极驱动也需要考虑保护、隔离等问题。

5.4.1　驱动电路

1. 电力 MOSFET 对栅极驱动信号的要求

（1）触发脉冲要有足够快的上升和下降速度，即脉冲前沿要陡。

（2）为使 P-MOSFET 可靠触发及导通，触发脉冲电压 u_{GS} 应高于开启电压但不得超过最大触发电压。触发脉冲电压也不能过低，否则会增大通态电阻、降低抗干扰能力，一般选择 $u_{GS}=10\sim18\ \text{V}$。

（3）驱动电路的输出电阻应较低。开通时以低电阻对栅极电容充电，关断时为栅极电容提供低电阻放电回路，以提高 P-MOSFET 的开关速度。

（4）为防止误导通，在 P-MOSFET 截止时最好能提供负的栅极电压。

（5）驱动电源须并联旁路电容。它不仅能滤除噪声，也可给负载提供瞬时电流，加快 P-MOSFET 的开关速度。

2. 栅极驱动电路

按驱动电路与栅极的连接方式可分为两类：直接驱动和隔离驱动。

1）直接驱动

栅极直接驱动是最简单的一种形式，由于 P-MOSFET 的输入阻抗很高，可以用 TTL 器件或 CMOS 器件直接驱动。常见的直接驱动电路如图 5-27、图 5-28 所示。

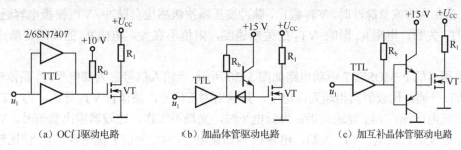

（a）OC门驱动电路　　　（b）加晶体管驱动电路　　　（c）加互补晶体管驱动电路

图 5-27　TTL 驱动电路

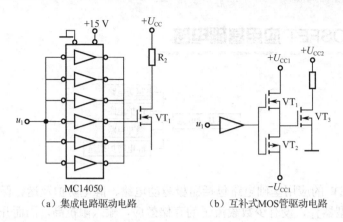

(a) 集成电路驱动电路   (b) 互补式MOS管驱动电路

图 5-28 CMOS 驱动电路

由于 TTL 集成电路通常的输出高电平大约是 3.5 V，而 P-MOSFET 栅极的开启电压一般为 2~4 V。因此，由 TTL 直接驱动 P-MOSFET，其输出电平显得低了些。为了提高输出驱动电平的幅值，一般采用集电极开路的 TTL 即 OC 门。通过上拉电阻 R_G 接到 10~15 V 电源，如图 5-27（a）所示。TTL 集成电路的输出端在导通时吸入电流，截止时拉出电流。因受吸入电流的限制，上接电阻 R_G 的值较大，导致 P-MOSFET 的开通时间较长。为了提高 P-MOSFET 的开关速度，通常可在集成电路与 VT 之间加一级晶体管，加速其导通过程并减少功耗，如图 5-27(b)所示。若将晶体管接成互补式如图 5-27(c)所示，可同时提高 P-MOSFET 的导通与截止速度。

用 CMOS 集成电路直接驱动 P-MOSFET，其功耗比同样的 TTL 集成电路低，电源电压及开门电平均比 TTL 高，抗干扰能力比 TTL 强，而且无须附加电路和上拉电阻。由于 CMOS 集成电路的负载能力较低，对 P-MOSFET 的开关速度提高不利。为了加大拉出电流与吸入电流，可把多个 CMOS 缓冲器并联在一起，如图 5-28（a）所示。MC14050 集成电路内部有 6 个 CMOS 缓冲器，并联使用使驱动电路十分简单。图 5-28（b）所示为互补式 MOS 管驱动电路。

2）隔离式驱动

隔离式栅极驱动电路根据隔离元件的不同而分为电磁隔离和光电隔离两种。

如图 5-29 所示采用脉冲变压器进行隔离的 P-MOSFET 驱动电路。当输入信号 u_1 为正脉冲时，晶体管 VT_1 导通，脉冲变压器次级产生的正脉冲通过 VD_2 直接驱动 VT_2，可提高其开关速度；当 u_1 为零或负脉冲时，VT_1 截止，脉冲变压器次级感应负脉冲，VT_2 栅极电容通过 R_3 放电，VT_2 关断。电阻 R_3 影响 VT_2 的关断速度，阻值不宜大，电阻 R_4 的作用是防止栅极开路。

光电隔离的 P-MOSFET 驱动电路如图 5-30 所示。当输入信号 u_1 为高电平时，晶体管 VT_1 和光耦 VL 导通，比较器同相端为高电平，其输出为正信号，晶体管 VT_2 导通，为 VT_4 栅极电容提供充电电流，VT_4 导通；当 u_1 为低电平时，光耦不工作，比较器输出负信号，VT_3 导通，VT_4 栅极电容放电，VT_4 关断。电容 C_1 为加速电容，C_2 为抗干扰电容，C_3 使比较器输出的正跳沿延迟，以避免因干扰所导致的 VT_4 误导通。

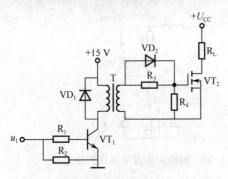

图 5-29 脉冲变压器隔离驱动电路

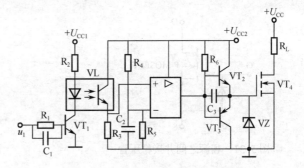

图 5-30 光耦合式隔离驱动电路

3. 驱动参数设计

尽管电力 MOSFET 栅源间的静态电阻极大，静态时栅极驱动电流几乎为零，但由于栅极输入电容的存在，栅极在开通和关断的动态驱动中仍需要一定的驱动电流。通过被驱动的电力 MOSFET 型号，可查得器件内部的栅源电容 C_{GS} 和栅漏电容 C_{GD}。

已知电力 MOSFET 开通时的栅极电压 $U_{GS(on)}$，预计器件在 t_s 时间内栅源电容 C_{GS} 充电完毕，根据式（5-21）作粗略计算来确定开通驱动的电流值，作为选取开通驱动元件的主要依据。

$$I_{G(on)} = \frac{C_i U_{GS(on)}}{t_s} = \frac{(C_{GS} + C_{GD}) U_{GS(on)}}{t_s} \tag{5-21}$$

已知电力 MOSFET 截止时漏极电压为 $U_{DS(off)}$，预计器件在 t_s' 内栅漏电容 C_{GD} 放电完毕，根据式（5-22）作粗略计算来确定关断驱动的电流值，作为选取关断驱动元件的主要依据。

$$I_{G(off)} = \frac{C_{GD} U_{DS(off)}}{t_s'} \tag{5-22}$$

5.4.2 保护电路

1. 过电压保护

1）栅源间的过电压保护

如果栅源间的阻抗过高，则漏源间电压的突变会通过极间电容耦合到栅极而产生相当高的 u_{GS} 过冲电压，这一电压会引起栅极氧化层永久性损坏。如果是正方向的 u_{GS} 瞬态电压还会导致器件的误导通。为此要适当降低栅极驱动电路的阻抗，在栅源之间并接阻尼电阻或并接约 20 V 的稳压管，特别要防止栅极开路工作。保护电路如图 5-31 所示。

2）漏源间的过电压保护

如果电路中有电感性负载，则当器件关断时，漏极电流的突变（di/dt）会产生比电源电压还高很多的漏极电压冲击，导致器件损坏。可在感性负载两端并接续流二极管；在器件漏源两端并联稳压管、二极管 RC 钳位电路或 RC 缓冲电路等。保护电路示例如图 5-32 所示。

2. 过电流保护

电力 MOSFET 的过电流和短路保护与 GTR 基本类似，只是快速性要求更高。负载接入

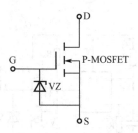

图 5-31　栅源之间并接稳压管

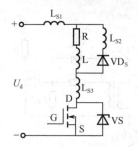

图 5-32　漏源间的过电压保护电路

或切除均可能产生很高的冲击电流，以致超过 I_{DM} 极限值，此时必须用电流传感器和控制电路使器件回路迅速断开。应用中不仅要保证峰值电流 I_{PK} 不超过最大额定值 I_{DM}，而且还要保证其有效值电流 $\sqrt{k}I_{PK}$ 也不超过它，其中 k 为电路的占空比。

器件性能指标中给出的连续电流的最大额定值并不表示实际系统中器件能安全工作的连续电流，因为电力 MOSFET 还要考虑导通电阻功耗的限制。使用中应根据导通电阻并结合器件的结-壳热阻来正确选用电流容量。

3. 过热保护

电力 MOSFET 在应用中结温过高会使其损坏，因此必须安装在散热器上，使最大耗散功率时或环境温度在最坏情况下，结温都低于额定结温 T_J。

器件的总功耗是导通损耗和开关损耗之和。而开关损耗和开关时间基本上与温度无关，但由于通态电阻 R_{on} 随温度的升高而增大，所以导通损耗随温度的升高而增加。除了安装散热器外，还可通过检测结温来设置过热保护电路。由于通态电阻随结温上升而增加，而在漏极电流一定的情况下，通态电阻值又与管压降成正比。因此，可以通过检测管压降来间接检测结温，当结温高于设定值时，关断电力 MOSFET。

5.4.3　缓冲电路

缓冲电路的基本工作原理是：利用电感电流不能突变的特性抑制器件的电流上升率，利用电容电压不能突变的特性抑制器件的电压上升率。对于工作频率高的自关断器件，缓冲电路采用限压、限流、抑制 di/dt 和 du/dt 等方法，把开关器件内部的损耗转移到缓冲电路中，然后再消耗在缓冲电路的电阻上，或者由缓冲电路设法将其反馈到电源中去。

电力 MOSFET 在工作过程中，若电路带有感性负载，当器件关断时，漏极电流的突变会产生很高的漏极尖峰电压使器件击穿。为此要在感性负载两端并接钳位二极管，构成 RCD 缓冲电路，如图 5-33 所示。电路中利用钳位二极管的钳位特性，使电力 MOSFET 两端的电压不能突变，起到了保护作用。

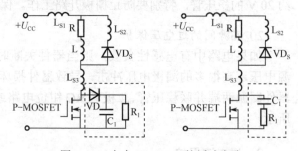

图 5-33　电力 MOSFET 的缓冲电路

另外，为防止因电路存在杂散电感 L_{S1}、L_{S2}、L_{S3} 而产生的瞬时过电压，应在漏极和源极两端采用 RC 缓冲电路进行过电压保护，电路如图 5-33 中虚线框内所示。该电路利用电容两端电压不能突变的特点起到缓冲作用，其中所连接的电阻 R_1 用于限制缓冲回路所允许的最大电流。

5.4.4　静电防护措施

电力 MOSFET 的薄弱之处是栅极绝缘层易被击穿损坏，栅源极间电压不得超过 ±20 V。由于静电感应，电力 MOSFET 易发生栅极绝缘层击穿的故障。为了防止静电击穿，应注意以下几点。

（1）存放器件时，应用金属线将三个电极短路，放在抗静电包装袋、导电材料袋或金属容器中，或用铝箔包裹，不能存放在塑料盒或塑料袋中；

（2）取用器件时，工作人员必须通过腕带良好接地，且应拿在管壳部分而不是引线部分；

（3）测试器件时，测量仪器和工作台都要良好接地。器件的三个电极未全部接入测试仪器或电路前，不得施加电压。改换测试范围时，电压和电流要先恢复到零；

（4）焊接器件时，工作台和烙铁都必须良好接地。焊接时电烙铁功率应不超过 25 W，最好使用 12～24 V 的低电压烙铁，且前端作为接地点，先焊栅极，后焊漏极与源极。焊接时，应断开焊接电烙铁的电源；

（5）对于内部未设置保护二极管的器件，应在栅源极间外接保护二极管，加接泄漏电阻或其他保护电路。有些型号的电力 MOSFET 内部已接有齐纳保护二极管，这种器件栅源极间的反向电压不得超过 0.3 V。

5.5　SPWM 控制技术

在出现全控型电力电子开关器件后，科技工作者在 20 世纪 80 年代开发了基于正弦波脉宽调制（Sinusoidal Pulse Width Modulation，SPWM）控制技术的逆变器，由于它的优良技术性能，当今国内外生产的调压逆变器都已采用这种技术。

5.5.1　方波逆变器存在的问题

（1）方波逆变器只能实现简单的频率控制，而不能实现输出电压控制。在方波逆变器中，其输出幅值为直流输入电压幅值，若直流输入电压值为恒定不变的，则其输出幅值也不能变。如果要使其输出幅值可改变，则要求直流输入侧设有相应调节直流输入电压幅值的措施，例如在直流输入侧设置可控整流器或设置 DC–DC 变换器。但是，这样增大了逆变器的体积和重量，提高了逆变器的制造成本。

（2）电压型单相全桥方波逆变器输出频谱如图 5-34 所示，其相位时域图如图 5-35 所示。

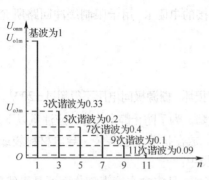

图 5-34 单相全桥方波逆变器输出频谱

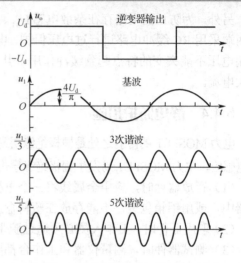

图 5-35 方波的低次谐波相位时域图

可看出方波中会有较多的谐波，这对负载会产生不良的影响，如当负载为异步电动机时，谐波会导致电动机铁芯发热，效率降低。还可以看出，由于基波和低次谐波的频率差较小，设计低通滤波器相当困难，即使能够设计出来，则制造出来的滤波器也是相当庞大的。

方波逆变器严重限制了电力电子技术的发展，于是产生了脉宽调制（PWM）控制技术。脉宽调制控制技术的发展和应用极大地优化了逆变器的性能，从根本上解决了方波逆变器存在的问题。

近年来，实际工程中采用的控制技术主要是正弦 PWM，是因为这种逆变器输出的电压或电流更接近正弦波形，如图 5-36 所示。正弦 PWM 方案有多种多样，归纳起来可分为电压

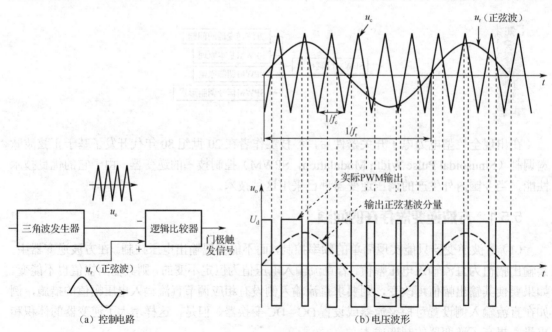

图 5-36 PWM 逆变器的控制电路和电压波形

正弦 PWM（Sinusoidal Pulse Width Modulation，SPWM）、随机正弦 PWM、电流正弦 PWM 和电压空间矢量（Voltage Space Vector PWM，SVPWM）四种基本类型。

在 PWM 技术中，需要注意以下概念：

$$三角波的频率 f_c = 开通和关断器件的开关频率 f_{switching}$$

$$正弦波的频率 f_r = 期望的交流输出频率 f_{desired}$$

5.5.2　SPWM 基本原理

正弦波面积等效转换原理如图 5-37 所示，正弦波正半周分成 n 等份（图中 $n=7$），那么该正弦波 u 可以看成由宽度相同、幅度变化的一系列连续的脉冲 u_p 组成。这些脉冲的幅度按正弦规律变化，根据面积等效原理，这些脉冲可以用一系列矩形脉冲 u_o 来代替，这些矩形脉冲的面积要求与对应正弦波部分相等，且矩形脉冲的中点与对应正弦波部分的中点重合。同样道理，正弦波负半周也可用一系列负的矩形脉冲来代替。这种脉冲宽度按正弦规律变化且和正弦波等效的 PWM 波形称为 SPWM 波形。

产生 SPWM 的示意电路如图 5-38 所示，用开关 S 模拟开关管，通过 PWM 控制电路产生触发脉冲，控制开关管产生 SPWM 电压 u_o 加到 R、L 电路的两端，流过 R、L 电路的电流为 i_o，该电流波形与正弦波 u 加到 R、L 电路时流过的电流波形是近似相同的。也就是说，对于 R、L 电路来说，虽然加到两端的 u 和 u_o 信号波形不同，但流过的电流波形是近似相同的。

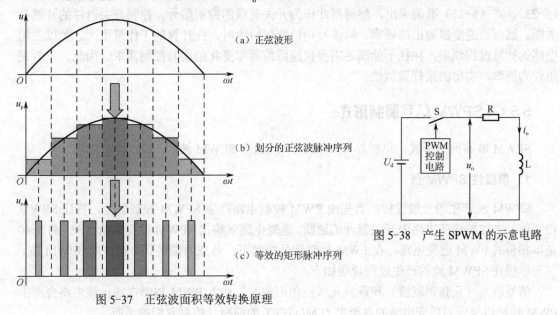

（a）正弦波形

（b）划分的正弦波脉冲序列

（c）等效的矩形脉冲序列

图 5-37　正弦波面积等效转换原理

图 5-38　产生 SPWM 的示意电路

5.5.3　SPWM 调制原则

（1）SPWM 的基本原则：用一组等幅不等宽的矩形脉冲序列 u_o，等效等宽不等幅的正弦波 u_p，遵循传输的能量相等、分段面积相等、分段数大于 3 的原则。

（2）图形描述：假设将正弦半波按横坐标等分 7 段，如 5-37（b）所示，再以每段的中心线确定等幅不等宽脉冲 u_o 的中点位置。显然，为使每个等幅不等宽的脉冲面积与等宽不等

幅的正弦波 u_p 面积相等，其脉冲宽度应按正弦规律变化。

（3）SPWM 原理的数学描述：如图 5-39 所示，将正弦波电压 $u_o = U_m \sin \omega t$ 的 1/2 周期分为 n 等份（本图中 $n=7$），设第 i 个脉冲的宽度为 δ_i，中心位置相位角为 θ_i，根据面积相等原则，得到：

$$\delta_i U_d = \int_{\theta_i - \frac{\pi}{2n}}^{\theta_i + \frac{\pi}{2n}} U_m \sin \omega t \, d(\omega t) \qquad (5\text{-}23)$$

当 n 比较大时有：

$$\sin\left(\theta_i + \frac{\pi}{2n}\right) \approx \sin\left(\theta_i - \frac{\pi}{2n}\right) \approx \sin\theta_i \qquad (5\text{-}24)$$

将式（5-24）代入式（5-23）得：

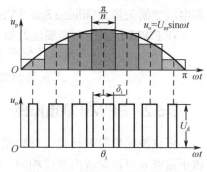

图 5-39　SPWM 原理的数学描述

$$\delta_i = \frac{\pi U_m}{n U_d} \sin\theta_i \qquad (5\text{-}25)$$

由式（5-25）可见，脉冲宽度 δ_i 按其所在中心位置相位角 θ_i 的正弦规律变化，脉冲幅值不变而脉宽按正弦规律变化。

（4）对于按面积等效原则计算脉宽和间隔：只要知道逆变器预期输出的正弦波频率、幅值以及半个周期中设定的脉冲个数，则脉冲的宽度及脉冲间隔可以由 SPWM 的数学描述式（5-23）、式（5-25）准确求出，然后据此作为开关变量的控制信号，控制开关器件的开通与关断。然而当逆变器输出的频率、幅值及相位变化较大时，此计算的工作量很大。尤以三相电路的计算过程烦琐，往往不能满足需要快速跟踪频率变化的实时控制需求。因此，一般采用较为简单、实用的采样调制法。

5.5.4　SPWM 信号调制形式

SPWM 波有两个形式：单极性 SPWM 波和双极性 SPWM 波。

1. 单极性 SPWM 波

SPWM 波产生的一般过程：首先由 PWM 控制电路产生 SPWM 控制信号，再让 SPWM 控制信号去控制逆变电路中开关器件的通断，逆变电路就输出 SPWM 波提供给负载。图 5-40 是单相桥式 PWM 逆变电路，在 PWM 控制信号控制下，负载两端得到单极性的 SPWM 波。

单极性 SPWM 波的产生过程说明如下：

信号波 u_r（正弦调制）和载波 u_c（三角形载波）送入 PWM 控制电路，该电路会产生 PWM 控制信号送到逆变电路的各个电力 MOSFET 的栅极，控制它们的通断。

在信号波 u_r 为正半周时，载波 u_c 始终为正极性（即电压始终大于 0），PWM 控制信号使 VT$_1$ 始终导通、VT$_2$ 始终关断。

当 $u_r > u_c$ 时，VT$_4$ 导通，VT$_3$ 关断，A 点通过 VT$_1$ 与 U_d 正端连接，B 点通过 VT$_4$ 与 U_d 负端连接，R、L 两端的电压 $u_o = U_d$；当 $u_r < u_c$ 时，VT$_4$ 关断，流过 L 的电流突然变小，L 马上产生左负右正的感应电势，该电势使 VD$_3$ 导通，通过 VD$_3$、VT$_1$ 构成回路续流；由于 VD$_3$ 导通，B 点通过 VD$_3$ 与 U_d 正端连接，$u_A = u_B$，R、L 两端的电压 $u_o = 0$。

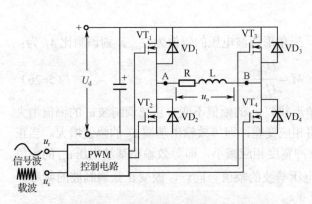

图 5-40　单相桥式 PWM 逆变电路

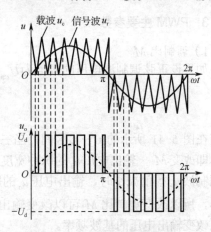

图 5-41　单极性 SPWM 波形

在信号波 u_r 为负半周时，载波 u_c 始终为负极性（即电压始终小于 0），PWM 控制信号使 VT_1 始终关断、VT_2 始终导通。

当 $u_r < u_c$ 时，VT_3 导通，VT_4 关断，A 点通过 VT_2 与 U_d 负端连接，B 点通过 VT_3 与 U_d 正端连接，R、L 两端的电压极性为左负右正，即 $u_o = -U_d$；当 $u_r > u_c$ 时，VT_3 关断，流过 L 的电流突然变小，L 马上产生左正右负感应电势，该电势使 VD_4 导通，通过 VT_2、VD_4 构成回路续流，由于 VD_4 导通，B 点通过 VD_4 与 U_d 负端连接，$u_A = u_B$，R、L 两端的电压 $u_o = 0$。

在信号波 u_r 的半个周期内，载波 u_c 只有一种极性变化，并且得到的 SPWM 也只有一种极性变化，这种控制方式称为单极性 PWM 控制方式，由这种方式得到的 SPWM 波称为单极性 SPWM 波，如图 5-41 所示。

2. 双极性 SPWM 波

双极性 SPWM 波也可以由单相桥式 PWM 逆变电路产生。PWM 控制电路须产生相应的 PWM 控制信号去控制逆变电路的开关器件导通。

当 $u_r < u_c$ 时，VT_3、VT_2 导通，VT_1、VT_4 关断，A 点通过 VT_2 与 U_d 负端连接，B 点通过 VT_3 与 U_d 正端连接，R、L 两端的电压 $u_o = -U_d$。

当 $u_r > u_c$ 时，VT_1、VT_4 导通，VT_3、VT_2 关断，A 点通过 VT_1 与 U_d 正端连接，B 点通过 VT_4 与 U_d 负端连接，R、L 两端的电压 $u_o = U_d$。在此期间，由于流过 L 的电流不能突变，L 会产生左正右负的感应电势，该电势使续流二极管 VD_1、VD_4 导通，对直流侧的电容充电，进行能量的回馈。

在信号波 u_r 的半个周期内，载波 u_c 的极性有正、负两种变化，并且得到的 SPWM 也有两个极性变化，这种控制方式称为双极性 PWM 控制方式，由这种方式得到的 SPWM 波称为双极性 SPWM 波，如图 5-42 所示。

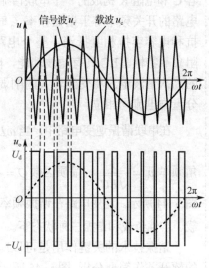

图 5-42　双极性 SPWM 波形

3．PWM 主要参数

1）调制比 M

如果设正弦调制波电压的幅值为 U_{rm}，三角形载波电压的幅值为 U_{cm}，则调制比 M 为：

$$M = \frac{U_{rm}}{U_{cm}} \tag{5-26}$$

在图 5-41 所示的 $0 \sim \pi$ 区间，当三角形载波 u_c 的幅值不变、正弦调制波 u_r 的幅值增大时，即改变 M，输出电压 u_o 的脉冲宽度将相应变宽，即等效输出基波 u_{o1} 的幅值增大。当正弦调制波 u_r 幅值减小时，输出电压 u_o 的脉冲宽度相应减小，即等效输出基波电压 u_{o1} 的幅值减小，所以改变调制比 M 可以改变输出电压基波的幅值。同理，改变正弦调制波的频率，可以改变输出电压的基波频率。

2）载波比 K

设正弦调制波的频率为 f_r，三角形载波的频率为 f_c，则载波比为：

$$K = \frac{f_c}{f_r} \tag{5-27}$$

载波比 K 将决定每个调制波周期中输出 SPWM 脉冲的个数。在图 5-41 示例波形中，$f_c / f_r = 14$，每半个调制波周期输出 7 个 SPWM 脉冲。K 值越高，SPWM 脉冲个数越多，SPWM 波越接近理想正弦波。

应用案例 15　串联谐振逆变器

串联谐振逆变电路如图 5-43 所示（图中电力 MOSFET 管 $VT_1 \sim VT_4$ 也可以是其他可控型器件），逆变器的输出负载为电感 L、电容 C 和电阻 R 构成的一个串联谐振电路。当电路的开关频率等于谐振频率 f_0 时，电感感抗和电容容抗相互抵消，整个电路呈现纯电阻负载特性。LC 具有滤波功能，除基波以外

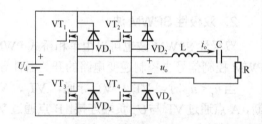

图 5-43　串联谐振逆变电路

的高次谐波电流将受到较大的削弱，电路电流近似为正弦波，负载电压 u_o 为方波，其基波分量与电流同相位。

在串联谐振逆变电路中，当 $\omega L = \dfrac{1}{\omega C}$ 时，电路发生谐振。谐振频率 $f_0 = \dfrac{1}{2\pi\sqrt{LC}}$，谐振角频率 $\omega_0 = \dfrac{1}{\sqrt{LC}}$，品质因数 $Q = \dfrac{1}{R}\sqrt{\dfrac{L}{C}}$。逆变电路中的电压 u_s 和开关频率 f_s 的谐振特性如图 5-44 所示。逆变电路在谐振频率 f_0 处的特性曲线最为尖锐。可见逆变电路可工作在感性负载、容性负载和谐振三种状态下。

谐振技术的关键作用是可以减小逆变电路中电力 MOSFET 管的开关损耗。现对此电路的软开关作简要分析。图 5-45 所示是 4 个开关管的驱动电压波形及谐振回路负载电压 u_o 和电流 i_o 波形。当逆变器的开关频率 f_s 大于谐振频率 f_0 时，RLC 谐振回路呈感性，这样输

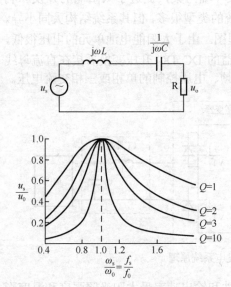

图 5-44 串联谐振逆变电路及谐振特性

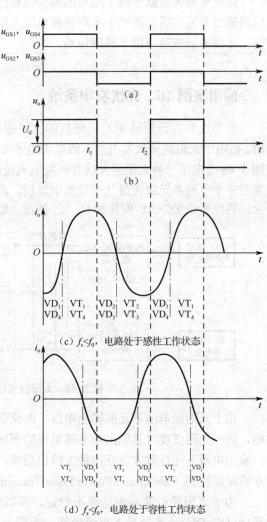

图 5-45 串联谐振逆变器的工作波形

出电流 i_o 滞后于输出电压 u_o，此时四个开关器件的开通为零电压开通，减小了开关管的开通损耗。

图 5-45（c）中，在 t_1 时刻，开关管 VT_2、VT_3 加栅极驱动信号之前，由于与之并联的二极管已导通，开关管两端电压已降至零，这时开关管的开通为零电压开通。为了实现零电压开关，逆变桥上、下开关的栅极驱动信号应有一定的死区时间，使将要关断的开关管的电流首先转移到即将导通的开关管的反并联二极管上，之后再加栅极信号到要导通的开关管上。当开关工作频率 f_s 小于谐振频率 f_0 时，RLC 谐振回路呈容性，这时输出电流 i_o 超前输出电压 u_o，此时开关管的关断为零电流关断，减小了关断损耗。在图 5-45（d）中，在 t_1 时刻，开关 VT_1、VT_4 关断之前，由于与之并联的二极管已经导通，开关管流过的电流为零，这时开关管的关断为零电流关断。

如果对输出负载电阻上电压的频率没有严格要求，则可以利用谐振特性通过改变逆变电路输出方波电压的频率来实现负载电阻上电压的调节。输出功率可以通过频率控制来实现，该技术已成功应用于感应加热。

应用案例 16　光伏发电系统

世界性的能源短缺和石化燃料的大量应用导致环境污染，促进了太阳能的开发和利用。适用于太阳能光伏发电的多级电力电子变换系统的类型很多，但其系统结构大同小异。图 5-46 给出了一种太阳能光伏并网发电系统的原理图。由于太阳能电池单元的电压很低，常将多个电池单元串接成几十伏的电池板，经高增益的 DC-DC 升压变换后接在直流母线上，再经多个 DC-AC 变换和 L_f、C_f 滤波，输出恒频、电压控制的单相或三相交流电压。

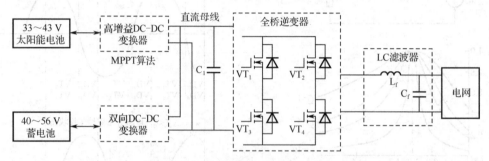

图 5-46　太阳能光伏并网发电系统原理

由于太阳能电池单元的输出电压、电流伏安特性和输出功率受太阳光照强度和温度影响，同一光照强度时其输出功率随电压的不同也大不相同。在一定的光照强度时，仅在某一输出电压下运行时才能获得最大输出功率。因此，光伏发电系统中通常都设计有最大功率点跟踪控制（Maximum Power Point Tracking，MPPT），以实现太阳能的充分利用。

由于太阳能电池输出功率不稳定，所以常在发电系统中引入储能装置，如蓄电池经双向 DC-DC 变换器接入直流母线。太阳光照强时，通过双向变换器对电池充电；太阳光照弱时，蓄电池经双向 DC-DC 变换器向直流母线供电以补充太阳能电池输出功率的减小。蓄电池及其充放电经双向 DC-DC 变换器可实现并网系统的削峰填谷功能，避免并网输出能量的剧烈波动。在电网因事故而断电时，蓄电池也可作为少量负载的不间断电源供电。

太阳能光伏并网逆变器的主电路如图 5-47 所示。光伏电池组件输出的额定电压通过 DC-DC 变换器升压为 400 V，再经过 DC-AC 逆变后得到 220 V / 50 Hz 的交流电。控制系统保证并网逆变器输出的 220 V / 50 Hz 正弦电流与电网的相电压同步。

DC-DC 变换器由推挽式电路、高频变压器、整流电路和滤波电感等构成。控制电路以集成电路 SG3525 为核心，由 SG3525 输出的两路 50 kHz 的驱动信号，经栅极驱动电路加在推挽电路电力 MOSFET 管 VT_1 和 VT_2 的栅极上。为保持 DC-DC 变换器输出电压的稳定，将检测到的输出电压与指令电压进行比较，该误差电压经 PI 调节器后控制 SG3525 输出驱动信号的占空比。

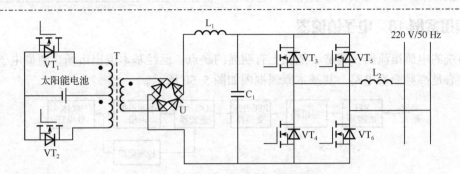

图 5-47　太阳能光伏并网逆变器主电路

DC-AC 逆变器的主电路采用全桥式结构，由 4 个电力 MOSFET 管 $VT_3 \sim VT_6$（该管内部寄生了反并联的二极管）构成，它将 400 V 的直流电转换成 220 V / 50 Hz 的交流电。DC-AC 逆变器的控制芯片采用了 TI 公司的 TMS320F240。尽管单片机也能实现并网逆变器的脉宽调制，但是 DSP 的实时处理能力更强大，可以保证系统有更高的开关工作频率。

应用案例 17　磁谐振无线输电系统 E 类逆变电路

E 类逆变电路由 Sokal 于 1975 年首次提出，采用单管结构，在理想情况下效率的理论值可达 100%，因此发射线圈与 E 类逆变常被整合为磁谐振无线输电系统的前端。基于 E 类逆变电路的磁谐振无线输电系统的等效电路如图 5-48 所示。

图 5-48 中，U_d 为输入直流电源，L_1 为扼流电感，VT 为电力 MOSFET 管，u_G 为开关管 VT 的驱动脉冲信号，C_1 为并联电容，C_2 为发射线圈补偿电容，L_2 为发射线圈等效电感；R_2 为发射线圈回路等效电阻，包括发射线圈的等效电阻和补偿电容 C_2 的寄生电阻；L_3 为接收线圈等效电感，C_3 为接收线圈补偿电容，R_L 为负载电阻；M 为反映发射线圈和接收线圈耦合情况的系数；Z_L 为图 5-48 中从并联电容 C_1 两端看进去的等效阻抗。

电力 MOSFET 管 VT 可选用国际整流公司的芯片 IRF840，其稳定电压为 500 V，额定电流为 8 A。基于 IRF840 的逆变电路如图 5-49 所示。

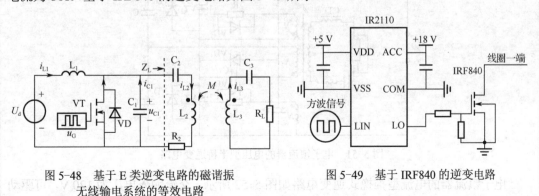

图 5-48　基于 E 类逆变电路的磁谐振　　　　图 5-49　基于 IRF840 的逆变电路
　　　　　无线输电系统的等效电路

应用案例 18 电子镇流器

传统的电感镇流器在构造、能耗上有明显的缺点，已经基本退出市场。新型电子镇流器的核心是高频变换电路，其基本原理框图如图 5-50 所示。

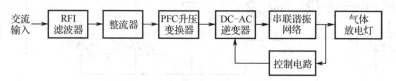

图 5-50 电子镇流器原理框图

电源电压在整流之前，先经过射频干扰滤波器滤波。RFI 滤波器一般由电感和电容元件组成，它的作用是阻止镇流器产生的高次谐波反馈到输入交流电网，以抑制对电网的污染和对电子设备的干扰，同时也可以防止来自电网的干扰侵入电子镇流器。为了提高电子镇流器的性能，通常在镇流器和逆变器直流侧的大容量滤波电容之间设置一级功率因数校正（PFC）升压型变换电路，以减小低电流谐波畸变，提高功率因数。DC-AC 逆变器的功能是将直流电压变换成高频交流电压。逆变器采用电力 MOSFET 管等全控型开关器件，开关频率一般为 20~70 kHz，电路主要有半桥式逆变电路和推挽式逆变电路两种形式。

高频电子镇流器的输出级电路通常采用 LC 串联谐振网络。气体放电灯的启动是通过 LC 电路发生串联谐振，利用启动时电容两端产生的高压脉冲完成的。在灯启动后，电感元件对灯起限流作用。由于电路的开关频率较高，电感的体积很小。

为使电子镇流器安全可靠地工作，从镇流器输出到 DC-AC 逆变电路引入反馈网络，通过控制电路来保证与高频变换器的频率实现同步。一旦出现灯开路或无法启动等异常状态，通过控制电路使振荡器停振，切断高频变换器输出，从而实现保护功能。

电子镇流器的电压型半桥逆变电路如图 5-51 所示。交流输入电压为 220 V，适合驱动单只荧光灯。反馈绕组的反馈作用是维持电路的振荡，而变压器的一次侧绕组中的反电动势限制电力 MOSFET 管电流的增加，起到限流的作用。

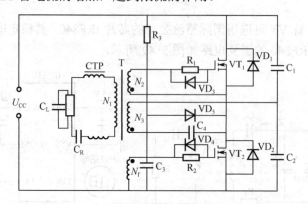

图 5-51 电子镇流器的电压型半桥逆变电路

电子镇流器的电流型推挽式逆变电路如图 5-52 所示。交流输入电压为 120 V，可驱动多只荧光灯。电容 C_P 与变压器一次侧绕组 N_P 的电感 L_p 组成谐振回路，其谐振频率为 f_0，

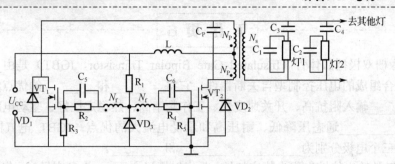

图 5-52　电子镇流器的电流型推挽式逆变电路

该谐振频率即为荧光灯施加电压后、启动之前短时间内的工作频率。在灯管启动正常工作后，变压器二次侧电容将反射到一次侧，使一次侧谐振电容变大，降低了谐振频率（灯管的工作频率）。反馈绕组 N_f 用来维持电路的振荡，电感 L 用来限制开关管 VT_1、VT_2 的电流。VT_1、VT_2 在零电压下完成状态变换，实现零电压开关（ZVS）。电容 C_1 和 C_2 用来限制荧光灯的工作电流，使其有效值不超过其标称值。同时，使荧光灯的工作电压有效值不超过其标称值。

工作页6

1. 绝缘栅双极型晶体管（Insulated Gate Bipolar Transistor，IGBT）是由_____与_____混合组成的电压控制型自关断器件。它将_____和_____的优点集于一身，既具有_____输入阻抗高、开关速度快、工作频率高、热稳定性好、驱动电路简单的优点，又具有_____通态压降低、耐压高和承受电流大的优点。IGBT 电气图形符号为_____，三个电极分别为_____、_____和_____。

2. IGBT 的输出特性也称为伏安特性，是指以栅极电压 u_{GE} 为参变量时，集电极电流 i_C 与集电极电压 u_{CE} 之间的关系曲线，集电极输出电流 i_C 受电压_____的控制，_____越高，_____越大。该特性与 GTR 的输出特性相似，只是控制量不同。IGBT 的输出特性分为正向输出特性（第 I 象限）和反向输出特性（第 III 象限）。正向输出特性又分为三个区域，即_____、_____和_____，分别与 GTR 的截止区、放大区和饱和区相对应。通过控制极的作用，IGBT 可以由正向截止区转换至导通区。两种状态之间的_____在开关过程中被越过。

3. 典型的变频器驱动电路如下图所示，分析变频器的工作原理。用 MATLAB 仿真变频器的工作波形。

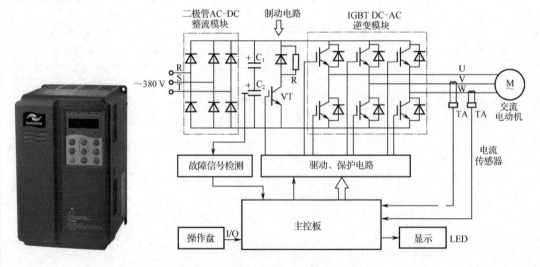

4. 分析如下图所示交流伺服驱动器的工作原理。

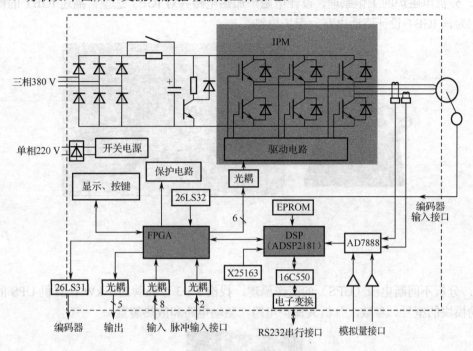

5. 现以电动机负载为例，计算 IGBT 额定电流。设电动机的轴功率（电路输出功率）为 P_M，则额定电流为：

$$I_C = \sqrt{2} K_4 K_5 \frac{P_M}{\cos\varphi \sqrt{3} U_2}$$

式中，$\cos\varphi$ 为电动机的功率因数；U_2 为交流电源电压的有效值；K_4 为逆变电路的过载倍数或过载能力，即电流的安全系数，取 $K_4 = 1.5 \sim 2$；K_5 为考虑电网电压等因素引起电流脉动而加的安全系数，取 $K_5 = 1.2$。以输出功率为 20 kW 的三相逆变电路为例，选择_____电流等级的 IGBT。

6. 当用 380 V 交流电源变频器，向功率为 15 kW 的电动机供电时，设 $\cos\varphi = 0.85$、$\eta = 0.9$，计算其逆变电路中的 IGBT 容量并选择型号。

7. 分析电磁炉的工作原理，设计电磁炉加热电路并对 IGBT 选型，描述 IGBT 的检测流程，为该 IGBT 设计驱动电路、保护电路。

8. 分析不间断电源（UPS）的工作原理。找出 2～3 个品牌的 1 kW 计算机 UPS 的功率驱动模块的型号、参数，分析其保护电路、驱动电路和散热装置。

9. 分析电动汽车的工作原理。找出 2～3 个品牌电动车驱动电路功率驱动模块的型号、参数。

项目6

IGBT 的应用

6.1　IGBT 的工作原理与技术参数

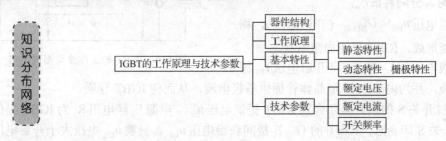

IGBT的工作原理与技术参数
- 器件结构
- 工作原理
- 基本特性
  - 静态特性
  - 动态特性　栅极特性
- 技术参数
  - 额定电压
  - 额定电流
  - 开关频率

绝缘栅双极型晶体管（Insulated Gate Bipolar Transistor，IGBT）是由 P-MOSFET 与 GTR 混合组成的电压控制型自关断器件。它将 P-MOSFET 和 GTR 的优点集于一身，如图 6-1 所示，既具有 P-MOSFET 输入阻抗高、开关速度快、工作频率高、热稳定性好、驱动电路简单的长处，又具有 GTR 通态压降低、耐压高和承受电流大的优点。

图 6-1　IGBT 的特点

6.1.1　结构与工作原理

1. 结构

IGBT 可看成是以 N 沟道 MOSFET 为输入级、PNP 型晶体管为输出级的单向达林顿晶体管，其外形、内部结构、等效电路和电气图形符号如图 6-2 所示。外部有 3 个电极，分别为栅（门）极 G、集电极 C 和发射极 E。

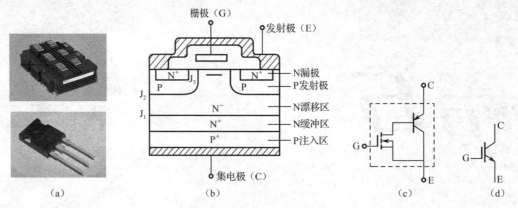

图 6-2　IGBT 的外形、内部结构、等效电路和电气图形符号

2．工作原理

IGBT 的驱动原理与 P-MOSFET 基本相同，但 IGBT 的开关速度比 P-MOSFET 要慢。由 IGBT 的等效电路可以看出，IGBT 是一种电压控制型器件，它的开通与关断由 G 极和 E 极间的电压 u_{GE} 所决定。IGBT 的工作原理测试电路如图 6-3 所示。

当 $u_{GE} < 0$ 时，IGBT 呈反向阻断状态。

当 $u_{GE} > 0$ 时，分两种情况：

（1）若栅极电压 $u_{GE} < U_{GE(th)}$（开启电压），栅极下的沟道不能形成，IGBT 呈正向阻断状态。

（2）若栅极电压 $u_{GE} > U_{GE(th)}$（开启电压），栅极下的沟道形成，并为内部 PNP 型晶体管提供基极电流，从而使 IGBT 导通。

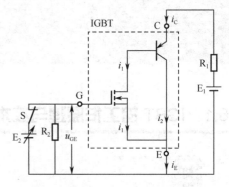

图 6-3　IGBT 的工作原理测试电路

电源 E_2 通过开关 S 的断开与闭合为 IGBT 提供电压 u_{GE}，电源 E_1 经电阻 R_1 为 IGBT 提供电压 u_{CE}。当开关 S 闭合时，IGBT 的 G、E 极间获得电压 u_{GE}，只要 u_{GE} 电压大于开启电压（2～6 V），IGBT 内部的 MOS 管就有导电沟道形成，MOS 管 D、S 极间导通，为内部晶体管基极电流提供通路，晶体管导通，有电流 i_C 从 IGBT 的 C 极流入，经晶体管发射极后分成 i_1 和 i_2 两路电流，i_1 电流流经 MOS 管的 D、S 极，i_2 电流从晶体管的集电极流出，i_1、i_2 电流汇合成电流 i_E 从 IGBT 的 E 极流出，即 IGBT 处于导通状态。当开关 S 断开后，电压 u_{GE} 为 0，MOS 管导电沟道夹断（消失），i_1、i_2 都为 0，i_C、i_E 电流也为 0，即 IGBT 处于截止状态。

调节电源 E_2 的大小可以改变电压 u_{GE} 的大小，IGBT 内部 MOS 管的导电沟道宽度会随之变化，i_1 电流大小会发生变化，由于 i_1 电流实际上是晶体管的基极电流，i_1 细小的变化会引起 i_2 电流（i_2 为晶体管的集电极电流）的急剧变化。例如当 u_{GE} 增大时，MOS 管的导通沟道变宽，i_1 电流增大，i_2 电流也增大，即 IGBT 的 C 极电流 i_C 和 E 极电流 i_E 增大。

6.1.2　基本特性

IGBT 的基本特性包括静态特性和动态特性两类。

1. 静态特性

IGBT 的静态特性主要有转移特性、输出特性。

1）IGBT 的转移特性

IGBT 的转移特性是指输出集电极电流 i_C 与栅极和发射极之间电压 u_{GE}（也称栅极电压）的关系曲线。IGBT 的转移特性如图 6-4 所示，它与 P-MOSFET 的转移特性相同，当栅极电压 u_{GE} 小于开启电压 $U_{GE(th)}$ 时，IGBT 处于关断状态。在 IGBT 导通后的大部分集电极电流范围内，i_C 与 u_{GE} 成线性关系。集电极输出电流 i_C 受电压 u_{GE} 的控制，u_{GE} 越高，i_C 越大。该特性与 GTR 的输出特性相似，只是控制量不同。电压 $U_{GE(th)}$ 随温度升高而略有下降，在温度为 +25℃ 时 $U_{GE(th)}$ 的值一般为 2～6 V。

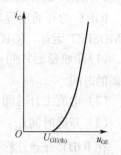

图 6-4　IGBT 的转移特性

2）输出特性

IGBT 的输出特性也称为伏安特性，是指以门极电压 u_{GE} 为参变量时，集电极电流 i_C 与集电极电压 u_{CE} 之间的关系曲线，IGBT 的输出特性如图 6-5 所示。IGBT 的输出特性分为正向输出特性（第 I 象限）和反向输出特性（第 III 象限）。正向输出特性又分为三个区域，即正向阻断区（截止区）、有源区（放大区）和导通区（饱和区），分别与 GTR 的截止区、放大区和饱和区相对应。通过控制栅极的电压，IGBT 可以由正向截止区（图 6-5 中的工作点 OP_1）转换至导通区（OP_2）。两种状态之间的有源区（放大区）在开关过程中被越过。

当 $u_{CE}<0$ 时，IGBT 处于反向阻断工作状态。第 III 象限显示 IGBT 模块的反向特性。

2. 动态特性

动态特性是指 IGBT 在开关期间的特性，包括开通过程和关断过程两个方面，如图 6-6 所示。

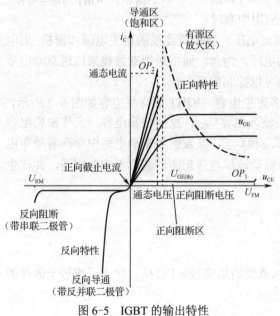

图 6-5　IGBT 的输出特性

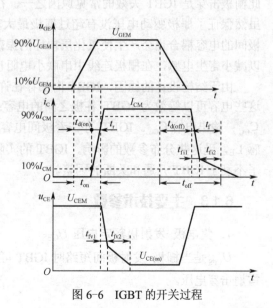

图 6-6　IGBT 的开关过程

1）IGBT 的开通过程

IGBT 的开通过程与 P-MOSFET 相似，因为在开通过程中的大部分时间内 IGBT 作为 P-MOSFET 运行。IGBT 开通过程的时间参数有：

（1）开通延迟时间 $t_{d(on)}$：从 u_{GE} 上升至其幅值的 10%的时刻开始，到 i_C 上升至 I_{CM} 的 10%所需的时间。

（2）电流上升时间 t_r：i_C 从 I_{CM} 的 10%上升至 I_{CM} 的 90%所需的时间。

（3）开通时间 t_{on}：为开通延迟时间与电流上升时间之和，即 $t_{on} = t_{d(on)} + t_r$。

在 IGBT 开通过程中，u_{CE} 的下降过程分为 t_{fv1} 和 t_{fv2} 两段：t_{fv1} 是 IGBT 中 P-MOSFET 单独工作的电压下降过程；t_{fv2} 是 P-MOSFET 和 GTR 同时工作的电压下降过程。

2）IGBT 的关断过程

IGBT 关断过程的时间参数有：

（1）关断延迟时间 $t_{d(off)}$：从 u_{GE} 后沿下降到其幅值 90%的时刻起，到 i_C 下降至 I_{CM} 的 90%所需的时间。

（2）电流下降时间 t_f：i_C 从 I_{CM} 的 90%下降至 I_{CM} 的 10%所需的时间。

（3）关断时间 t_{off}：关断延迟时间与电流下降时间之和，即 $t_{off} = t_{d(off)} + t_f$，电流下降时间 t_f 又可分为 t_{fi1} 和 t_{fi2} 两段。t_{fi1} 是内部的 P-MOSFET 的关断过程，i_C 下降较快；t_{fi2} 是 IGBT 内部的 GTR 的关断过程，i_C 下降较慢，导致 IGBT 产生拖尾电流。拖尾电流使得 IGBT 的关断损耗高于 P-MOSFET 关断损耗。

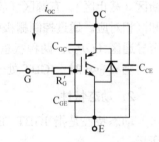

图 6-7　IGBT 的寄生电容

3. 栅极特性

IGBT 的栅极通过一层氧化膜与发射极实现电气隔离。由于此氧化膜很薄，其击穿电压一般为 20～30 V，因此栅极击穿是 IGBT 失效的常见原因之一。在应用中有时虽然保证了栅极驱动电压没有超过栅极最大额定电压，但栅极连线的寄生电感和栅极-集电极间的电容耦合也会产生使氧化层损坏的振荡电压。为此，通常采用双绞线来传送驱动信号以减小寄生电感，在栅极连线中串联小电阻也可以抑制振荡电压。

由于结构设计的原因，IGBT 内部存在许多寄生电容。IGBT 的寄生电容如图 6-7 所示，这些电容可以等效为 IGBT 各极之间的电容：输入电容 C_{GE}；反向传输电容，又称密勒电容 C_{GC}；输出电容 C_{CE}。IGBT 存在着极间电容 C_{GE} 和 C_{GC}，其发射极驱动电路中存在着分布电感 L_E，受这些分布参数的影响，IGBT 的实际驱动波形与理想驱动波形不完全相同，并产生了不利于 IGBT 开通和关断的因素。

6.1.3　主要技术参数

1. 集电极-发射极额定电压 U_{CES}

U_{CES} 是当栅极-发射极间短路时 IGBT 可以承受的集电极耐压。U_{CES} 应小于或等于器件的雪崩击穿电压。

2. 栅极-发射极额定电压 U_{GES}

U_{GES} 是栅极控制信号的电压额定值。目前，IGBT 的 U_{GES} 值多为 +20 V，但实际的栅极控制电压应小于此值。

3. 集电极额定电流 I_C

I_C 是指 IGBT 在导通时允许持续流过的最大集电极电流值。

4. 开关频率

在 IGBT 使用手册中，开关频率用导通时间 t_{on}、关断时间 t_{off} 和下降时间 t_f 等数据来表示。它与环境温度、集电极电流、栅极电阻、驱动模块的延迟特性有关。一般情况下 IGBT 的开关频率小于100 kHz。开关频率高是 IGBT 的一个重要优点。

6.2　三相桥式逆变电路

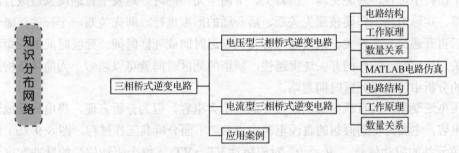

当负载功率较大、要求提供三相电源时，需采用三相桥式逆变电路。

6.2.1　电压型三相桥式逆变电路

1. 电路结构

应用 IGBT 器件的电压型三相桥式逆变电路如图 6-8 所示。电路中的电容是为分析方便画成两个的。因为输入端施加的是直流电压源，IGBT 管 $VT_1 \sim VT_6$ 始终保持正向偏置，反并联的二极管 $VD_1 \sim VD_6$ 为电感性负载提供续流回路，避免功率器件承受过高的瞬时电压。

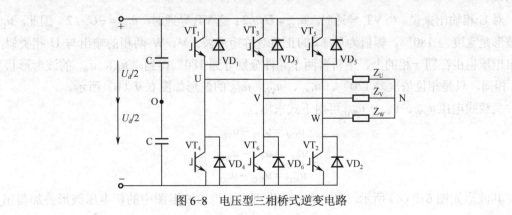

图 6-8　电压型三相桥式逆变电路

2. 工作原理

三相桥式方波（或阶梯波）逆变的控制脉冲的规律是：三相的上桥臂 VT_1、VT_3、VT_5 的驱动信号相位依次相差 120°，三相的下桥臂 VT_4、VT_6、VT_2 的驱动信号相位依次相差 120°，这样基波分量彼此之间相差 120°。而每相的上、下桥臂的驱动信号互补，相位相差 180°。$VT_1 \sim VT_6$ 之间驱动信号相位依次相差 60°。同一相上、下两桥臂的开关器件实际上采取"先断后通"的方法。根据 $VT_1 \sim VT_6$ 导通时间的长短，分 180° 导通型和 120° 导通型两种。在 180° 导通型中，每个开关管的驱动信号持续导通 180°；而 120° 导通型中，每个开关管的驱动信号持续导通 120°。

所谓 180° 导通型，是指每个开关元件在每个电源周期连续导通 180°，连续关断时间也是 180°，同一相即同一半桥的上、下两个桥臂交替导通，即换相是在同一桥臂的上、下两个开关之间进行的，也称纵向换相或纵向换流。每隔 60° 有一个元件发生换相，在任一瞬间总有三个桥臂参与导通，其中包括每一相的一个上桥臂或下桥臂。由于换相是在同一桥臂的上、下两个桥臂中进行，为避免同一桥臂上、下两个元件同时导通发生直通现象造成直流侧电源的短路，实际电路工作要按照先关断、后开通的原则进行。即先关断一个开关，隔一小段的延时后再开通另一个开关。这段延时称互锁延迟时间或死区时间。死区时间的长短要视器件的开关速度而定，器件的开关速度越快，所留的死区时间就可以越短。为简化分析过程，在以下的分析中将这段死区时间忽略。

对于电压型逆变器，其直流电源侧通常并联一个大电容，但为分析方便，将电容画成两个相串联的电容，主要为得到假想的直流电源中点 O。下面分析其工作过程。图 6-9（a）所示为理想开关元件的驱动信号，$u_{G1} \sim u_{G6}$ 对应驱动 $VT_1 \sim VT_6$，每个驱动信号的脉冲宽度为 180°，六个驱动信号的相位依次相差 60°。逆变桥中三个桥臂的上、下开关元件以 180° 间隔交替开通和关断，即 $VT_1 \sim VT_6$ 以 60° 的相位差依次开通和关断，其导通顺序为 VT_5、VT_6、$VT_1 \rightarrow VT_6$、VT_1、$VT_2 \rightarrow VT_1$、VT_2、$VT_3 \rightarrow VT_2$、VT_3、$VT_4 \rightarrow VT_3$、VT_4、$VT_5 \rightarrow VT_4$、VT_5、$VT_6 \rightarrow VT_5$、VT_6、VT_1。每隔 60° 有一组元件参与导电。当上桥臂或下桥臂元件导电时，U、V、W 三相电压相对于直流电源中点来说，其输出分别为 $+U_d / 2$ 或 $-U_d / 2$。在逆变器输出端形成三相电压。逆变输出电压波形与电路接法和"导通型"有关，不受负载影响。

对 U 相输出来说，当 VT_1 导通时，$u_{UO} = U_d / 2$；当 VT_4 导通时，$u_{UO} = -U_d / 2$。因此，u_{UO} 的波形是宽度为 180°、幅值为 $U_d / 2$ 的正负对称矩形波。V、W 两相的输出与 U 相类似，输出电压也由在同一相的上、下桥臂两个元件分别导通 180° 得到，u_{VO}、u_{WO} 的波形形状与 u_{UO} 相同，只是相位依次差 120°。u_{UO}、u_{VO}、u_{WO} 的波形如图 6-9（b）所示。

负载线电压 u_{UV}、u_{VW}、u_{WU} 可由下式求出：

$$u_{UV} = u_{UO} - u_{VO}$$

$$u_{VW} = u_{VO} - u_{WO}$$

$$u_{WU} = u_{WO} - u_{UO}$$

其波形如图 6-9（c）所示。这些线电压也可直观地由波形图中的相电压波形叠加得出。

逆变电路的输出侧接有 Y 形连接的三相对称负载,负载的中点为 N,则负载上的相电压 u_{UN}、u_{VN}、u_{WN} 可由等效电路分析得出,其波形如图 6-9(d)所示,为一对称的阶梯波。由于一个周期可划分为 6 个阶段,每个阶段导通的元件各不相同,所以其等效电路也有 6 种不同模式。负载在 0°～180° 半个周期内的工作过程可归纳成三种模式,其等效电路如图 6-10 所示。

在图 6-10(a)所示模式中,VT_5、VT_6、VT_1 导通,则根据基尔霍夫定律可知:

$$u_{UN} = \frac{1}{3}U_d$$

$$u_{VN} = -\frac{2}{3}U_d$$

$$u_{WN} = \frac{1}{3}U_d$$

在图 6-10(b)所示模式中,VT_6、VT_1、VT_2 导通,则根据基尔霍夫定律可知:

$$u_{UN} = \frac{2}{3}U_d$$

$$u_{VN} = -\frac{1}{3}U_d$$

$$u_{WN} = -\frac{1}{3}U_d$$

在图 6-10(c)所示模式中,VT_1、VT_2、VT_3 导通,同理可知:

$$u_{UN} = \frac{1}{3}U_d$$

$$u_{VN} = \frac{1}{3}U_d$$

$$u_{WN} = -\frac{2}{3}U_d$$

在 180°～360° 的后半个周期内,等效电路与前三种模式相似,只

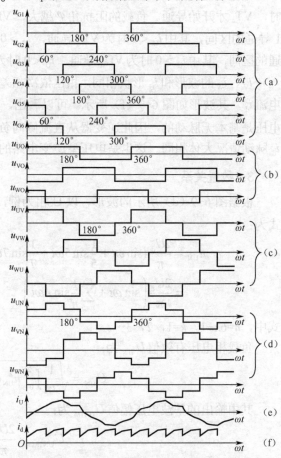

图 6-9　电压型三相桥式逆变电路的工作波形

需把直流电源 U_d 的极性反向,于是负载上得到的各段相电压的极性恰恰与前述三种模式相反,即所得波形与前三种模式的形状相同、方向相反,如图 6-9(d)所示。比较图 6-9(c)和图 6-9(d)的波形可见,负载的线电压为相位互差120°、正负极性对称的矩形波,而相电

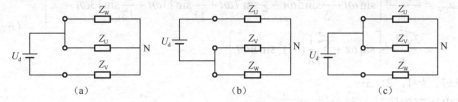

图 6-10　180° 导电型三相逆变等效电路

压为相位互差120°，而波形更接近正弦波的阶梯波。

负载的参数不同时，其阻抗角 φ 就不同，则负载电流的波形形状和相位都有所不同。但当负载参数一定时，其负载的阻抗角 φ 也就确定了，于是便可以由每相负载电压的波形确定该相电流的波形。图 6-9（e）给出了电感性负载下 $\varphi < \pi/3$ 时 i_U 的波形。上桥臂 1 和下桥臂 4 之间的换流过程和半桥电路相似。上桥臂 1 中的 VT_1 从通态转换到断态时，因负载电感中的电流不能突变，下桥臂 4 中的 VD_4 先导通续流，待负载电流降到零、桥臂 4 中电流反向时，VT_4 才开始导通。负载的阻抗角 φ 越大，VD_4 导通时间就越长。i_U 的上升段即为上桥臂 1 导通的区间，其中 $i_U < 0$ 时为 VD_1 导通，$i_U > 0$ 时为 VT_1 导通；i_U 的下降段即为下桥臂 4 导通的区间，其中 $i_U > 0$ 时为 VD_4 导通，$i_U < 0$ 时为 VT_4 导通。

i_V、i_W 的波形和 i_U 形状相同，相位依次相差120°。三相电流的叠加就是直流电源提供的电流 i_d，其波形如图 6-9（f）所示。可以看出，i_d 每隔60°相位差就脉动一次，而直流侧的电压是基本无脉动的，因此逆变器从直流侧向负载侧传送的功率是脉动的，且脉动的情况和 i_d 脉动情况大体相同。这也是电压型逆变电路的一个特点。

3. 数量关系

根据图 6-9（d）所示的波形，以 U 相为例，输出到负载的相电压 u_{UN} 的傅里叶级数表达式为：

$$u_{UN} = \frac{2U_d}{\pi}\left(\sin\omega t + \frac{1}{5}\sin 5\omega t + \frac{1}{7}\sin 7\omega t + \frac{1}{11}\sin 11\omega t + \frac{1}{13}\sin 13\omega t + \cdots\right)$$
$$= \frac{2U_d}{\pi}\left(\sin\omega t + \sum_{n=5}^{\infty}\frac{1}{n}\sin n\omega t\right) \tag{6-1}$$

式中，$n=6k\pm1$，$k=1$，2，3⋯。

负载相电压有效值 U_{UN} 为：

$$U_{UN} = \sqrt{\frac{1}{2\pi}\int_0^{2\pi} u_{UN}^2 \mathrm{d}(\omega t)} \approx 0.471U_d \tag{6-2}$$

其中输出的基波电压幅值 U_{UN1M} 为：

$$U_{UN1M} = \frac{2U_d}{\pi} \approx 0.637U_d \tag{6-3}$$

其中输出基波电压有效值 U_{UN1} 为：

$$U_{UN1} = \frac{U_{UN1M}}{\sqrt{2}} = \frac{\sqrt{2}U_d}{\pi} \approx 0.45U_d \tag{6-4}$$

输出线电压 u_{UV} 的傅里叶级数表达式为：

$$u_{UV} = \frac{2\sqrt{3}U_d}{\pi}\left[\sin\omega t - \frac{1}{5}\sin 5\omega t - \frac{1}{7}\sin 7\omega t + \frac{1}{11}\sin 11\omega t + \frac{1}{13}\sin 13\omega t - \cdots\right]$$
$$= \frac{2\sqrt{3}U_d}{\pi}\left[\sin\omega t + \sum_{n=5}^{\infty}\frac{1}{n}(-1)^k\sin n\omega t\right] \tag{6-5}$$

式中，$n=6k\pm1$，$k=1$，2，3⋯。

输出线电压有效值 U_{UV} 为：

$$U_{UV} = \sqrt{\frac{1}{2\pi}\int_0^{2\pi} u_{UV}^2 \mathrm{d}(\omega t)} \approx 0.816 U_d \qquad (6\text{-}6)$$

其中输出线电压的基波幅值 U_{UV1M} 为：

$$U_{UV1M} = \sqrt{3}U_{UN1M} = \frac{2\sqrt{3}U_d}{\pi} \approx 1.11 U_d \qquad (6\text{-}7)$$

其中输出线电压的基波有效值 U_{UV1} 为：

$$U_{UV1} = \sqrt{3}U_{UN1} = \frac{\sqrt{6}U_d}{\pi} \approx 0.78 U_d \qquad (6\text{-}8)$$

电路仿真 12　三相桥式 SPWM 逆变电路

电压型三相桥式逆变电路的 MATLAB 仿真模型如图 6-11 所示，驱动信号采用 SPWM 控制技术。主电路采用 "Universal Bridge" 模块，开关器件选带反并联二极管的 IGBT，在对话框中选择"三相桥式六脉冲"。SPWM 控制信号由"SimPowerSystem"提供的"Discrete PWM Generator" 产生。选择三相负载 "Three-Phase Series RLC Load" 中的有功功率为 "1 kW"，感性无功功率为 "500 var"。调制深度 M 设为 "1"，输出基波频率设为 "50 Hz"，载波频率设为 "1 500 Hz"，即为基波频率的 30 倍。

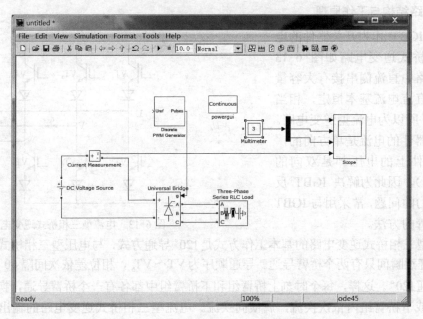

图 6-11　三相桥式逆变电路仿真模型

将仿真时间设为"0.06 s"，"PowerGui"设置为"离散仿真模式"，采样时间为" 5×10^{-7} s"。运行后可得仿真结果。

三相桥式逆变电路 M=1 时 U 相输出相电压、相电流、线电压以及输入电流的仿真波形，自上而下如图 6-12 所示。

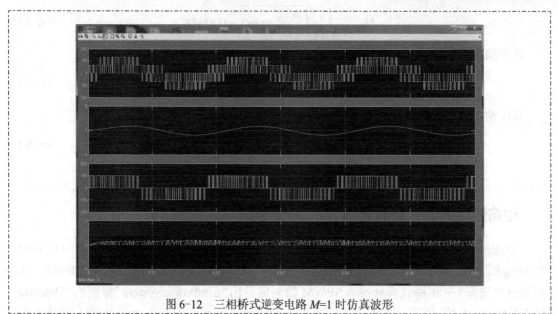

图 6-12　三相桥式逆变电路 $M=1$ 时仿真波形

6.2.2　电流型三相桥式逆变电路

1. 电路结构与工作原理

　　采用 IGBT 作为开关器件的电流型三相桥式逆变电路如图 6-13 所示。电路中直流侧串接有大容量电感,使直流电流基本恒定,相当于电流源,所以为电流型逆变电路。流过开关器件的电流是单方向的,但加在器件上的电压却是双向的(有正有负),因此为解决 IGBT 反向耐压能力的问题,常采用与 IGBT 串联二极管的方法。

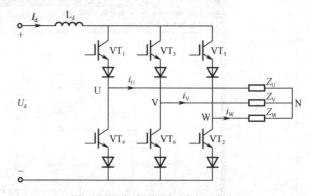

图 6-13　电流型三相桥式逆变电路

　　电流型三相桥式逆变电路的基本工作方式是120°导通方式,与电压型三相桥式整流电路相似,但任意瞬间只有两个桥臂导通。导通顺序为 $VT_1 \sim VT_6$,相位差依次间隔60°,每个桥臂持续导通120°。这样,每个时刻上桥臂组和下桥臂组中都各有一个桥臂导通,换流时,在上桥臂组或下桥臂组内依次换流,属横向换流。电流型三相桥式逆变电路的输出波形如图 6-14 所示。

　　当 $\omega t = 0 \sim \pi/3$ 时, VT_1 、 VT_6 受控导通,因此电路经 $U_d^+ \to$ 电感 $\to VT_1 \to Z_U \to Z_V \to VT_6 \to U_d^-$ 构成回路,形成电流 $i_U = i_d$, $i_V = -i_d$, $i_W = 0$ 。

　　当 $\omega t = \pi/3 \sim 2\pi/3$ 时, VT_1 、 VT_2 受控导通,因此电路经 $U_d^+ \to$ 电感 $\to VT_1 \to Z_U \to Z_W \to VT_2 \to U_d^-$ 构成回路,形成电流 $i_U = i_d$, $i_V = 0$, $i_W = -i_d$ 。

　　当 $\omega t = 2\pi/3 \sim \pi$ 时, VT_3 、 VT_2 受控导通,因此电路经 $U_d^+ \to$ 电感 $\to VT_3 \to Z_V \to Z_W$

$\rightarrow \mathrm{VT_2} \rightarrow U_\mathrm{d}^-$ 构成回路，形成电流 $i_\mathrm{U}=0$，$i_\mathrm{V}=i_\mathrm{d}$，$i_\mathrm{W}=-i_\mathrm{d}$。以此类推，直至一个周期结束。

像画电压型逆变电路波形时先画电压波形一样，画电流型逆变电路波形时，总是先画电流波形。因为输出交流电流波形和负载性质无关，是正、负脉冲宽度各为120°的矩形波。图 6-14 给出了逆变电路的三相输出交流电流波形及线电压 u_UV 的波形。输出线电压波形和负载性质有关，其波形大体为正弦波，但叠加了一些脉冲，这是由逆变器的换流过程产生的。

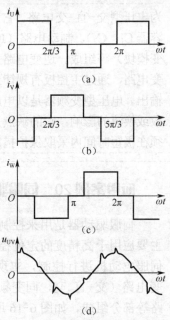

图 6-14 电流型三相桥式逆变电路的输出波形

2．数量关系

与电压型三相桥式逆变电路相比，两者的电路波形形状相同，得到的电流型三相桥式逆变电路的各变量表达式也相同，在此只列出输出线电流基波分量的有效值 I_UV1 为：

$$I_\mathrm{UV1}=\frac{\sqrt{6}}{\pi}I_\mathrm{d}\approx 0.78I_\mathrm{d} \qquad (6\text{-}9)$$

前面所介绍的各种逆变电路中，对电压型电路来说，输出电压是矩形波；对电流型电路来说，输出电流是矩形波。矩形波中含有较多的高次谐波，对负载会产生不利的影响；而采用 SPWM 技术的脉冲宽度调制型逆变电路就可使输出波形接近正弦波。

应用案例 19 典型变频器的工作原理

尽管国内目前应用的变频器品牌约有 120 多种，外观不同，结构各异，但其基本电路结构是相似的。典型的变频器驱动电路原理框图如图 6-15 所示。变频器的主电路几乎均

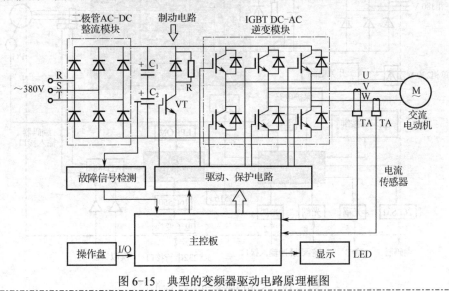

图 6-15 典型的变频器驱动电路原理框图

为电压型交-直-交电路。它由三相桥式整流器（二极管 AC-DC 整流模块）、滤波电路（电容器 C_1、C_2）、制动电路（IGBT 管 VT 及电阻 R）、三相桥式逆变电路（IGBT DC-AC 逆变模块）等组成。逆变电路是变频器的核心电路之一，是由 6 个 IGBT 组成的三相桥式逆变电路，通过主控板有规律地控制 IGBT 的导通与关断，就可以得到任意频率的三相交流输出。电压型变频器是以电压源向交流电动机提供电功率的，它的优点是不受负载功率因数或换流的影响；它的缺点是负载出现短路或波动时，容易产生过电流时烧坏模块，故必须在极短时间内采取保护措施；而且它只适合单方向电能传送，不易实现能量回馈。

应用案例 20　伺服驱动器的电路原理

伺服驱动器是用来控制伺服电动机的一种控制器，又称为伺服控制器、伺服放大器，主要应用于高精度的定位控制系统。伺服驱动器一般通过位置、速度和力矩三种方式对伺服电动机进行控制，实现高精度的传动系统定位。交流伺服驱动器的电路由功率逆变电路（交-直-交，同变频器）、控制电路（位置、速度、电流环）、开关电源和接口电路等部分组成，如图 6-16 所示。图 6-16 中主电路的左半部分为整流器，将电网三相交流电变为直流电；右半部分为用调制信号控制的功率逆变电路。通常把功率开关器件与驱动电路、保护电路等集中在一起制作成智能功率模块 IPM 来应用。在 IGBT（也可用 GTR）的栅极加控制脉冲信号，脉冲信号的相位依次相差 60°。根据控制要求，每相脉冲有一定的宽度，以保证 IGBT 管导通相应的角度。一般有 120° 导通方式和 180° 导通方式，导通方式不同时输出电压的波形就不同。输出电压的波形经过滤波后变成正弦波，就可以控制交流伺服电动机，能满足数控机床的控制要求。

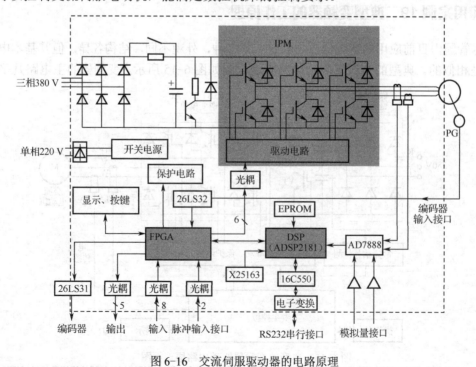

图 6-16　交流伺服驱动器的电路原理

6.3 IGBT 的选型与检测

6.3.1 IGBT 的选型

1. 选型参数

在设计或者选用 IGBT 时，必须正确选择或核对所采用 IGBT 的容量。从原理上说必须考虑到最大负载和可能出现的过电压、过电流情况下，器件仍能可靠地工作。IGBT 的工作参数值既不超过其正向安全工作区，又不超过其反向安全工作区。这种安全工作区由 IGBT 的生产工厂提供。

1）额定电压的设计

IGBT 额定电压的计算公式为：

$$U_{CE} = \sqrt{2}U_2 K_1 K_2 K_3 \qquad (6-10)$$

式中，U_2 为交流电源电压的有效值；K_1 为电网电压波动系数，$K_1 \approx 1.15$；K_2 为直流中间回路有反馈时的泵升电压系数 $K_2 \approx 1.2$；K_3 为必要的电压安全系数，$K_3 \approx 1.3 \sim 1.5$。

根据公式（6-10）可以估算 IGBT 的额定电压，通常情况下可由经验数据确定。例如：三相 380 V 输入电压经过整流和滤波后，直流母线电压的最大值为：$\sqrt{2} \times 380 \approx 537$ V。在开关工作的条件下，IGBT 的额定电压一般要求高于直流母线电压的两倍；也可根据 IGBT 的输入电压等级，参考 IGBT 的额定电压等级与输入电压的关系（见表 6-1），在该电路中选择 1200 V 额定电压等级的 IGBT。

表 6-1 IGBT 的额定电压等级与输入电压关系

额定电压等级	600 V	1 200 V	1 400 V
输入电压	200 V；220 V；230 V；240 V	346 V；350 V；380 V；400 V；415 V；440 V	575 V

2）额定电流的设计

IGBT 的额定电流，一般由逆变电路的输出功率计算出最大输出电流值来确定。计算公式为：

$$I_C = \sqrt{2}K_4 K_5 \frac{P_M}{\cos\varphi \sqrt{3}U_2} \qquad (6-11)$$

式中，P_M 为电动机的轴功率（电路输出功率）；$\cos\varphi$ 为电动机的功率因数；U_2 为交流电源电压的有效值；K_4 为逆变电路的过载倍数或过载能力，即电流的安全系数，取 $K_4 = 1.5 \sim 2$；K_5 为考虑电网电压等因素引起电流脉动而加的安全系数，取 $K_5 = 1.2$。

式（6-11）是根据电动机的轴功率，折算出逆变电路的输出功率，除以功率因数和交流电源电压得出逆变电路输出电流的有效值，再折算成峰值，最后由输出电流峰值乘以必要的系数 K_4 和 K_5，得到 IGBT 的额定电流。

以输出功率为 30 kW 的三相逆变电路为例，其输出电流有效值约为 93 A；由于负载电气启动或加速时，电流会过载，一般要求 1 分钟的时间内能承受 1.5 倍的过流；如果估计电动机功率因数为 0.85，根据公式（6-11）得最大负载电流约为 136 A，因此选择 150 A 额定电流等级的 IGBT。

2. 型号规定（举例说明如下）

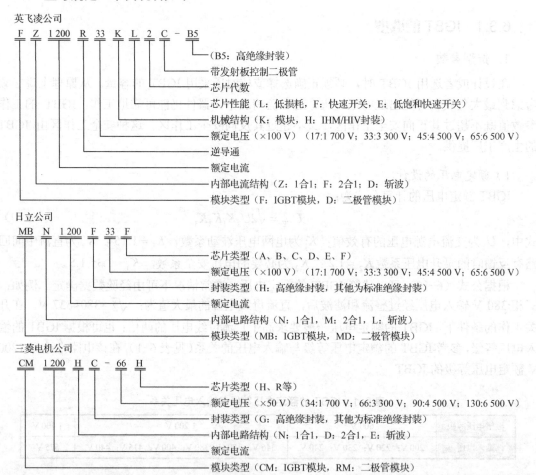

英飞凌公司

F Z 1 200 R 33 K L 2 C - B5

- （B5: 高绝缘封装）
- 带发射板控制二极管
- 芯片代数
- 芯片性能（L: 低损耗，F: 快速开关，E: 低饱和快速开关）
- 机械结构（K: 模块，H: IHM/HIV封装）
- 额定电压（×100 V）（17:1 700 V；33:3 300 V；45:4 500 V；65:6 500 V）
- 逆导通
- 额定电流
- 内部电流结构（Z: 1合1；F: 2合1；D: 斩波）
- 模块类型（F: IGBT模块，D: 二极管模块）

日立公司

MB N 1 200 F 33 F

- 芯片类型（A、B、C、D、E、F）
- 额定电压（×100 V）（17:1 700 V；33:3 300 V；45:4 500 V；65:6 500 V）
- 封装类型（H: 高绝缘封装，其他为标准绝缘封装）
- 额定电流
- 内部电路结构（N: 1合1，M: 2合1，L: 斩波）
- 模块类型（MB: IGBT模块，MD: 二极管模块）

三菱电机公司

CM 1 200 H C - 66 H

- 芯片类型（H、R等）
- 额定电压（×50 V）（34:1 700 V；66:3 300 V；90:4 500 V；130:6 500 V）
- 封装类型（G: 高绝缘封装，其他为标准绝缘封装）
- 内部电路结构（N: 1合1，D: 2合1，E: 斩波）
- 额定电流
- 模块类型（CM: IGBT模块，RM: 二极管模块）

实例 6.1 用 380 V 交流电源变频器，向功率为 15 kW 的电动机供电时，设 $\cos\varphi = 0.85$，$\eta = 0.9$，计算其逆变电路中的 IGBT 容量并进行器件选型。

解 考虑电动机的效率 η 后，由公式（6-11）计算，得 IGBT 的额定电流为：

$$I_C = \frac{\sqrt{2}K_4 K_5 P_M}{\sqrt{3}U_2 \cos\varphi\eta}$$

$$= \frac{\sqrt{2} \times 2 \times 1.2 \times 15 \times 10^3}{\sqrt{3} \times 380 \times 0.85 \times 0.9}$$

$$\approx 101.1\,\text{A}$$

若选 IGBT 模块包含反并联的快速二极管，电路中就不再外接续流二极管。

根据电路电源电压由公式（6-10）计算得 IGBT 的额定电压为：

$$U'_{CE} = \sqrt{2}U_2 K_1 K_2 K_3$$
$$= \sqrt{2} \times 380 \times 1.15 \times 1.2 \times 1.5$$
$$= 1\,112.3\,\text{V}$$

根据上面的结果，选择标称电压和电流值分别为 1 200 V、100 A 的 IGBT 型号，例如英飞凌公司的 FF100R12KF4。

6.3.2　IGBT 的检测

1．引脚识别

检测之前需要把 IGBT 的三个引脚短路进行放电后再进行测量，以保证测量的准确性。

1）栅极的判断方法

采用指针式万用表的 $R \times 1\,\text{k}\Omega$ 挡，测量 IGBT 的三个引脚之间的电阻值，如果某一引脚与其他两个引脚之间的电阻值均为∞，对换表笔后电阻值仍然为∞，则该引脚即为栅极 G。

2）内含阻尼二极管的判断方法

仍然用指针式万用表对剩下的两个引脚进行测量，若测得的阻值为∞，对换表笔后测得的电阻值较小，则说明被测 IGBT 内含阻尼二极管，且在测量阻值较小的那次中，红表笔连接的引脚为集电极 C，黑表笔连接的引脚为发射极 E。

对于数字式万用表，正常情况下，内含阻尼二极管的 IGBT 的 C、E 极之间的正向压降约为 0.4 V，其他各电极之间的电阻值均为∞，否则说明被测 IGBT 已被损坏。

3）不含阻尼二极管 IGBT 引脚的判断

对于不含阻尼二极管的 IGBT，由于其三个电极之间的正、反向电阻均为∞，故不能采用上述方法判断其引脚。

2．性能测试

1）万用表测量

第一步：用万用表 $R \times 1\,\text{k}\Omega$ 挡检测 IGBT 各引脚之间的正、反向电阻，正常情况下只会出现一次小阻值。若出现两次或两次以上小阻值，可确定 IGBT 一定损坏；若只出现一次小阻值，还不能确定 IGBT 一定正常，需要进行第二步测量。

第二步：用导线将 IGBT 的 G、E 极短接，释放 G 极上的电荷，再将万用表拨至 $R \times 10\,\text{k}\Omega$ 挡，红表笔接 IGBT 的 E 极，黑表笔接 C 极，此时表针指示的阻值为无穷大或接近无穷大，然后用导线瞬间将 C、G 极短接，让万用表内部电池经黑表笔和导线给 G 极充电，让 G 极获得电压，如果 IGBT 正常，内部会形成沟道，表针指示的阻值马上由大变小，再用导线将 G、E 极短路，释放 G 极上的电荷来消除 G 极电压，如果 IGBT 正常，内部沟道会消失，表针指示的阻值马上由小变为无穷大。

在进行以上检测时，如果有一次测量结果不正常，则为 IGBT 损坏或性能不良。如测得 IGBT 三个引脚间的电阻均很小，则说明 IGBT 已击穿损坏。

2）指示灯检测法

通过指示灯的工作情况来判断 IGBT 的好坏。电路如图 6-17 所示为指示灯检测电路。HL 为指示灯，VT₁ 为被检测的 IGBT，但应注意其引脚不要连接错；SA₁ 为一只单刀双掷开关，16 V 直流电源可采用稳压电源。

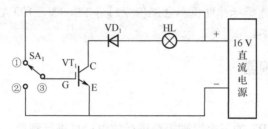

图 6-17　试灯检测电路

将 SA₁ 开关置于①位时，此时由于 IGBT 的 C 极与 E 极之间导通，故 HL 指示灯会点亮且用数字式万用表测量 C 极与 E 极之间的电压应在 0.5～1 V。

将 SA₁ 开关置于②位时，此时由于 IGBT 的 C 极与 E 极之间截止，故 HL 指示灯会熄灭。

如指示灯的点亮、熄灭规律符合上述规律，则可确定所测 IGBT 是好的，反之，则说明其已经损坏。

6.4　IGBT 器件应用基础电路

6.4.1　驱动电路

1. 驱动电路的设计要求

（1）IGBT 栅极的耐压一般在 ±20 V 左右，因此驱动电路输出端应设有栅极过电压保护电路，通常的做法是在栅极并联稳压二极管或电阻。并联稳压二极管的缺点是增加等效输入电容，从而影响开关速度；并联电阻的缺点是减小输入阻抗，增大驱动电流，使用时应根据需要取舍。

（2）尽管 IGBT 所需的驱动功率很小，但由于其内部 MOS 管存在输入电容，开关过程中需要对电容充放电，因此驱动电路的输出电流应足够大。

（3）为可靠关闭 IGBT，防止锁定效应，要给门极加一个负偏压，因此应采用双电源为驱动电路供电。加负偏压能减小关断损耗。负偏压值应该在 −5～−15 V 的范围。

2. 驱动电路模块

EXB841 驱动模块为单电源供电，内部装有 2 500 V 隔离电压的光耦合器，且有过电流保护电路，内部结构如图 6-18 所示。该模块可驱动 600 V/400 A 的 IGBT，其典型应用电路如图 6-19 所示。

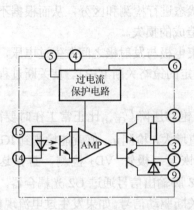

图 6-18 EXB841 驱动模块的内部结构

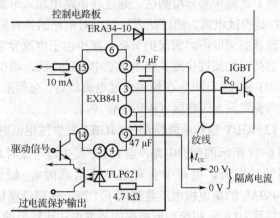

图 6-19 EXB841 典型应用电路

M57962L 驱动模块输出的正驱动电压为 +15 V，负驱动电压为 −10 V，它具有短路和过电流保护电路，能驱动 600 V/400 A 和 1 200 V/400 A 的 IGBT。M57962L 模块内部结构及驱动 IGBT 的应用电路如图 6-20 所示。

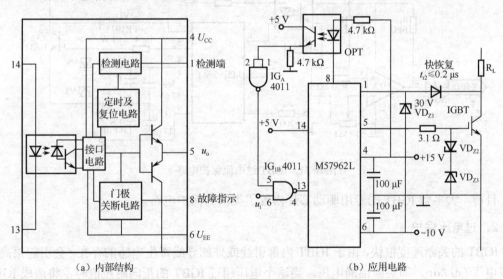

（a）内部结构　　　　　　　　　　　（b）应用电路

图 6-20 M57962L 驱动模块的内部结构与应用电路

6.4.2 保护电路

IGBT 常用的保护电路有两种：过电流保护和过电压保护。

1. 过电流保护

IGBT 的过电流往往是由于电路中的短路引起的。当电路中发生短路时，IGBT 集电极电

流将急剧增加并超过额定值；集电极电流的增加也引起 IGBT 集电极-发射极间电压 u_{CE} 的上升，于是 IGBT 的功率损耗增加。当长时间运行于这种状态时，将使 IGBT 的结温超过允许值而烧毁。为实现过电流保护，需要进行过电流状态检测。对 IGBT 而言，常用的过电流检查方法有两种：电流传感器检测法与 IGBT 饱和压降检测法。

（1）电流传感器检测法：通过在电路中加入电流传感器，通过检测电路中的电流，判断 IGBT 是否过电流。通过此方法可以对电路的各种短路状态进行检测和区分，从而根据不同的短路状态采取不同的保护策略，减少由于电流异常所造成的损失。

另外，如果过快地关断 IGBT 中的过电流，将引起集电极与发射极之间发生过电压，造成 IGBT 损坏。因此，在检测出过电流以后，必须采取一定的策略关断 IGBT，使关断过程落在反向偏置安全工作区（RBSOA）内。

（2）IGBT 饱和压降检测法：IGBT 发生过电流时，其饱和压降 $U_{CE(sat)}$ 比正常工作时要高。如图 6-21 所示的保护电路，当 IGBT 发生过电流时 u_{CE} 值增大，检测 u_{CE} 值就能检测到 IGBT 出现的过电流。电路中含有过电流信息的 u_{CE} 经快速恢复二极管 VD_2 检测，直接送至 M57959AL 的集电极电压监测端子 1 脚；该驱动模块的 8 脚输出信号通过 U2 光耦合器，送到比较器 U1A 正相端与反相端的基准电压比较后输出，关断驱动信号。如果发生过电流现象，驱动器 M57959AL 的低速切断电路慢速关断 IGBT，避免集电极因过大的 di/dt 变化形成的过电压尖峰脉冲损坏 IGBT，同时也减小了干扰噪声。

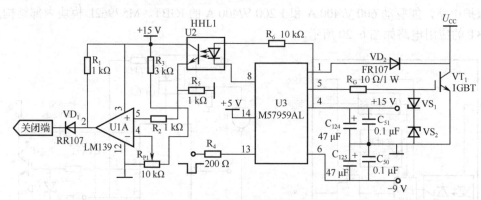

图 6-21　IGBT 过电流保护电路

目前，大多数 IGBT 的专用驱动芯片内置了类似的保护电路。

2. 过电压保护

IGBT 的关断速度很快，由于 IGBT 内部引线或外部导线寄生电感的存在，会引起很高的感应电压 Ldi/dt，即关断浪涌电压。当这个电压超过 IGBT 的正向耐压值时，将造成 IGBT 过电压击穿而损坏。

常用的抑制 IGBT 关断浪涌电压的方法有以下几种。

（1）在 IGBT 上安装缓冲电路，在缓冲电路中使用可以吸收高频浪涌电压的薄膜电容。

（2）调整 IGBT 驱动电路中的关断偏置电压 u_{GE} 和门极电阻 R_G，减小关断时的 di/dt 值。

（3）减少主电路和缓冲电路中的引线电感，尽量使用更粗、更短的导线。另外，使用平板配线（分层配线）方式也可以有效地减少引线电感。

3．静电防护

由于 IGBT 含有 MOSFET 结构，其栅极与发射极之间氧化膜的击穿电压仅为 20～30 V，因此由静电而导致栅极击穿也是 IGBT 失效的常见原因之一，故在使用 IGBT（大多制作为模块）时应采取以下措施做好静电防护。

（1）需佩戴防静电手腕带或用其他防静电工具充分放电后，方可触摸 IGBT 模块驱动端子。

（2）对 IGBT 模块进行操作前，应先将电路底板进行良好接地。

（3）在用导电材料连接 IGBT 模块驱动端子前，应先配好外部接线再连接器件。

4．过热保护

过热，一般是指在使用过程中 IGBT 模块的结温 T_j 超过最大结温（IGBT 模块的最大结温值 $T_{JM} \leqslant 150\,℃$）。引起过热的原因有很多的情况，为安全起见，一般将 IGBT 模块工作时的结温控制在 125℃ 以下为宜，必要时可安装过热保护装置。在安装或更换 IGBT 模块时，应在 IGBT 模块与散热片间均匀涂抹适量导热硅脂，并适当紧固，以尽量减小接触热阻。当冷却装置故障引起散热片散热不良时，将导致 IGBT 模块发热过高而产生故障。因此应定期对冷却装置进行检查，必要时可在 IGBT 模块上靠近散热片的地方安装温度感应器，以便温度过高时报警或停止 IGBT 模块的工作。

6.4.3　缓冲电路

缓冲电路（阻容吸收电路）主要用于抑制模块内部的 IGBT 单元的过电压（du/dt）或者过电流（di/dt），同时减小 IGBT 的开关损耗。由于缓冲电路所需的电阻和电容的功率、体积都较大，所以在 IGBT 模块内部并没有专门集成这部分电路。在实际的系统中设有缓冲电路，通过电容可以把过电压的电磁能量转变成静电能量储存起来，电阻可防止电容与电感产生谐振。如果没有缓冲电路，器件在开通时电流会迅速上升，di/dt 很大，关断时 du/dt 也很大，并会出现很高的过电压，极易造成 IGBT 器件损坏。

无损吸收电路能够把从输入或输出电路中吸收的能量进行再利用，能量传输的方式大多是反馈给电源或负载，或是让能量在吸收电路网络内部循环。图 6-22 所示的无损吸收电路包括电容模块（虚线框内）、二极管 VD₃ 以及电感 L_1，其中电容模块内封装两单元无感突波缓冲电容 C_1、C_2 与超快恢复缓冲二极管 VD₁、VD₂。

IGBT 关断时电路开始工作，负载电流经二极管 VD₁ 向缓冲电容 C_2 充电，电容 C_1（导通期间已充电至直流电压 U_d）经 VD₃ 放电，能量反

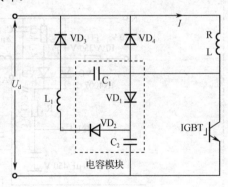

图 6-22　无损吸收电路

馈给负载，并提供负载电流 I 的续流通路，IGBT 集电极电流逐渐减小，当 C_2 充电到 U_d、C_1 放电到零时，VD₃ 关断，感性负载中的电流流过主续流二极管 VD₄。由于电容 C_2 两端电压不能瞬态突变，所以有效地限制了 IGBT 集电极的电压上升率 du/dt，同时集电极电流转移到了缓冲电路，从而降低了关断功耗。

IGBT 开通时，二极管 VD_1、VD_3 关断，C_2、L_1、C_1 组成谐振电路，U_d 施加到电感 L_1 的两端，电流从 C_2 通过 VD_2 和 L_1 给 C_1 充电。当 C_2 放电到零时，C_1 充电到 U_d，电感 L_1 中的电流为零，串联的二极管 VD_2 截止。谐振结束后，C_1 储存的能量已为 IGBT 关断做好准备。在这一开通过程期间，由于负载电感 L、集电极母线电感、各种杂散电感以及 L_1 对集电极电流的限流作用，有效地限制了 IGBT 集电极的电流上升率 di/dt，降低了开通功耗。这样，缓冲电路不仅减小了器件的开关损耗，而且减小了器件所承受的电压、电流最大值。

美国 CDE 公司的缓冲电容模块能充分满足 IGBT 电路尤其是高频大功率 IGBT 电路对吸收电路网络的要求，其 SCC 型模块为两单元无感突波缓冲电容与缓冲二极管一体化封装，易于与外接器件构成简单可靠的吸收电路。模块的电容容量在 $0.47\sim2.0\,\mu F$ 范围内可选，直流电压分 600 V 和 1 200 V 两挡。其特点是低介质损耗、低电感量、高峰值电流，缓冲二极管具有极少的恢复电荷，防火树脂封装，有导线与外部电阻相连。

缓冲电路中一般选用小功率快恢复二极管，它承受低的平均电流和大的峰值电流。特别需要指出的是，二极管必须有较少的恢复电荷。如果恢复电荷过多，电容中储存的能量将不能保证缓冲电路在下一个周期内复位。

应用案例 21　电磁炉主电路

电磁炉是利用电磁感应原理来进行加热的，它让加热线圈通过高频电流产生变化的磁场，在高频变化的磁场中，金属锅底产生涡流、发出热量对食物进行加热。电磁炉的炉台和励磁加热线圈之间的距离非常关键，一般控制在 $10.5\,mm\pm0.5\,mm$。电磁炉包含三大核心电路，即 LC 振荡和功率控制单元（电磁炉的主电路）、单片机单元电路和波形发生器。此外，电磁炉还有一些保护电路和辅助电路。下面介绍 LC 振荡和功率控制单元。

LC 振荡和功率控制单元的主要特点是高电压、大电流。励磁加热线圈、IGBT 和桥堆等都是电磁炉的关键器件。如图 6-23 所示，主电源电路主要由熔断器 FU_1、压敏电阻 R_V、滤波电容 C_1 和 C_5、整流桥堆 UR_1、滤波电感 L_1 等组成。R_V 用于防止高频干扰、过电压、

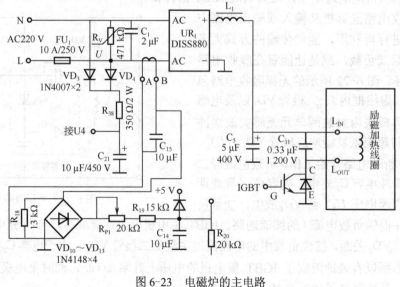

图 6-23　电磁炉的主电路

项目 6　IGBT 的应用

遭雷击等；C_1 也是抗干扰电容。当 N、L 两端接通交流 220 V 电源后，经 R_V、C_1、UR_1、L_1 和 C_5 进行抗干扰、整流、滤波后输出约 300 V 的平滑直流电，再加到励磁加热线圈的 L_{IN} 端，并由 L_{OUT} 端送到 IGBT 的 C 极，IGBT 起开关控制作用。

　　电磁炉的 LC 振荡模块是电磁炉的核心电路，如图 6-24 所示。电磁炉加热的原理本质上是衰减的并联谐振过程。IGBT 导通时，电磁炉主电路从电源吸收能量。而所吸收能量的多少，取决于 IGBT 每次导通的时间。要调节加热功率，只需要调节 IGBT 脉冲电压的宽度。

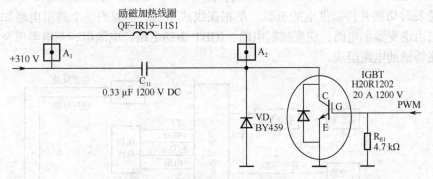

图 6-24　电磁炉的 LC 振荡模块

　　LC 的并联谐振，就是通过电感线圈与振荡电容不停地进行充电和放电，产生振荡波形，如图 6-25 所示。

　　（1）当 IGBT 的 C 极电压为 0 V 时，IGBT 导通（监控电路检测到 C 极电压为 0 V 时，即开启 IGBT），此时并联谐振电路的电感线圈开始存储能量。

　　（2）当 IGBT 由导通转向截止时，并联谐振电路进入自由振荡，此时由于电感线圈的作用，电流还会沿着先前的方向流动，此时 IGBT C-E 极间出现的峰值电压为反向脉冲峰值电压加上电源电压，数值远大于电源电压值，所以对 IGBT 的耐压要求比较高，常见的耐压是 1 200 V。由于 IGBT 关断，电感只能对电容充电，从而引起 C 极上的电压不断升高，直到充电电流变小降至零时，C 极电压（峰值脉冲电压 U_{CEM}）达到了最高。此时如果开关触发脉冲电压提前到来的话，IGBT 就会出现

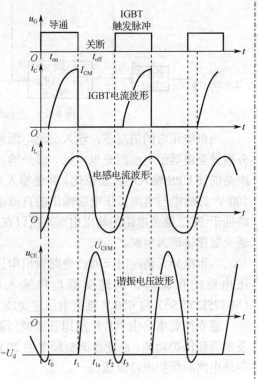

图 6-25　电磁炉主电路工作时序波形

很大的导通电流，使之烧坏。因此必须使开关触发脉冲电压的前沿与峰值脉冲电压的后沿相同步。这个时间关系是不能错位的，所以要设计同步电路来保证该关系的实现。

225

（3）随后电容开始通过电感线圈放电，并联谐振电路自由振荡且能量逐步衰减。当 C 极电压降到零时，监控电路动作，IGBT 再次开启。如此反复循环，从而实现电磁炉的持续加热。

应用案例22　不间断电源

不间断电源（Uninterruptible Power Supply，UPS），是指当交流输入电源（市电）发生异常时能及时切换并持续供电的电源。单相在线式不间断电源的一个典型电路如图 6-26 所示。它由逆变器主电路、逆变控制电路、IGBT 驱动电路、电池组、充电器以及滤波器、保护电路等辅助电路组成。

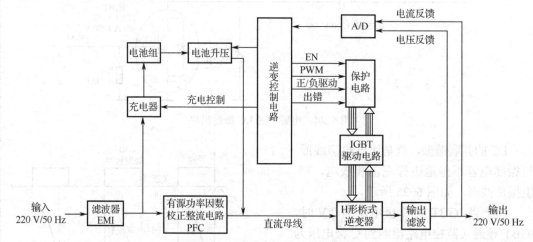

图 6-26　不间断电源电路原理框图

当市电正常的情况下，输入交流电源经过共模噪声滤波器和尖峰干扰抑制器后，一部分通过充电器给电池组充电，另一部分输入到有源功率因数校正整流电路 PFC。PFC 整流电路能使 UPS 输入电流正弦化，并使输入功率因数接近 1。经 PFC 电路整流后输出稳定的 400 V 直流电与电池升压电路输出的直流电经直流母线并联。因电池升压电路的输出电压略低于 PFC 整流电路的输出电压，所以在市电正常情况下由 PFC 电路整流后的直流电为逆变器提供输入电源。

当市电异常情况时，PFC 电路输出电压将低于电池升压电路输出电压，这时由电池升压电路的直流输出向逆变器提供输入电源，充电器停止工作。H 形桥式逆变器（MG75J2YS50）将 400 V 直流电压逆变成 220 V、50 Hz 正弦交流电压，经滤波器输出。

逆变控制电路由单片机承担脉宽调制波的产生、输出正弦波与市电同步、UPS 管理以及报警和保护功能。逆变器调制频率为 20 kHz。逆变器由逆变控制电路、H 形桥式逆变器、驱动电路和保护电路组成。

逆变控制电路由基准正弦波发生器、误差放大器与 PWM 调制器构成。逆变器输出电压反馈和基准正弦波送到误差放大器，其误差信号与 20 kHz 角波同过电压比较器进行比较，调制出 PWM 信号。实际应用中上述功能由单片机独立完成。

　　保护电路的主要功能是产生死区抑制时间、关闭和执行逆变器、产生四个桥臂驱动信号等。PWM 信号和正/负驱动信号来自单片机，经过死区抑制时间 1 μs 后分四路送至桥臂的驱动电路。死区抑制时间取决于 IGBT 的开通和关闭速度及驱动过程的延时。

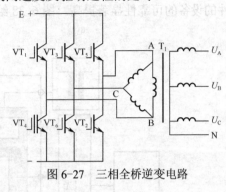

图 6-27　三相全桥逆变电路

　　驱动电路由隔离的辅助电源和驱动器构成，驱动器模块带有 IGBT 的过饱和、过电流等保护电路。

　　逆变电路为 UPS 电源系统中最主要的电路之一，常见的有推挽式变换电路、半桥逆变电路、全桥逆变电路等。全桥逆变电路的电路结构又分为单相桥和多相桥。单相桥多用于小功率的单进单出 UPS 中，一般的功率为 10 kVA 左右。在大功率的三进三出 UPS 中，常用三相全桥逆变电路结构，如图 6-27 所示。

6.5　智能功率模块（IPM）

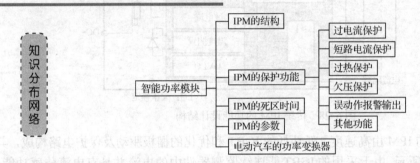

　　目前普遍使用的功率模块（如 GTR、IGBT 驱动模块）自身无保护能力，均要通过外部的保护电路进行检测与保护。出于成本方面的考虑，一般只检测直流侧的电压、电流状况，而不可能检测每个功率器件的状况，因此这种保护方式往往会产生误动作或保护不及时。根据技术分析，很多驱动模块损坏均为保护电路保护不及时所造成。因此，如何提高模块的可靠性是长期以来人们一直关心的问题。

　　近 20 多年来，功率半导体器件研制和开发中一个共同的趋势是模块化，将功率半导体器件与电力电子装置控制系统中的检测环节、驱动电路、故障保护、缓冲环节、自诊断等电路制作在同一芯片上，这就构成功率集成电路（Power Integrated Circuit，PIC）。PIC 中有高压集成电路（High Voltage IC，HVIC）、智能功率集成电路（Smart Power IC，SPIC）、智能功率模块（Intelligent Power Module，IPM）等，这些功率模块已得到了较为广泛的应用，下面主要对 IPM 进行介绍。

6.5.1　IPM 的结构

　　IPM 等于 IGBT+驱动+保护（过流、短路、过热、欠压）+制动，IPM 中的每个功率器件都设置有各自独立的驱动电路和多种保护电路，能够实现过电流、短路电流、过热保护及控制电压降低等功能。一旦发生负载事故或使用不当等异常情况，模块内部即以最快的速度进

行保护，同时将保护信号送给外部 CPU 进行第二次保护。这种多重保护措施可保证 IPM 自身不受损坏，与 IGBT 驱动模块相比，可靠性显著提高。而且，IPM 的开关损耗、转换效率都优于 IGBT 驱动模块。IPM 的出现解决了长期困扰人们的模块损坏的难题，使采用功率器件的设备的可靠性显著提高。图 6-28 给出了传统 IPM 的功能设计结构。

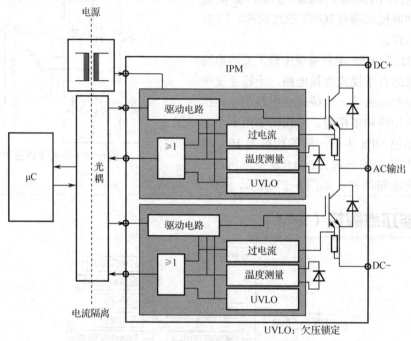

图 6-28　传统 IPM 的功能设计结构

三菱公司推出的 IPM 由高速度、低功耗的 IGBT 和优化的栅极驱动及保护电路构成，其原理框图如图 6-29 所示。由于采用的 IGBT 能连续监测器件中的电流并具有电流传感功能，从而实现了高效的过流保护和短路保护。该 IPM 还集成了过热和欠电压保护电路，系统的可靠性得到进一步提高。目前，该 IPM 已经在中频（<20 kHz）、中功率范围内得到广泛应用。

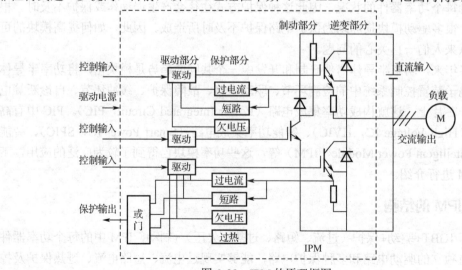

图 6-29　IPM 的原理框图

6.5.2　IPM 的保护功能

IPM 内置有驱动和保护电路，用以防止系统相互干扰或者过载时损坏功率器件。IPM 内的 IGBT 驱动电路紧靠 IGBT 器件，优化的栅极驱动电路布局合理、IGBT 导通压降低、无外部驱动线、抗干扰能力强，所以 IPM 的开关速度快、功耗小。它采用的故障检测和关断方式使功率器件的容量得到最大限度的利用。IPM 内置各种保护功能，只要有一个保护电路起作用，IGBT 的栅极驱动电路就关闭，同时产生一个故障信号。

1．过电流保护（OC）

由 IPM 内置的电流传感器检测各桥臂电流，当过电流时间超过允许时间时，IPM 就输出动作信号，并封锁输入信号，对模块实行软关断。在过流期间，IPM 不再接受输入信号；过流信号过后，输入信号才能导通。如果 IGBT 中的电流超过过流断开阈值（OC）且持续时间大于 $t_{\text{off(oc)}}$，IGBT 就会关断。$t_{\text{off(oc)}}$ 设置为 10 μs（典型值）。电流在 OC 以上但持续时间小于 $t_{\text{off(oc)}}$ 时，过流保护电路不工作。

2．短路电流保护（SC）

由 IPM 内置的电流传感器检测各桥臂电流，当短路电流超过最大允许值时，IPM 就输出动作信号，并封锁输入信号，对模块实行软关断。这个过程与过电流保护相同，其动作时间更短。负载短路或逆变电路因信号相互干扰而发生器件直通现象时，IPM 内的短路保护电路就会立即关断 IGBT。当流过 IGBT 的电流超过电流断开阈值（SC）时，就会立即开始关断，同时产生一个故障信号。

3．过热保护（OT）

靠近 IGBT 器件的绝缘基板上装有温度传感器，IPM 的过热保护单元实时监测 IPM 基板的温度，当基板的温度超过过热断开阈值时，IPM 内的过热保护电路就会中止栅极驱动，对模块实行软关断，不响应控制输入信号，直至过热根源被排除。当温度下降到过热复位阈值以下且控制输入电压为高电平（断态）时，功率器件将恢复工作；当下一个低电平输入信号（通态）来临时，器件就恢复正常运行。

4．欠压保护（UV）

IPM 的欠压保护电路实时监测控制电源电压，欠压时间超过允许时间时，欠压保护电路就输出动作信号，并封锁输入信号，对模块实行软关断。当欠压信号恢复到允许值时，IPM 才停止输出动作信号，重新接收输入信号。内部控制电路由 15 V 直流电源供电。无论什么原因，只要该电源电压降到欠压断开阈值以下，IPM 就关断，同时会产生一个故障信号。小毛刺干扰电压的持续时间小于规定的延时时间时，控制电路不受影响，欠压保护电路也不动作。该延时时间规定值约为 10 μs。为了恢复正常运行状态，电源电压必须超过欠压复位阈值。在控制电源加电和关电期间，欠压保护电路都有可能起作用，这属于正常现象。系统控制程序所要考虑的只是所产生的故障输出信号的脉冲宽度。

5．误动作报警输出信号（FO）

各种故障动作时间如果持续 1 ms 以上，IPM 即向外部 CPU 发出误动作信号，直到故障排除为止。

6. 其他功能

IPM 内还装有相关的外围电路，无须采取防静电措施，大大减少了元件数目，体积相应地减小。对上、下桥臂的器件驱动信号进行互锁，有效防止上、下桥臂器件的同时导通。

6.5.3 IPM 的死区时间

IPM 是将输出功率器件 IGBT 和驱动电路、多种保护电路集成在同一模块内，与普通 IGBT 相比，在系统性能和可靠性上均有进一步的提高。由于 IPM 的通态损耗和开关损耗都比较低，使散热器的尺寸减小，故整个模块的尺寸较小。

图 6-16 是电动机伺服控制驱动电路原理图。交流电源经桥式整流和阻容滤波电路后为 IPM 模块提供直流电源，6 个开关管按照一定的规律通断，分别在 U、V、W 三端输出一系列的三相矩形波信号，通过调整矩形波的频率与占空比达到调节输出电压频率和幅度的目的。本电路采用 PWM 控制技术，必须注意 U、V、W 任意一相的上、下两个桥臂不能同时导通，否则直流电源将在 IPM 模块内部形成短路，这是绝对不允许的。为避免电源器件的切换反应不及时可能造成的短路，一定要在先后导通器件的控制信号之间设定互锁时间。这个时间又叫换流时间，或者死区时间。

一般情况下在开始程序设计时就会考虑死区时间并写入控制软件，但由于不同公司生产的 IPM 模块对死区时间长短的要求不尽相同，这样软件就会出现多个版本，不便于应用管理，并且会影响 CPU 的掩膜（Mask）工作。为保证控制软件的统一性，有的将死区时间设置功能放到器件外扩展的存储器中，对不同公司的 IPM 模块，只需改变一下存储器中的数据，即可简单实现死区时间的匹配。这种方法的缺点是系统成本较高，在实际应用时受到一定限制。随着集成电路工艺的不断改进，各种逻辑门集成电路的价格不断地下降，使采用硬件电路设定死区时间成为可能。这种方法的优点是电路简单，延时时间可调，成本低廉。延时电路原理如图 6-30 所示。

因为 IPM 模块对输入低电平有效，平时 CPU 输出控制脚①处于高电平，逻辑或门电路输出高电平，IPM 对输入锁定。当 CPU 输出控制脚为低电平时，高频瓷片电容通过电阻放电，逻辑或门输入脚②仍然维持高电平，逻辑或门电路输出高电平，IPM 对输入仍然锁定。当瓷片电容放电完毕，或门输入脚②变为低电平时逻辑输出才为低电平，IPM 模块对输入有效，因此，电容放电时间就是 CPU 控制输出到 IPM 控制输入有效的延时时间。当 CPU 控制输出关断，即或门电路输出重新变为高电平时，尽管电容处于充电状态而使或门输入脚②呈低电平，逻辑或门电路的输出仍然立即变为高电平，IPM 对输入再次锁定。上述电路只是六路 IPM 模块控制输入中的一路，其他五路做同样处理，通过调整 R、C 的参数，就可以实现所需要的延时时间。一相电路的控制信号时序如图 6-31 所示。根据电工学公式，由电阻、电容组成的一阶线性串

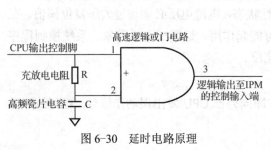

图 6-30　延时电路原理

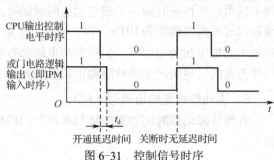

图 6-31　控制信号时序

联电路的电容电压 u_C 可以用式（6-12）表示：

$$u_C = U_o e^{-\frac{t}{\tau}}$$

(6-12)

式中，τ 为时间常数，$\tau = RC$

6.5.4　IPM 的参数

IPM 具有 IGBT 除栅极参数以外的所有参数，如额定电压、额定电流、du/dt 最大值、浪涌电流、饱和压降、最大耗散功率、额定结温和热阻等。IPM 与 IGBT 的驱动参数有所不同，IGBT 的栅极参数对于 IPM 则变成了输入参数和驱动电源电压。

IPM 的输入是光耦隔离的，输入侧发光二极管输入电流 I_i 的最佳的范围，一般在产品手册里都会详细地给出。光耦输出信号送至 IPM 的驱动输入端即可。IPM 需要单独一路驱动电源。对模块化封装的 IPM，如果里面有两只 IGBT，则需要两路独立的驱动电源，如果封装有 6 只或 7 只 IGBT，则各桥臂上端的 IGBT 分别用一路驱动电源，桥臂下端的 IGBT 可以共享同一路的驱动电源。各路驱动电源的电压 U_d 一般为 15 V±10%，不能高于 20 V，也不要低于 12 V。

每个 IGBT 所需驱动电源的电流 I_d 一般为几十 mA，它与 IPM 的电流容量和电压等级有很大关系。对于 6 只封装的 IPM，3 只下桥臂共享上桥臂驱动电源的电流大约为单只 IGBT 电流的 3 倍。另外，IPM 还有一些特殊参数，如过热保护点的温度值和恢复值、驱动电压欠压保护及其恢复值、故障输出信号驱动电流和宽度等，请参考 IPM 模块的产品参数说明。

IPM 发展的方向是损耗更低、开关速度更快、耐压等级更高、容量更大、体积更小。比较具代表性的是三菱公司的 IPM 模块。该公司开发的专用智能模块 ASIPM 不需要外接光耦，通过内部自举电路提供单电源供电，并采用低电感的封装技术，在实现系统小型化、专用化、高性能、低成本方面又推进了一步。

应用案例 23　电动汽车的功率变换器

近年来，随着环保呼声的高涨和潜在能源危机的逼近，电动汽车的研制与开发已成为电力电子技术应用的一个热点。电动汽车与传统汽油车的最大差别是用蓄电池替代其油箱，用电驱动系统替代汽油发动机，如图 6-32 所示。

电机驱动系统一般由驱动电机、功率变换器、传感器和控制器组成。

电动汽车按驱动电机的不同可分为直流电动汽车和交流电动汽车两种。直流电

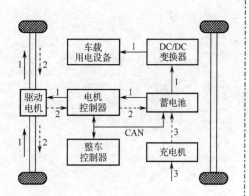

图 6-32　纯电动汽车结构形式

动汽车由直流电机驱动，交流电动汽车由交流电机驱动。用于交流电动汽车的交流电机目前主要有三种：异步电机、同步电机和开关磁阻电机。同步电机与轴上的转子位置传感器称为无换向器电机。

功率变换器主电路采用三相全桥逆变电路，其功率开关器件一般选用 IGBT，如图 6-33 所示。将 300 V 直流电转变为 240 V 三相正弦交流电，输出给驱动电机。

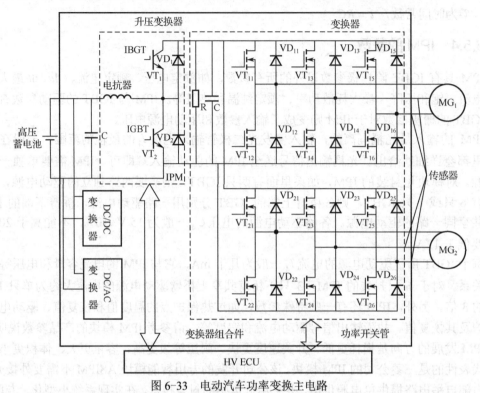

图 6-33　电动汽车功率变换主电路

参 考 文 献

【1】王兆安，黄俊．电力电子技术．4 版．北京：机械工业出版社，2000.

【2】李先允，陈刚．电力电子技术习题集．北京：中国电力出版社，2007.

【3】周渊深．电力电子技术与 MATLAB 仿真．北京：中国电力出版社，2005.

【4】钱照明，程肇基．电力电子系统电磁兼容设计基础及干扰抑制技术．杭州：浙江大学出版社，2000.

【5】陈坚．电力电子学——电力电子变换和控制技术．2 版．北京：高等教育出版社，2004.

【6】叶斌．电力电子应用技术．北京：清华大学出版社，2006.

【7】金仁贵．电工电子基本技能实训．北京：北京大学出版社，2006.

【8】李建林．风力发电中的电力电子变流技术．北京：机械工业出版社，2008.

【9】王文郁，石玉．电力电子技术应用电路．北京：机械工业出版社，2001.

【10】冯垛生．电力电子技术．北京：机械工业出版社，2008.

【11】麦崇，苏开才．电力电子技术基础．广州：华南理工大学出版社，2003.

【12】赵良炳．现代电力电子技术基础．北京：清华大学出版社，1995.

【13】廖晓钟．电力电子技术与电气传动．北京：北京理工大学出版社，2000.

【14】严克宽，张仲超．电气工程和电力电子技术．北京：化学工业出版社，2002.

【15】艾默迪（美）．汽车电力电子装置与电机驱动器手册．孙力等译．北京：机械工业出版社，2013.

【16】霍姆斯（澳），利波（美）．电力电子变换器 PWM 技术原理与实践．周克亮译．北京：人民邮电出版社，2010.

【17】黄忠霖，黄京．电力电子技术的 MATLAB 实践．北京：国防工业出版社，2009.

【18】洪乃刚．电力电子和电力拖动控制系统的 MATLAB 仿真．北京：机械工业出版社，2006.

【19】李辛，薛钦林．电气设计禁忌 500 例．北京：机械工业出版社，2001.

【20】季昱，林俊超，宋飞．ARM 嵌入式应用系统开发典型实例．北京：中国电力出版社，2005.

【21】蒋秀欣．新型电磁炉电路图集．北京：人民邮电出版社，2008.

【22】郑琼林，耿文学．电力电子电路精选．北京：电子工业出版社，1996.